高职高专机电类专业系列教材

模拟电子技术项目式教程

主　编　王书杰　汤荣生
副主编　费贵荣　刘振兴
参　编　唐红锁　陈　震　李　平

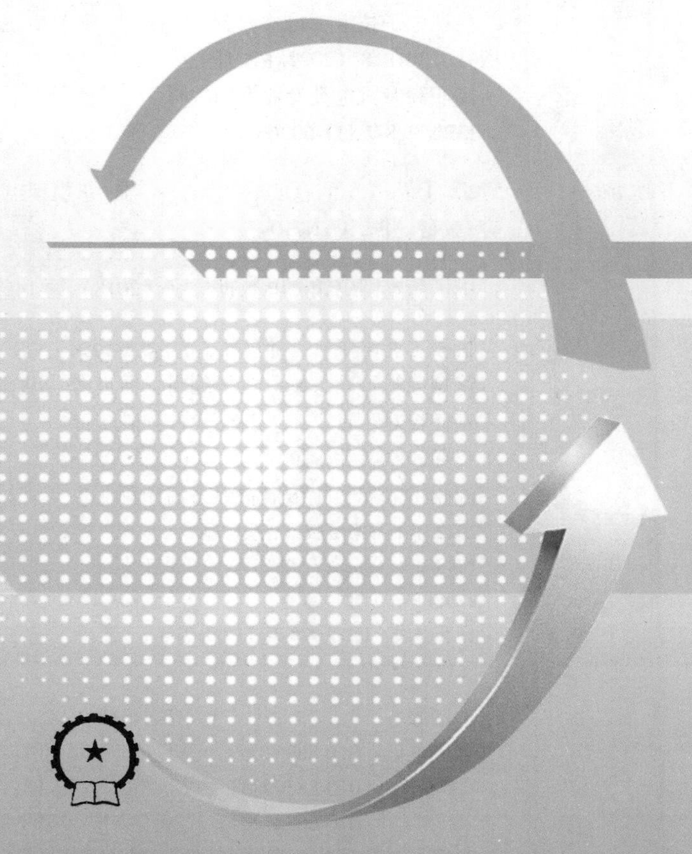

机械工业出版社

本书内容包括4个模拟电子电路的分析和制作项目：可调直流稳压电源的设计与制作、晶体管开关电路和放大电路的分析与测试、光控开关电路的分析与制作、音频功率放大器的设计与制作。每个项目既包含专业知识讲解，也包含实践技能训练和相关习题。

本书以培养学生分析解决问题能力和实践动手能力为主线，以实用、够用为导向，在课程内容选择与结构安排上进行了创新，将知识讲解和技能训练有机结合，符合高职学生的认知特点。

本书可作为高职院校电子信息类专业“模拟电子技术”课程的教材，也可供相关工程技术人员学习和参考。

为方便教学，本书配有免费电子课件、习题详解、模拟试卷及答案，供教师参考。凡选用本书作为授课教材的教师，均可来电（010-88379564）索取，或登录机械工业出版社教育服务网（www.cmpedu.com），注册、免费下载。

图书在版编目（CIP）数据

模拟电子技术项目式教程/王书杰，汤荣生主编.—北京：机械工业出版社，2018.8（2022.1重印）
高职高专机电类专业系列教材
ISBN 978-7-111-60363-4

Ⅰ.①模… Ⅱ.①王… ②汤… Ⅲ.①模拟电路-电子技术-高等职业教育-教材 Ⅳ.①TN710

中国版本图书馆CIP数据核字（2018）第146526号

机械工业出版社（北京市百万庄大街22号 邮政编码100037）
策划编辑：冯睿娟 责任编辑：曲世海 冯睿娟
责任校对：肖 琳 封面设计：陈 沛
责任印制：张 博
涿州市般润文化传播有限公司印刷
2022年1月第1版第3次印刷
184mm×260mm · 12印张 · 290千字
2701—3700册
标准书号：ISBN 978-7-111-60363-4
定价：39.80元

电话服务	网络服务
客服电话：010-88361066	机 工 官 网：www.cmpbook.com
010-88379833	机 工 官 博：weibo.com/cmp1952
010-68326294	金 书 网：www.golden-book.com
封底无防伪标均为盗版	机工教育服务网：www.cmpedu.com

前 言

“模拟电子技术”是高等职业教育电子信息类专业重要的专业基础课程，对培养学生电路分析能力、电路制作和测试能力起着非常关键的作用。

本书在编写过程中突出了如下特点：

1）以项目为导向，任务为驱动，将模拟电子技术课程专业知识讲解和实践技能训练融入4个教学项目的实施过程中。

2）依托项目将模拟电子技术课程的教学内容进行了重新组合，将直流稳压电源并入二极管应用电路分析，将共集电极放大电路、多级放大电路并入功率放大电路分析。

3）精简部分理论性过强的教学内容，根据高职教育“实用、够用”的准则，对半导体物理、晶体管共发射极放大电路、差分放大电路等专业知识的分析过程进行了简化，直接给出了相关结论。

4）增加部分实用性强的教学内容，强化了晶体管开关电路、电压比较器电路等半导体元器件开关特性应用电路的分析，增加了半导体光敏元器件应用电路、电磁继电器应用电路等教学内容。

本书的参考学时为84学时，其中讲授环节为48学时，实训环节为36学时。各项目参考学时详见如下学时分配表。

项目编号	项目名称	学时分配	
		讲授	实训
项目1	可调直流稳压电源的设计与制作	10	8
项目2	晶体管开关电路和放大电路的分析与测试	12	8
项目3	光控开关电路的分析与制作	14	12
项目4	音频功率放大器的设计与制作	12	8
总计		48	36

本书由王书杰、汤荣生任主编，费贵荣、刘振兴任副主编，唐红锁、陈震、李平参加编写。其中项目1和项目2由王书杰编写，项目3由汤荣生编写，项目4中任务4.1、任务4.4由费贵荣编写，项目4中任务4.3、任务4.5由刘振兴编写，项目4中任务4.2由李平编写，项目1和项目2的习题部分由陈震编写，项目3和项目4的习题部分由唐红锁编写。全书由王书杰负责统稿。

由于编者水平和经验有限，书中难免有错误和不妥之处，恳请读者批评指正。

编 者

目　录

项目1

可调直流稳压电源的设计与制作

项目描述

设计一个能输出1.25～12V的可调直流稳压电源，完成产品制作和测试。

项目包括如下4个学习任务：

1. 二极管开关电路分析。
2. 整流滤波电路分析。
3. 稳压电路分析。
4. 可调直流稳压电源项目测试。

直流稳压电源的作用是将交流电转化为直流电。电网给用户提供的是交流电，而大多数电子设备都以直流电作为电源，所以直流稳压电源在各类电子设备中使用极其广泛。交流电的特点是电流方向做周期性改变，直流电的特点是电流方向始终不变。在将交流电转化为直流电的过程中，二极管的单向导电性起着核心作用。

知识目标：

1. 掌握二极管的单向导电性。
2. 熟悉二极管的伏安特性。
3. 掌握理想二极管模型和恒压降模型二极管电路的分析方法。
4. 了解二极管主要参数。
5. 了解直流稳压电源组成。
6. 掌握整流电路的分析、计算。
7. 掌握滤波电路的作用、分类。
8. 了解稳压二极管稳压电路的分析方法。
9. 掌握集成三端稳压器的使用。

能力目标

1. 能根据外观判断常见二极管极性。

2. 能使用指针式和数字式万用表检测二极管的极性和好坏。
3. 能熟练使用直流稳压电源。
4. 能使用面包板装配模拟单元电路并完成电路测试。
5. 能正确使用函数信号发生器。
6. 能正确使用双踪示波器。
7. 能使用焊接工具完成电路焊接和装配。

任务 1.1 二极管开关电路分析

主要教学内容

1. 半导体基础知识和二极管单向导电性分析。
2. 理想二极管模型和恒压降模型二极管电路分析与计算。
3. 使用万用表完成二极管极性的检测与判断。
4. 二极管伏安特性分析。
5. 二极管主要参数分析。

1.1.1 半导体知识基础

1. 半导体的基本知识

在各种电子设备和电子产品中，除了电阻、电容和电感之外，还会大量使用半导体元器件，例如二极管、晶体管、各种集成电路等。半导体元器件往往是构成各种电子电路的核心部分。

（1）导体、半导体与绝缘体

根据导电能力的不同，材料可以分成导体、半导体和绝缘体三种。导电能力较强、电阻率较低的物质称为导体，如金、银、铜、铝等金属材料，在电子产品中元器件相互之间实现电气连接的导线一般都是用金属材料制作的。电阻率非常高、很难传导电流的物质称为绝缘体，如橡胶、陶瓷、玻璃、塑料等。半导体的导电能力介于导体和绝缘体之间，如硅（Si）、锗（Ge），以及各种化合物半导体材料，例如砷化镓（GaAs）、碳化硅（SiC）等。

其中导体的电阻率 $\rho < 10^{-6}\Omega \cdot m$；绝缘体的电阻率 $\rho > 10^{8}\Omega \cdot m$；而半导体的电阻率介于导体与绝缘体之间。

（2）半导体特殊的物理特性

半导体材料除了导电能力明显不同于导体和绝缘体之外，它还具有一些特殊的物理特性，主要包括掺杂特性、热敏特性和光敏特性。

1）掺杂特性。

在纯净的半导体材料中掺入某种微量的特定杂质后，其电阻率会发生很大变化，掺入特定杂质后半导体材料的导电能力可能会增强上万倍甚至上百万倍。而金属材料和绝缘体材料在掺入少量杂质后电阻率的变化并不明显。

掺杂特性是制造不同类型半导体元器件的基础。

2）热敏特性。

半导体材料的电阻率随着温度的改变会发生显著的变化。温度上升后，有的半导体材料导电能力会增强，但也有一些类型的半导体材料的导电能力反而会变弱。例如，当温度从20℃升高到30℃时，纯锗的电阻率将会下降为原先的一半左右。

利用热敏特性可以制造半导体温度传感器，实现对温度的测量。但是在很多情况下，由于电子设备工作环境温度会不断发生变化，热敏特性将导致含有半导体元器件的电子电路温度稳定性变差，这对电子设备的正常工作会产生不良影响。

3）光敏特性。

某些半导体材料（例如硫化镉CdS）在受到光照后导电能力会发生显著变化。通常情况下，光照会使这些半导体材料的电阻率降低，导电能力增强。利用光敏特性可以制造半导体光敏传感器，实现对光强度的测量。

2. P型半导体和N型半导体

（1）本征半导体

纯净的不含杂质的半导体材料称为本征半导体。最常用到的本征半导体材料是单晶硅（Si）和单晶锗（Ge）。硅和锗都属于4价元素。在常温下，本征半导体材料的导电能力非常微弱。

本征半导体中有两种能运动的导电粒子（称为载流子），分别为自由电子和空穴，两者数量相同。其中自由电子带负电荷，空穴带正电荷。在电场力作用下，它们都可以定向移动形成电流。

金属是导体，只有自由电子一种载流子参与导电形成电流，而半导体材料却有两种载流子参与导电形成电流，这是两者在导电原理上的明显区别。但是值得注意的是，半导体材料的导电能力是由载流子浓度（自由电子和空穴的总和）决定的，由于本征半导体中这两种载流子浓度都非常低，因此本征半导体导电能力非常微弱，而金属材料中尽管没有空穴，但自由电子浓度非常高，所以金属材料导电能力强于半导体材料。

掺入特定杂质数量、温度改变和光照强度变化都可以使某些半导体材料中载流子浓度发生变化，从而影响半导体材料的导电能力，这是半导体的掺杂特性、热敏特性和光敏特性产生的内在原因。

（2）杂质半导体

由于半导体材料具有掺杂特性，因此在纯净的本征半导体中掺入微量特定的杂质后，可极大地增加载流子浓度，从而显著提高半导体的导电能力。例如本征半导体硅中掺入百万分之一的硼后，其导电能力会提高上百万倍。掺入特定杂质后的半导体材料被称为杂质半导体。

根据掺入杂质种类的不同，杂质半导体分为N型半导体和P型半导体两类。

在纯净的本征半导体硅或锗中掺入微量5价元素，例如磷（P）或者砷（As）以后就会形成N型半导体。在N型半导体中，自由电子数量可以增加上万倍甚至上百万倍，而空穴数量会有所减少，但是自由电子和空穴的总和仍然比掺杂之前大幅度提高，所以与本征半导体相比，N型半导体导电能力提高许多倍。在N型半导体中，由于自由电子数量远远大于空穴数量，所以N型半导体中自由电子被称为多数载流子（简称多子），空穴被称为少数载流子（简称少子）。N 型半导体主要依靠自由电子形成电流。

相反，如果在纯净的本征半导体中掺入微量 3 价元素，例如硼（B）、铟（In）等后就会形成 P 型半导体。在 P 型半导体中，空穴数量可以增加上万倍甚至上百万倍，而自由电子数量会有所减少，但是自由电子和空穴的总和仍然增加许多倍，所以与本征半导体相比，P 型半导体导电能力同样大幅度提高。在 P 型半导体中，由于空穴数量远远大于自由电子数量，所以 P 型半导体中空穴被称为多数载流子（简称多子），而自由电子被称为少数载流子（简称少子）。P 型半导体主要依靠空穴形成电流。

（3）PN 结的形成

在一块纯净的本征半导体中，通过不同的掺杂工艺，使其一边成为 P 型半导体，称为 P 区；而另一边成为 N 型半导体，称为 N 区，如图 1-1 所示。P 型半导体中空穴浓度高，自由电子浓度极低；N 型半导体则相反，自由电子浓度高，空穴浓度低。由于自由电子和空穴都能够在半导体内部进行运动，两边载流子的浓度差使得 P 区一侧的空穴向 N 区扩散，同时 N 区一侧的自由电子向 P 区扩散，结果导致在这两种杂质半导体交界处形成了一个特殊的区域，这个特殊的半导体区域被称为 PN 结。

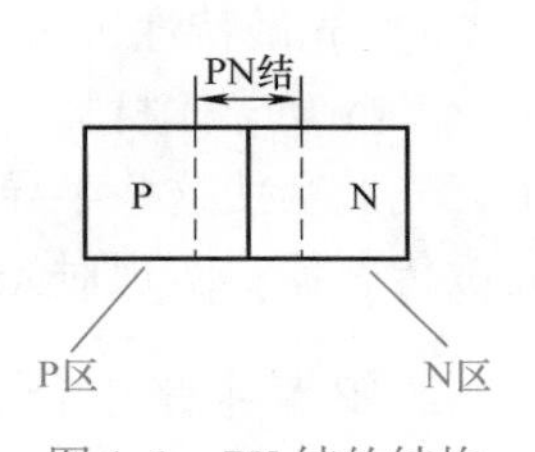

图 1-1　PN 结的结构

PN 结是构成二极管、晶体管、集成电路等半导体元器件共同的结构基础。

在外加电场力的作用下，PN 结会显示出独特的单向导电特性。这个特性是金属材料所不具备的。PN 结的单向导电性是半导体元器件最重要的特性，在本书接下来的内容中将会有详细介绍。

1.1.2　二极管特性与检测

1. 普通二极管的结构和符号

（1）普通二极管的结构

晶体二极管也叫半导体二极管，简称二极管，它是由一个 PN 结加上两个电极和两根引线用管壳封装而成的。所以二极管主要由管芯（PN 结）、管壳和电极三部分组成。普通二极管的结构如图 1-2 所示。P 型半导体一侧引出的电极称为阳极（也称为正极），用 A 表示；N 型半导体一侧引出的电极称为阴极（也称为负极），用 K 表示。

（2）普通二极管的符号

二极管有多种类型。其中普通二极管在电路原理图中的常见符号如图 1-3 所示。其他类型二极管的电路符号在普通二极管符号的基础上会有所改变。

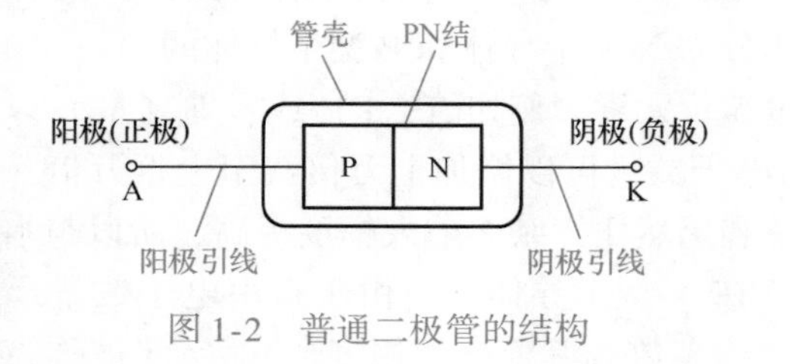

图 1-2　普通二极管的结构

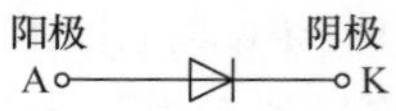

阳极　阴极
A　K

图 1-3　普通二极管的符号

2. 二极管的外形和分类

（1）二极管的外形

二极管种类繁多，最常见的二极管有整流二极管、开关二极管和发光二极管等。这三种常见二极管的外形如图 1-4 所示。

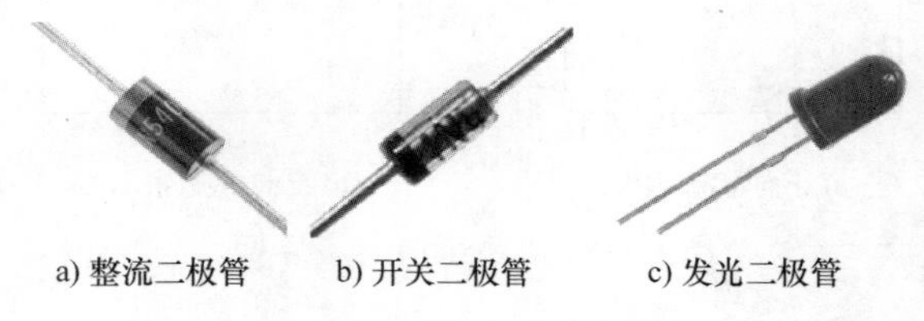

a) 整流二极管　b) 开关二极管　c) 发光二极管

图 1-4　常见二极管外形

（2）二极管的分类

按照功能划分，二极管常见类型及其功能如下：开关二极管，也就是通用型二极管，一般作为电子开关使用，其开关切换速度较快；整流二极管，用于整流（将交流电转化为直流电）的二极管，能承受较大电流；发光二极管，将电能转化为光能，是一种用于指示信号或照明的二极管；稳压二极管，是一种用于稳定直流电压幅度或者限制电压幅度的二极管；光敏二极管，对光有敏感作用，是一种光敏传感器，可用于光信号的接收；检波二极管，用于无线电信号的解调（接收）；变容二极管，高频电路中可作为压控的可变电容器使用。

按照材料划分，常见的二极管包括硅二极管、锗二极管和砷化镓二极管（用于制造发光二极管）等基本类型。

另外，按 PN 结面积大小可以将二极管分为点接触型和面接触型。点接触型二极管 PN 结面积小，允许流过的电流很小，但是开关速度快、高频特性好，例如开关二极管就属于点接触型。面接触型二极管 PN 结面积大，所以允许流过的电流很大，但是开关速度慢、高频特性差，例如整流二极管就属于面接触型。

3. 二极管的单向导电性

二极管的单向导电性就是 PN 结的单向导电性，因为二极管的管芯其实就是一个 PN 结。如果给二极管（PN 结）加上不同极性的电压，二极管（PN 结）会呈现出相反的导电特性。

（1）二极管加正向电压

二极管的阳极接高电位，阴极接低电位，称为二极管加正向电压，此时二极管导通，其等效电阻很小，电路形成的电流较大，如图 1-5a 所示。

结论：二极管加正向电压时导通，二极管近似等效为一个闭合的开关。

（2）二极管加反向电压

二极管的阳极接低电位，阴极接高电位，称为二极管加反向电压，此时二极管截止，其等效电阻变得非常大，电路形成的电流极小，如图 1-5b 所示。

结论：二极管加反向电压时截止，二极管近似等效为一个断开的开关。

因此二极管（PN 结）是一个由电压控制的单向电子开关，有导通和截止两种状态。

需要说明的是，二极管等效为一个电子开关，但是其开关特性与理想开关有所不同。当二极管正向导通时它仍有一定的等效电阻，阻值并非为零；而二极管反向截止时仍然存在微弱的电流（称为反相饱和电流或者漏电流），阻值并非为无穷大。

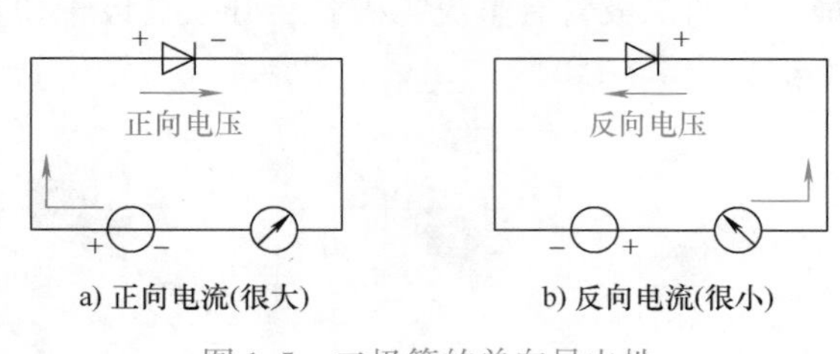

图 1-5　二极管的单向导电性

4. 如何判断二极管的极性

（1）根据外观判断

为了方便用户使用，二极管的外壳上通常会有明显的标记来区分阳极和阴极。常见的整流二极管和开关二极管在外壳会使用色带作为阴极标记，而发光二极管较长引脚为阳极，短的引脚为阴极。具体区分如图 1-6 所示。

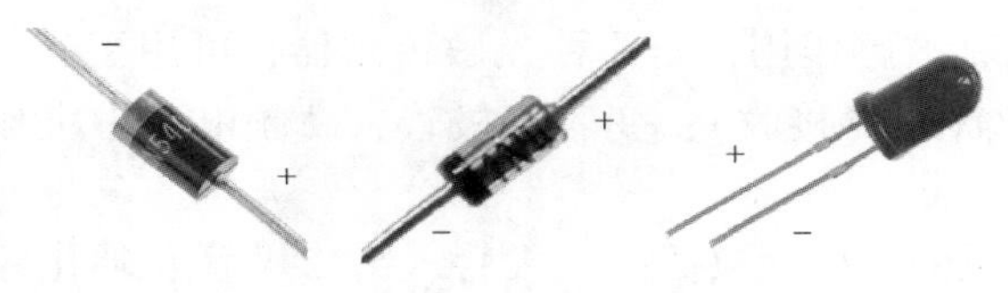

图 1-6　从外观判断二极管的极性

（2）使用数字万用表判断

在数字万用表上，除了电阻、电压、电流等常见测量档位之外，会有专门的二极管测量档位。可以利用数字万用表的二极管档位进行阳极和阴极的区分，此时万用表的红、黑表棒之间等效构成一个实际电压源（直流电），红表棒连接万用表内部电压源正极，黑表棒连接电压源负极。

在测量时，将数字万用表的两个表棒分别接在二极管的两个引脚上，也就等效于在二极管两端加上了直流电压。

若红表棒接二极管阳极，黑表棒接二极管阴极，此时二极管加正向电压，处于正向导通状态，万用表会显示二极管 PN 结的导通电压值，这个值一般是零点几伏至一点几伏，不同种类二极管的导通电压值各不一样。导通电压的概念在本书后面内容中将会进行介绍。如果测量的是发光二极管，则发光二极管在导通时会被点亮。

相反，若红表棒接二极管阴极，黑表棒接二极管阳极，此时二极管加反向电压，处于反向截止状态，则数字万用表最高位显示“1”（表示无法测量），如果测量的是发光二极管，则发光二极管在截止时处于熄灭状态。

（3）使用指针式万用表判断

指针式万用表一般没有专门的二极管档位，但是可以使用其电阻档位进行二极管极性的判断。操作方法如图 1-7 所示。图 1-7a 中万用表红表棒用“＋”表示，黑表棒用“－”表示。指针式万用表在电阻档位时等效为一个实际直流电压源，其中红表棒对应万用表内部等效电压源的负极，黑表棒对应万用表内部等效电压源的正极。

注意：同样处于电阻档位时，指针式万用表红、黑表棒电压源极性与数字万用表相反。

将红、黑表棒分别接在二极管的两端，相当于在二极管两端加上了直流电压。可以利用二极管的单向导电性进行二极管阳极和阴极的区分。

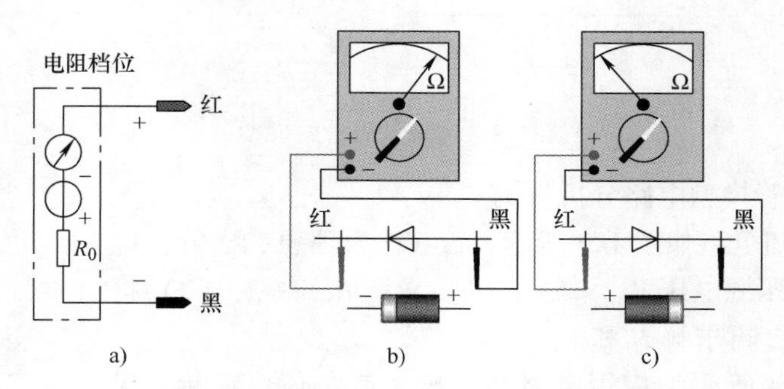

图 1-7　使用指针式万用表判断二极管极性

二极管阳极和阴极的判断：

将红、黑表棒分别接二极管的两个电极测量正反向电阻，若测得的阻值很小，说明此时二极管正向导通，表明黑表棒（电压源正极）连接二极管阳极，红表棒（电压源负极）连接二极管阴极极，如图 1-7b 所示。

相反，若测得的阻值很大，表明此时红表棒连接的是二极管阳极，黑表棒连接的是二极管阴极，如图 1-7c 所示。

二极管性能好坏的判断：

1）若测得的正反向电阻相差很大，表明二极管单向导电性能良好。

2）若测得的反向电阻和正向电阻都很小，表明二极管内部短路，已损坏。

3）若测得的反向电阻和正向电阻都很大，表明二极管内部断路，已损坏。

注意事项：

1）指针式万用表的电阻档档位不宜选得过低，也不能选择 ×10k 档。

2）测量时，手不要同时接触二极管的两个引脚，以免人体电阻的介入影响到测量结果的准确性。

1.1.3　二极管开关电路分析

二极管是一种常见的半导体元器件，在电子产品中用途广泛。以下介绍含有二极管电路的分析方法。实际二极管的伏安特性比较复杂，为了简化分析过程，一般采用理想二极管模型或恒压降模型进行二极管电路的分析和计算。使用这两种模型代替实际二极管进行电路分析会带来一定的误差，但是通常情况下这种误差在工程计算中处于允许范围之内。

1. 理想二极管模型下的二极管电路分析

（1）理想二极管模型

理想二极管具有如下特征：加正向电压时导通，二极管相当于闭合的开关，呈短路状态，等效阻值为零；加反向电压时截止，二极管相当于断开的开关，呈开路状态，等效阻值为无穷大。

理想二极管的伏安特性如图 1-8 所示。

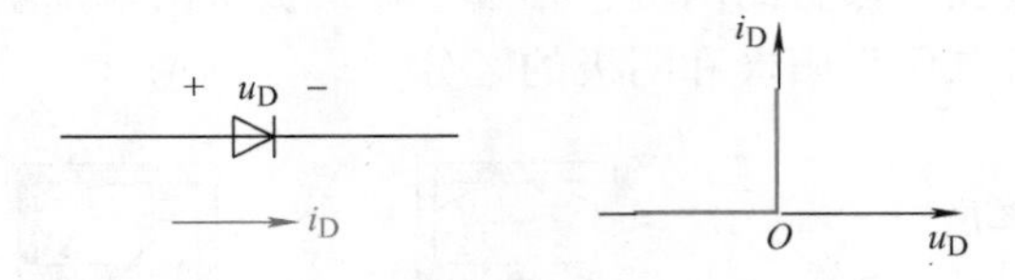

图 1-8　理想二极管的模型

（2）理想二极管模型电路分析举例

【例 1-1】　已知电路如图 1-9 所示，设 VD 为理想二极管，电阻 $R_L=2000\Omega$，电压源电压 $V_{DD}=5V$。（1）求解 I_O 和 U_O；（2）将二极管正负极对调，再求解 I_O 和 U_O。

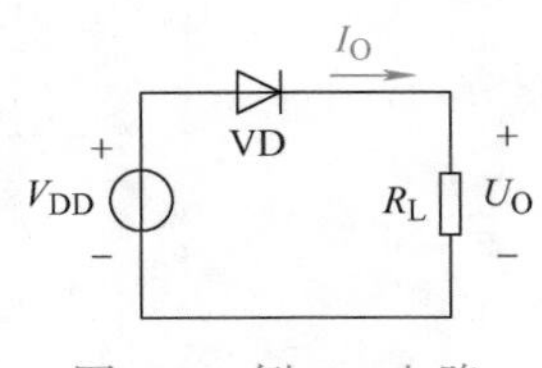

图 1-9　例 1-1 电路

解：对理想二极管模型应用电路的分析，首先必须判断二极管的状态是导通还是截止。若二极管导通，将二极管等效为闭合的开关；若二极管截止，将二极管等效为断开的开关，然后再求解相关电压和电流。

1）由于二极管阳极接电源 V_{DD} 正极，阴极接电源 V_{DD} 负极，所以二极管加正向电压，处于导通状态，此时的二极管相当于一个闭合的开关，即相当于短路线。

$$U_O=V_{DD}=5V,\ I_O=\frac{U_O}{R_L}=2.5mA$$

2）二极管正负极对调后，二极管阳极接电源 V_{DD} 负极，阴极接电源 V_{DD} 正极，所以二极管加反向电压，处于截止状态，此时的二极管相当于一个断开的开关。

$$I_O=0,\ U_O=I_OR_L=0$$

【例 1-2】　已知电路如图 1-10 所示，VD 为理想二极管，$u_i=10\sin\omega t V$，根据输入电压波形画出输出电压的波形。

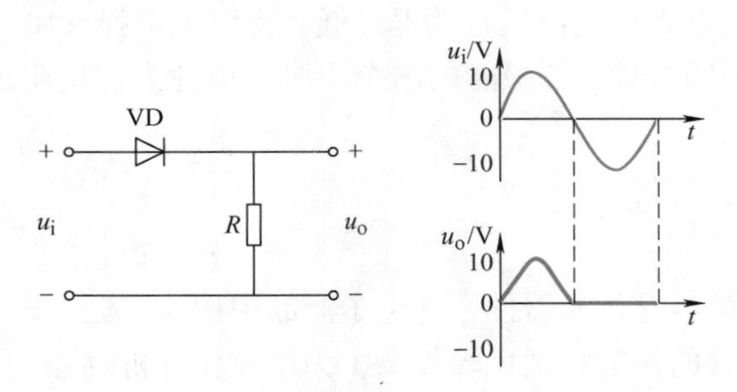

图 1-10　例 1-2 电路

解：根据二极管单向导电性特点，当输入电压 u_i 处于正半周时，二极管加正向电压，处于导通状态，相当于一个闭合的开关，从而 $u_o=u_i$；当 u_i 处于负半周时，二极管加反向电压，处于截止状态，相当于一个断开的开关，此时 $u_o=0$。

输出电压波形如图 1-10 所示。

2. 恒压降模型下的二极管电路分析

理想二极管模型结构简单，但进行电路分析计算时数据误差偏大，使用恒压降模型计算二极管电路参数则误差会显著减小。

（1）二极管恒压降模型

二极管的恒压降模型如图1-11所示。在恒压降模型下，截止状态时的二极管等效为断开的开关，这与理想二极管模型相同。但是导通状态下的二极管则等效为一个理想电压源，而非短路线，因为实际二极管处于导通状态时，其阳极和阴极之间其实是存在一定的电位差的，而且这个电位差几乎不随二极管电流改变而变化。该电位差被称为二极管的导通电压。所以与理想二极管模型相比，恒压降模型更加接近实际二极管特性，因此用恒压降模型分析和计算时误差会更小。

在图1-11所示恒压降模型下二极管的伏安特性中，U_{on}即为二极管导通电压。普通硅二极管导通电压值一般为0.6～0.7V，普通锗二极管导通电压值一般为0.2～0.3V，发光二极管导通电压较高，可达1.5～2.0V。

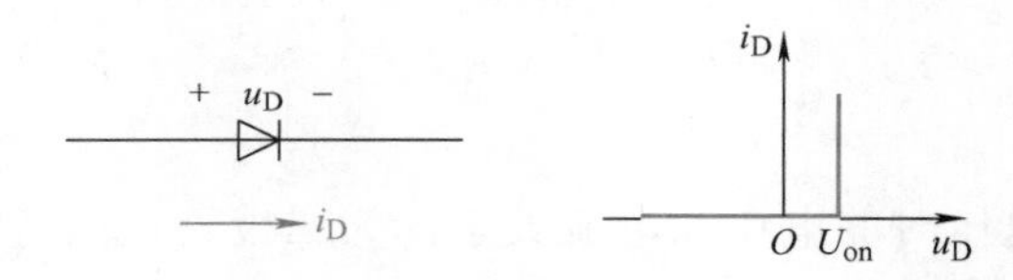

图1-11　二极管的恒压降模型

由图1-11可以看出，当二极管两端电压$u_D < U_{on}$时，二极管截止，等效为断开的开关；当二极管两端电压$u_D > U_{on}$时，二极管导通，导通后的二极管等效为电动势为U_{on}的理想电压源。

注意：当$0 < u_D < U_{on}$时，尽管二极管两端加的是正向电压，但是由于u_D没有达到导通电压值，二极管仍然处于截止状态。

（2）恒压降模型电路分析举例

【例1-3】　已知电路如图1-12所示，设VD为恒压降模型二极管，二极管导通电压U_{on}为0.7V，$R_L = 2000\Omega$，$V_{DD} = 5V$。（1）求解I_O和U_O；（2）将二极管正负极对调，再求解I_O和U_O。

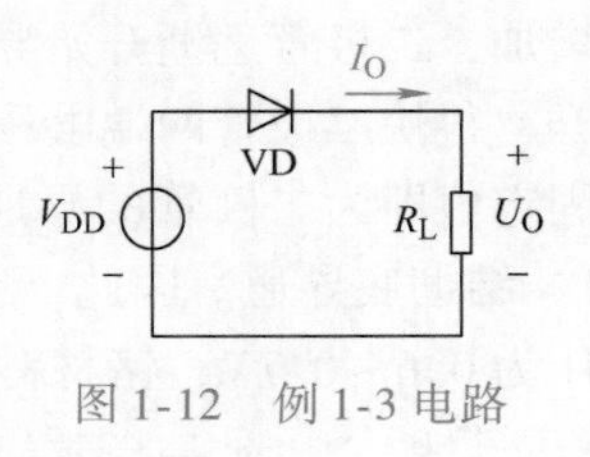

图1-12　例1-3电路

解：对于恒压降模型二极管应用电路，首先必须判断二极管的状态是导通还是截止。若二极管导通，将二极管等效为理想电压源，其中二极管阳极为电压源正极，二极管阴极为电压源负极；若二极管截止，将二极管等效为断开的开关，然后再求解相关电压和电流。

1）由于$V_{DD} > U_{on}$，经判断可知二极管处于导通状态，此时恒压降模型下的二极管等效为0.7V的理想电压源，二极管阳极为电压源正极，二极管阴极为电压源负极。

$$U_O = V_{DD} - U_{on} = 4.3V,\ I_O = \frac{U_O}{R_L} = 2.15mA$$

2）若二极管正负极对调，则二极管处于截止状态，此时二极管等效为断开的开关。

$$I_O = 0,\ U_O = I_O R_L = 0$$

3. 二极管伏安特性曲线

如前所述，无论理想二极管模型还是恒压降模型，与实际二极管真实特性相比都存在一定误差，其中理想二极管模型误差较大，恒压降模型误差较小。以下介绍实际二极管的伏安特性。

二极管两端电压 u_D 和流过二极管的电流 i_D 之间的关系曲线称为二极管伏安特性曲线，如图 1-13 所示。其中 $u_D>0$ 为二极管正向特性，$u_D<0$ 为二极管反向特性。

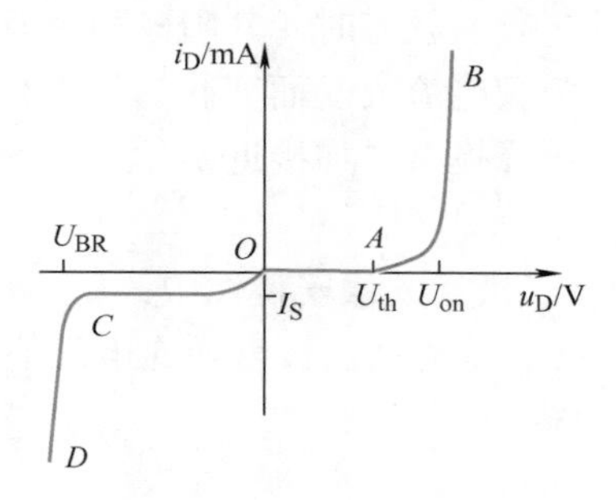

图 1-13　二极管伏安特性曲线

（1） 正向特性

二极管两端加正向电压时的电压和电流关系称为二极管正向特性。根据二极管是否导通，正向特性分为死区段和导通段。

1） 死区段（*OA* 段）。

当外加正向电压小于二极管死区电压 U_{th}（也称为门槛电压）时，尽管是正向电压，但是二极管仍然截止，二极管上电流几乎为零，此区域称为死区段。其中硅材料二极管死区电压一般为 0.5V 左右，锗材料二极管死区电压一般为 0.2V 左右。

2） 导通段（*AB* 段）。

当逐渐加大二极管两端电压，让外加电压大于二极管死区电压时，二极管正向电流开始增加，二极管逐渐开始导通，二极管两端电流随外加电压的增大而迅速上升，但随着电流上升，很快二极管两端电压就几乎不再随电流增大而变化，而是维持在某个固定值附近，这个固定值即为二极管的导通电压，用 U_{on} 表示，此时二极管的等效电阻阻值很小，二极管的 PN 结彻底导通。因此，二极管导通电压 U_{on} 比死区电压 U_{th} 略高。一般硅材料二极管导通电压为 0.6～0.7V，锗材料二极管为 0.2～0.3V。

说明：由于二极管的死区电压与导通电压相差不大，为了简化电路分析，一般统一用导通电压来表示即可。

（2） 反向特性

二极管加反向电压时的电压和电流关系称为二极管的反向特性。根据二极管是否被反向击穿，反向特性分为饱和段和击穿段。

1） 饱和段（*OC* 段）。

二极管两端外加反向电压时处于截止状态，反向电流非常小，一般为微安（μA）级，用 I_S 表示，称为反向饱和电流。反向饱和电流主要由温度决定，随温度上升而加大，几乎不随二极管两端外加反向电压改变而变化。温度每升高 10℃，反向饱和电流大约会增加一倍。

在饱和段，二极管的等效电阻阻值很大，二极管近似相当于一个存在微弱漏电流的断开的开关。

硅二极管反向饱和电流 I_S 比锗二极管小很多，因此作为电子开关，硅二极管的截止更加彻底，开关特性更加理想，所以实际应用中硅二极管的使用比锗二极管更加广泛。

2）击穿段（*CD* 段）。

当外加反向电压超过二极管能够承受的极限时，二极管将会被击穿。此时二极管反向电流急剧增大，但两端电压几乎不再变化，保持在 U_{BR} 附近，此现象称为二极管的反向击穿，U_{BR} 称为二极管的击穿电压。利用二极管的反向击穿特性可以做成稳压二极管，但需要特别注意的是除了稳压二极管之外，普通的二极管不允许工作在反向击穿状态，因为反向击穿很可能导致二极管被彻底损坏。

4. 二极管的反向击穿特性

二极管的反向击穿分为电击穿和热击穿两种。

（1）电击穿

当二极管被反向击穿后，若二极管两端反向电压和反向电流的乘积不超过二极管 PN 结允许的最大功耗，二极管就不会被损坏。此时若减小反向电压，二极管就能恢复正常，二极管的这种击穿现象称为电击穿，所以电击穿可逆。

稳压二极管就是利用电击穿来实现稳定电压的效果的。

（2）热击穿

当二极管被反向击穿后，若两端的反向电压和反向电流的乘积超过其 PN 结允许的最大功耗，二极管将会由于过热而被烧毁，此时二极管的击穿称为热击穿，因此热击穿不可逆。

5. 二极管的主要参数

二极管主要参数包括最大整流电流、反向击穿电压、反向饱和电流和最高工作频率等。

（1）最大整流电流 I_F

最大整流电流是指二极管长期连续工作时，允许流过二极管的最大正向电流的平均值。一旦二极管上电流超过 I_F 可能会导致二极管被烧毁。

当电流流过导通状态的二极管 PN 结时会产生电压降，从而消耗能量，这部分电能会转化为热能引起二极管发热而温度上升，如果电流过大会导致温度过高而烧毁二极管。开关二极管（例如 1N4148）属于点接触型二极管，最大整流电流较小；整流二极管（例如 1N4007）属于面接触型二极管，最大整流电流较大。

在使用二极管构成的开关电路中，当二极管处于正向导通状态时等效电阻很小，近似一个闭合的开关，为了防止此时二极管上流过的电流超过 I_F，一般会在二极管支路串联一个电阻，该电阻称为限流电阻。

（2）反向击穿电压 U_{BR}

反向击穿电压 U_{BR} 是指二极管被反向击穿时对应的电压值。为了保证二极管的安全性，晶体管手册中给出的二极管最高反向工作电压一般均规定为反向击穿电压 U_{BR} 的一半。

（3）反向饱和电流 I_S

反向饱和电流 I_S 是指二极管反向截止处于饱和段的反向漏电流，该值越小，说明二极管单向导电性越好。一般硅二极管的反向饱和电流远远小于锗二极管。

(4) 最高工作频率f_M

最高工作频率f_M是指二极管能保持单向导电性的最大输入交流信号频率值。点接触型二极管的f_M通常较高，面接触型二极管的f_M通常较低。

【例1-4】 发光二极管（LED）指示电路如图1-14所示，已知该LED最大整流电流$I_F=20mA$，设LED为恒压降模型二极管，其导通电压U_{on}为1.8V。请说明电阻R的作用是什么，试分析该电路能否安全工作。

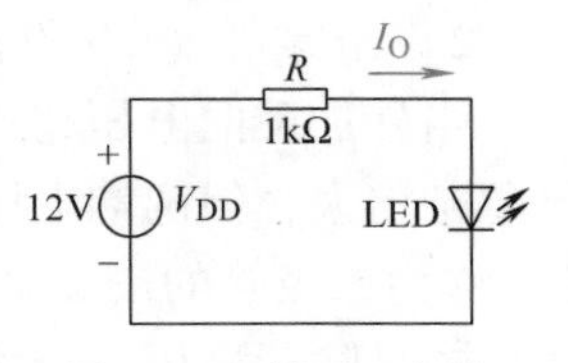

图1-14 例1-4电路

解：电阻R为限流电阻，与发光二极管串联，用于防止发光二极管正向导通时电流超过I_F而导致发光二极管被烧毁。

经分析，该电路中发光二极管LED处于正向导通状态，流过LED的实际电流为

$$I_O=\frac{V_{DD}-U_{on}}{R}=\frac{12-1.8}{1000}A=10.2mA$$

由于发光二极管上实际电流$I_O<I_F$，所以该电路能够安全工作。

发光二极管的英文缩写为LED，是一种能将电能转化为光能的特殊二极管。注意发光二极管符号与普通二极管符号有所区别，如图1-14所示。当发光二极管处于正向导通状态形成电流时会发光，光线的颜色由制作发光二极管的材料决定，可以是各种颜色的可见光，也可以是红外线。发光的亮度由流过发光二极管的电流决定，电流越大则亮度越高。当发光二极管截止时处于熄灭状态。

在日常应用中，小功率发光二极管可用作电子设备或家电产品的信号指示灯，大功率发光二极管可用于照明。而红外线发光二极管可用于无线电遥控、安防、光纤通信等领域。

发光二极管的导通电压一般为1.5~2V，比普通的硅二极管和锗二极管都高，正常工作电流一般为几毫安至几十毫安，典型工作电流为10mA左右。

发光二极管的发光亮度随正向电流增大而增强，但如果电流过大超过该二极管的I_F时发光二极管会被烧毁。因此在电路中，一般会给发光二极管串联一个限流电阻，用于防止发光二极管因电流过大而被烧毁，如图1-14所示。需要说明的是限流电阻阻值必须要恰当，阻值太小时发光二极管上电流仍然会很大从而产生危险，阻值太大会导致电流太小而影响发光亮度。

任务1.2 整流滤波电路分析

主要教学内容

1. 线性直流稳压电源组成。
2. 二极管半波整流电路分析。
3. 桥式整流电路分析。
4. 电容滤波和电感滤波电路分析。
5. 低通和高通滤波器的对比。

1.2.1　整流电路分析

1. 直流稳压电源的组成

各种电子设备、通信设备、家电产品、自动控制装置都需要稳定的直流电源供电，而电网提供的是50Hz交流电，所以必须将交流电转化为电压值恒定的直流电后才能提供给设备使用，将交流电转化为电压值恒定的直流电的电路称为直流稳压电源。直流稳压电源有多种类型，主要包括线性稳压电源和开关稳压电源两类。线性稳压电源的优点是结构简单，输出直流电较为纯净，纹波少；缺点是效率低，设备体积大。开关稳压电源的优点是体积小、效率高；缺点是电路结构复杂，输出直流电中的交流纹波较多，对周围其他设备容易形成电磁干扰。以下只介绍用途广泛的线性小功率直流稳压电源。

线性小功率直流稳压电源因为输出功率较小，通常采用50Hz单相交流电供电，该电路主要包括以下4个组成部分：电源变压器、整流电路、滤波电路和稳压电路。

线性小功率直流稳压电源的组成框图如图1-15所示。

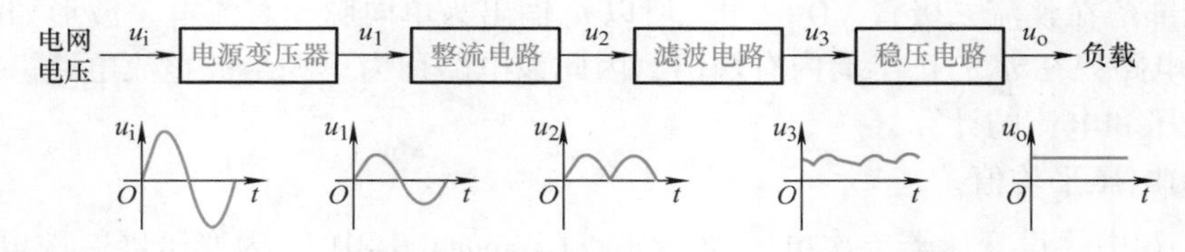

图1-15　线性小功率直流稳压电源组成框图

直流稳压电源这4个组成部分的作用分别如下：

1）电源变压器用于降压，将幅度较高的交流电网电压变换为符合要求的低压交流电。这是因为通常情况下各种电子设备所需的电源电压幅度都比较低。同时，电源变压器还可以让电子设备与电网之间实现安全隔离。

2）整流电路是利用二极管的单向导电性将工频交流电变换为单向脉动直流电。整流电路有半波整流电路、全波整流电路、桥式整流电路、倍压整流电路等多种类型。

3）滤波电路用于滤除整流电路输出的单向脉动直流电中的交流成分，使之成为平滑的直流电。其核心滤波元件通常是电容或电感。

4）稳压电路的作用是当电网电压发生波动、负载变化或温度变化时，维持输出电压的稳定性，使其成为恒定不变的直流电压。

以下介绍整流电路的组成以及工作过程。单相半波整流电路和单相桥式整流电路均为常见的整流电路。

2. 单相半波整流电路分析

（1）工作原理

单相半波整流电路利用二极管的单向导电性实现，电路如图1-16a所示。图中，T为电源变压器，用于将电网提供的220V交流电转化为整流电路所需低压交流电，同时也可以实现直流稳压电源与交流电网之间的电气隔离；VD 为整流二极管，要求具有较高的最大整流电流，为了简化分析，以下使用理想二极管模型进行讨论；R_L 为直流稳压电源连接的负载。

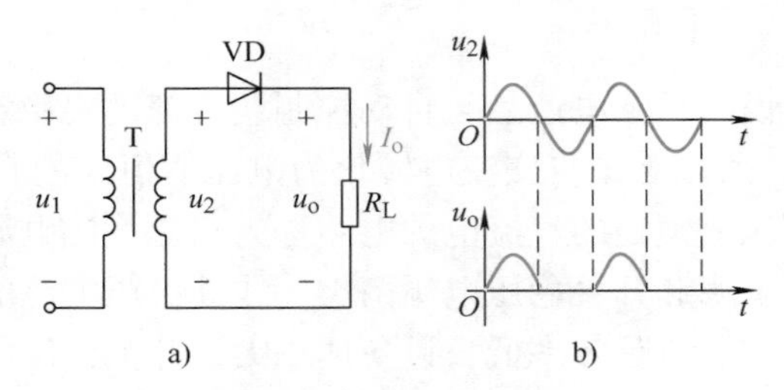

图 1-16　单相半波整流电路组成及波形

电路具体工作过程如下：

变压器二次电压 u_2 的正半周，整流二极管 VD 两端加正向电压处于导通状态，相当于闭合的开关，此时间段内 $u_o=u_2$。而在变压器二次电压 u_2 的负半周，整流二极管 VD 两端加反向电压处于截止状态，相当于断开的开关，此时间段内电流为零，因此 $u_o=0$，变压器二次电压 u_2 将全部落在整流二极管 VD 两端。所以 u_o 输出为单向脉动直流电。波形如图 1-16b 所示。由于该电路只在 u_2 的正半周内有输出，因此该电路称为单相半波整流电路。

（2）电压和电流的计算

1）输出电压平均值。

在图 1-16 中，设变压器二次电压为 $u_2=\sqrt{2}U_2\sin\omega t$，其中 U_2 为变压器二次电压有效值。因为整流电路输出的单向脉动直流电属于非正弦波，一般不用有效值表示大小，因此可以用平均值（即直流分量）表示整流电路输出电压的大小。经分析（分析过程略）半波整流电路输出电压平均值为

$$U_o\approx0.45U_2 \tag{1-1}$$

2）流过负载 R_L 的平均电流。

$$I_o=\frac{U_o}{R_L}=\frac{0.45U_2}{R_L} \tag{1-2}$$

3）流过二极管的平均电流。

$$I_D=I_o=\frac{0.45U_2}{R_L} \tag{1-3}$$

注意：流过二极管的平均电流必须小于二极管最大整流电流 I_F，否则二极管将存在安全问题。

4）二极管承受的最大反向电压。

由于在 u_2 的负半周，整流二极管 VD 处于反向截止状态，因此变压器二次电压 u_2 将全部落在整流二极管 VD 两端。所以 u_2 的最大值 $\sqrt{2}U_2$ 即为整流二极管 VD 上瞬时最大反向电压。因此二极管所承受的最大反向电压 U_{RM} 为

$$U_{RM}=\sqrt{2}U_2 \tag{1-4}$$

注意：二极管所承受的最大反向电压 U_{RM} 必须小于二极管最高反向工作电压，否则二极管可能被反向击穿。

单相半波整流电路的优点是使用元器件少、电路结构简单。但由于只利用了交流电源的正半周，所以整流后的输出电压脉动较大、整流效率低。单相半波整流电路一般只适用于要求不高、电路结构紧凑的场合。

3. 单相桥式整流电路分析

（1）工作原理

由于性能良好，单相桥式整流电路在各种电子设备中使用非常广泛。

与半波整流电路相比，桥式整流电路需要同时使用4只型号完全相同的整流二极管。桥式整流电路在电路原理图中有多种表示方法，如图1-17a、b、c所示，外形如图1-17d所示。

为了方便用户使用，将整流电路中的2只或4只整流二极管和它们相互之间的连线封装在一起，构成的元器件被称为整流桥，也称为整流桥堆。其中包含2只整流二极管的整流桥称为半桥，包含4只整流二极管的整流桥被称为全桥。图1-17所示整流桥为全桥。在全桥的4个引脚中，两个直流输出端标注了正和负，使用时不能接反；而两个交流输入端会标记为AC或者~。

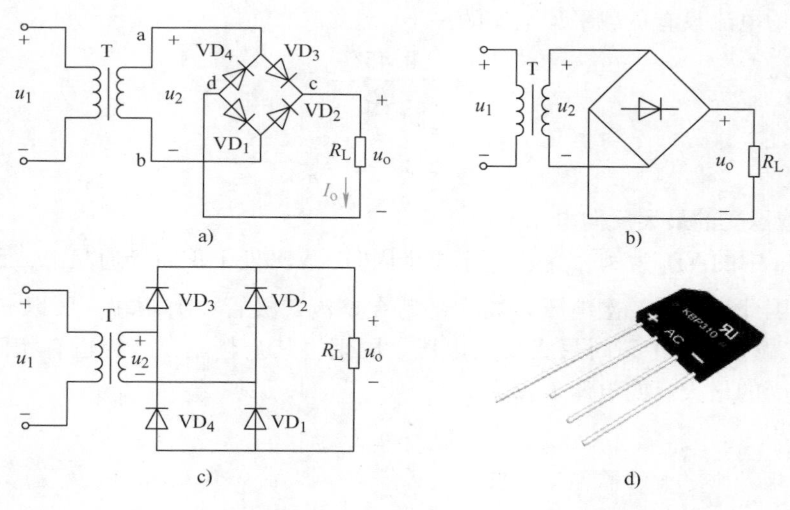

图1-17　桥式整流电路

为了简化分析和计算，以下仍然使用理想二极管模型进行单相桥式整流电路工作过程分析。

图1-17a、c中，4只整流二极管VD_1～VD_4分成两组，VD_1和VD_3一组，VD_2和VD_4一组，两组二极管轮流导通、截止。

如图1-17a所示桥式整流电路中，设变压器二次电压为$u_2=\sqrt{2}U_2\sin\omega t$。当$u_2$处于交流电正半周时，a点电位高于b点，因此整流二极管VD_3、VD_1加正向电压处于导通状态，而VD_4、VD_2加反向电压处于截止状态，桥式整流电路中电流通路为a→VD_3→c→R_L→d→VD_1→b，其中负载R_L上电流实际方向是自上而下。

当变压器二次电压u_2处于交流电负半周时，b点电位高于a点，因此整流二极管VD_2、VD_4正向导通，而VD_1、VD_3反向截止，桥式整流电路中电流通路为b→VD_2→c→R_L→d→VD_4→a，其中负载R_L上电流实际方向仍然是自上而下。

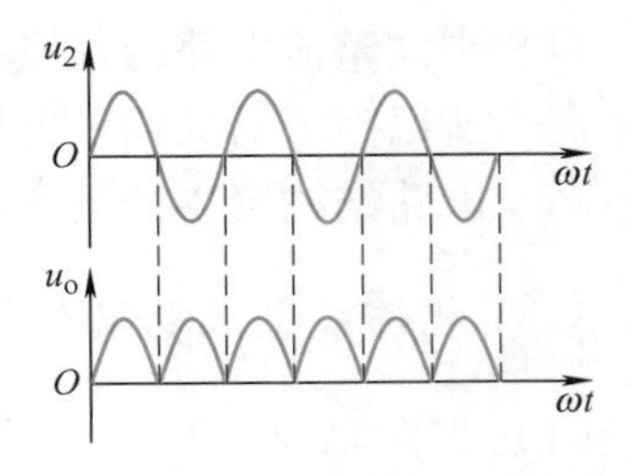

图 1-18　桥式整流电路波形图

桥式整流电路波形图如图 1-18 所示。从图中可以看出，在桥式整流电路中，无论交流电 u_2 是正半周还是负半周，负载 R_L 上电流实际方向均为自上而下，因此 R_L 上获得的是单向全波余弦脉冲波形，由于 u_o 方向始终不变，属于直流电。所以单相桥式整流电路将交流电转化为了直流电。

（2）电压和电流的计算

1）输出电压平均值（即直流分量）。

与半波整流电路相比，桥式整流电路输出电压平均值提高一倍。

$$U_o \approx 0.9U_2 \tag{1-5}$$

2）流过负载 R_L 的平均电流。

$$I_o = \frac{U_o}{R_L} = \frac{0.9U_2}{R_L} \tag{1-6}$$

3）流过二极管的平均电流。

由于在桥式整流电路中，四只二极管每两个一组轮流导通、轮流截止，因此流过每只整流二极管的平均电流只有负载平均电流的一半。

$$I_D = \frac{0.45U_2}{R_L} \tag{1-7}$$

注意： 流过二极管的平均电流必须小于二极管最大整流电流 I_F，否则整流二极管将存在安全问题。

4）二极管承受的最大反向电压。

以图 1-17a 中的 VD_4 为例，当 u_2 处于正半周时，VD_1 处于正向导通状态，而 VD_4 处于反向截止状态，因此变压器二次电压 u_2 将全部落在整流二极管 VD_4 两端。所以 u_2 的最大值 $\sqrt{2}U_2$ 即为整流二极管 VD_4 上瞬时最大反向电压。同理，其余整流二极管也有相同结论。因此每只二极管承受的最大反向电压 U_{RM} 为

$$U_{RM} = \sqrt{2}U_2 \tag{1-8}$$

注意： 二极管所承受的最大反向电压必须小于二极管最高反向工作电压，否则二极管可能被反向击穿。

与单相半波整流电路相比，单相桥式整流电路输出电压幅度提高一倍，交流脉动成分减少，直流电源最终输出的直流电更加平滑，而且电源变压器在交流正负半周都有电流提供给负载，整流效率高，性能明显改善，所以获得了广泛应用。

1.2.2　滤波电路分析

整流电路已经将交流电变为了脉动直流电，但是脉动直流电并非纯净的直流电，其中仍然包含了大量的交流谐波成分（称为纹波），在大多数情况下无法直接作为直流电源给电子设备供电，所以必须在整流电路的后面加上滤波电路，尽量滤除脉动直流电中的交流成分，即减少纹波，以便获得较纯净、较平滑的直流输出。

常用的滤波电路有电容滤波、电感滤波及复式滤波电路等不同类型。

1. 电容滤波电路

(1) 工作原理

电容滤波主要利用电容两端电压不能突变的特性来实现滤波的，所以当滤波电容与负载电阻并联时，可以使负载电压波形变得平滑。电容滤波电路构成及波形分析如图 1-19 所示。从图中可以看出，交流电经二极管整流之后变为脉动直流电，再经电容滤波电路滤波就可以获得较为平滑的直流电。

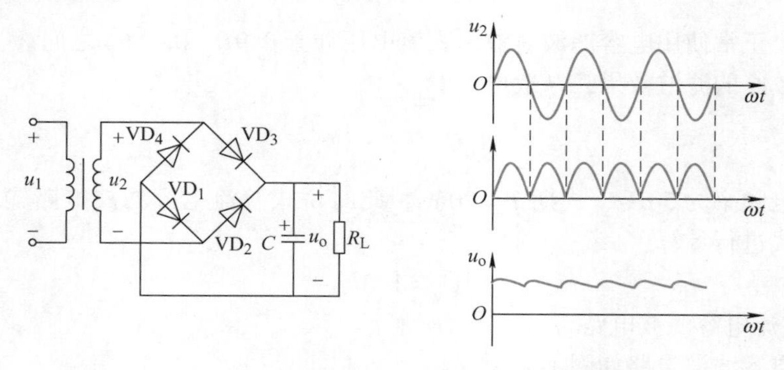

图 1-19　电容滤波电路构成及波形分析

说明： 理论上任何滤波电路都无法完全彻底地滤除全部交流谐波成分，即理想滤波器根本不存在。

因此实际滤波电路的输出波形不可能成为一条理想的水平线，纹波（输出波形起伏）产生的原因是滤波不彻底。但是电容滤波电路中 $R_L C$ 乘积越大，滤波器滤除交流谐波能力越强，输出波形越平滑。由于电容滤波电路要求的电容容量较大，所以通常采用有极性的电解电容充当滤波电容。常用的铝电解电容外形和电解电容符号如图 1-20 所示。

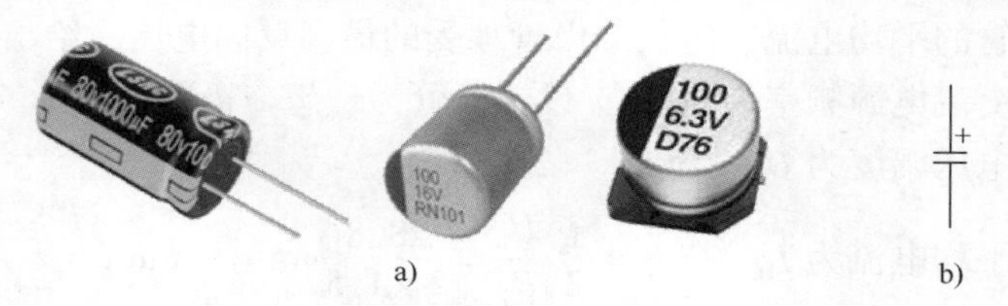

图 1-20　常用铝电解电容外形和符号

电解电容器具有极性，其正极必须接高电位，负极必须接低电位，不能接反，否则会导致电解电容性能变差甚至损坏。在电容器外壳上，常用的铝电解电容往往会在其负极一侧用显著的颜色加以标注。在图 1-20a 所示铝电解电容器图片中，左边均为电容器负极。

注意电解电容符号与通用电容器符号的区别，在图 1-20b 所示电解电容器符号中，上面是电容器正极，下面是负极。

(2) 输出直流电压计算

在前面介绍的半波整流和桥式整流电路之后，加上电容滤波电路就可以分别构成半波整流电容滤波电路和桥式整流电容滤波电路。

1) 桥式整流电容滤波电路。

桥式整流电容滤波电路如图 1-19 所示。

电容滤波电路输出直流电压幅度主要取决于负载电阻 R_L 和滤波电容 C 的乘积大小。R_LC 的乘积越大，滤波效果越好，输出直流电压越平滑，U_o 值越高。但是电解电容容量越大，其体积也越大，因此实际使用时在保证滤波效果的前提下，容量不必取得过大。

当 $R_L \to \infty$（开路）时，R_L 和 C 的乘积最大，此时输出直流电压为

$$U_o = \sqrt{2}U_2 \tag{1-9}$$

当 $C \to 0$ 时，R_L 和 C 的乘积最小，构成桥式整流、不滤波电路，此时输出直流电压为

$$U_o = 0.9U_2 \tag{1-10}$$

由此可见，正常使用电容滤波时输出直流电压介于 $0.9U_2$ 和 $\sqrt{2}U_2$ 之间。

为了获得较好的滤波效果，一般可以取

$$R_LC \geqslant (3 \sim 5)\frac{T}{2} \tag{1-11}$$

我国交流电频率为50Hz，周期 $T = 20\text{ms}$，此时桥式整流电容滤波电路输出直流电压可以采用如下公式进行计算：

$$U_o = 1.2U_2 \tag{1-12}$$

2）半波整流电容滤波电路。

半波整流电容滤波电路如图1-21所示。

经分析（分析过程略），半波整流电容滤波电路输出直流电压约为

$$U_o = 1.0U_2 \tag{1-13}$$

由此可见，半波整流电容滤波电路输出直流电压小于桥式整流电容滤波电路。

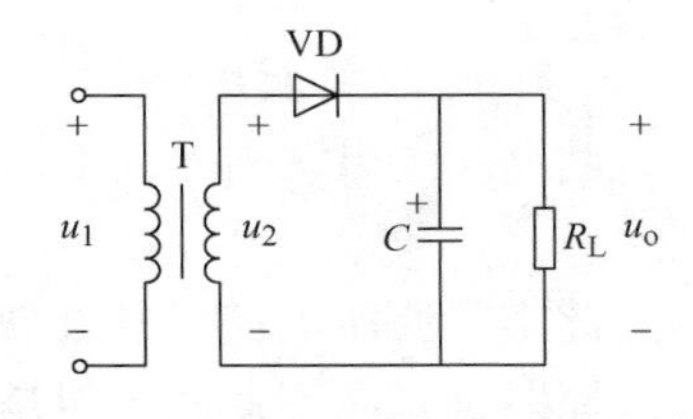

图1-21　半波整流电容滤波电路

【例1-5】　单相桥式整流电容滤波电路如图1-19所示，设负载阻值为 $R_L = 1.5\text{k}\Omega$，变压器二次电压有效值为24V，求输出直流电压 U_o 幅度、流过每只整流二极管的平均电流、每只二极管承受的最高反向电压，给出滤波电容容量和耐压值的要求。已知交流电源频率为50Hz，设二极管为理想二极管。

解：输出直流电压幅度为 $U_o = 1.2U_2 = 28.8\text{V}$

流过二极管的平均电流为 $I_D = \frac{1}{2}I_o = \frac{1}{2}\frac{U_o}{R_L} = \frac{28.8}{2 \times 1.5}\text{mA} = 9.6\text{mA}$

二极管所承受的最高反向电压为 $U_{RM} = \sqrt{2}U_2 = \sqrt{2} \times 24\text{V} = 33.9\text{V}$

由于要求 $R_LC \geqslant (3 \sim 5)\frac{T}{2}$，为了便于计算，一般取

$$R_LC \geqslant 5\frac{T}{2}$$

所以滤波电容容量最低要求为

$$C \geqslant 5\frac{T}{2R_L} \approx 33\mu\text{F}$$

为了保证滤波电容的安全，滤波电容耐压值一般取1.5～2.0倍 U_o，即耐压值选择50V即可。因为同样容量的电解电容，耐压值越高，其体积和价格也越高，所以在保证电路安全的前提下，电解电容耐压值不必取得太高。

【例1-6】 已知电路如图1-19所示，变压器二次电压有效值 $U_2=15\mathrm{V}$，交流电频率 $f=50\mathrm{Hz}$，设二极管为理想二极管，若使用万用表直流电压档测得负载两端电压有如下5种不同测量结果：①6.75V；②13.5V；③15V；④18V；⑤21.2V。在这5种情况下，哪种情况电路工作正常？其余情况下电路分别出现了什么故障？

解：图1-19所示电路是桥式整流电容滤波电路，该电路正常工作时，输出直流电压应为 $U_o=1.2U_2=18\mathrm{V}$，所以第④种情况电路工作正常，其余均出现了电路故障。

第①种情况，$U_o=6.75\mathrm{V}$，满足 $U_o=0.45U_2$，因此该电路是半波整流、不滤波电路，判断此时电容 C 以及一只或两只整流二极管处于开路状态（VD_1 和 VD_3 同时开路或者 VD_2 和 VD_4 同时开路）。

第②种情况，$U_o=13.5\mathrm{V}$，满足 $U_o=0.9U_2$，因此该电路是桥式整流、不滤波电路，判断此时电容 C 处于开路状态。

第③种情况，$U_o=15\mathrm{V}$，满足 $U_o=1.0U_2$，因此该电路是半波整流、电容滤波电路，判断此时一只或两只整流二极管处于开路状态（VD_1 和 VD_3 同时开路或者 VD_2 和 VD_4 同时开路）。

第⑤种情况，$U_o=21.2\mathrm{V}$，满足 $U_o=\sqrt{2}U_2$，判断此时桥式整流、电容滤波正常，但是负载处于开路状态。

2. 电感滤波电路

(1) 工作原理

电容器为储能元件，能够实现滤波功能，电感器同样也是储能元件，也能实现滤波功能。电感滤波主要利用电感中电流不能突变的特点来获得平滑的输出电流波形。所以当滤波电感与负载电阻串联时，两者电流相同，从而负载电阻可以获得与滤波电感相同平滑的输出电流和电压波形。电感滤波电路如图1-22所示。经分析（分析过程略），该电路输出电压平均值为

$$U_o=0.9U_2 \tag{1-14}$$

与电容滤波电路类似，电感滤波电路的电感量越大，滤波效果越好，但是其体积、质量也越大，所以在保证滤波效果的前提下，电感量适中即可。

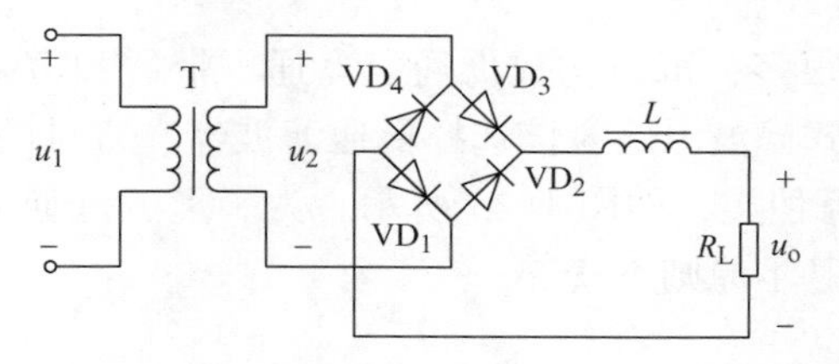

图1-22　电感滤波电路

(2) 电感滤波与电容滤波电路的对比

1）电感滤波电路输出电压平均值比电容滤波电路低。

2）电感滤波电路输出电压受负载电流影响小，即电感滤波电路带负载能力强，可以应用于负载电流大、负载阻值变化大的场合。而电容滤波电路输出直流电压随负载电阻变小、电流增大而迅速下降，即带负载能力差，因此电容滤波电路适用于负载电流小、变化不大的场合。

3）相比电容滤波电路，电感滤波电路中使用的电感器体积和质量都比电容滤波电路中使用的电容器大。

3. 低通滤波器和高通滤波器的区别

滤波器电路一般由电容、电感和电阻构成。滤波器的主要功能是“选频”，即面对包含不同频率成分的混合信号，能根据混合信号中各分量频率的不同进行筛选和剔除，允许某个特定频率范围内的信号（视为有用信号）顺利通过，予以保留，而将其他频率范围内的信号（视为无用或有害信号）过滤（抑制、衰减）掉。

滤波器电路根据功能不同，可以分为低通滤波器、高通滤波器、带通滤波器和带阻滤波器等几类。它们的具体组成和参数分析计算在本书项目 3 中会有详细介绍。下面先简要介绍常见的低通和高通滤波器的区别。低通滤波器和高通滤波器的作用及电路组成原则相反。

（1）低通滤波器

1）作用：保留低频信号，滤除高频信号。

2）电路组成原则：电容与负载并联，电感与负载串联。

直流稳压电源中的滤波电路属于低通滤波器。因为交流电经整流后变为单向脉动直流电，单向脉动直流电中除了有用的直流分量之外，还包含大量的交流谐波成分，直流分量的频率为 0Hz，交流谐波分量频率明显都是大于 0Hz 的，所以低通滤波器可以滤除频率相对较高的交流谐波成分，保留频率较低的 0Hz 直流分量，从而使滤波输出变为平滑的直流电压。

（2）高通滤波器

1）作用：保留高频信号，滤除低频信号。

2）电路组成原则：电容与负载串联，电感与负载并联。

4. 复式滤波电路

电容滤波电路和电感滤波电路各有优点和缺点，将电容滤波和电感滤波同时使用可以获得滤波效果更好的复式滤波电路。

复式滤波电路种类有很多，可以构成低通、高通、带通和带阻这四种类型中的任何一种。直流电源中若使用复式滤波电路应该选择低通滤波器，常见的复式滤波电路包括 LC 形滤波电路和π形滤波电路等种类，如图 1-23 所示。为了形成低通滤波特性，电容与负载并联、电感与负载串联这一基本原则不变。

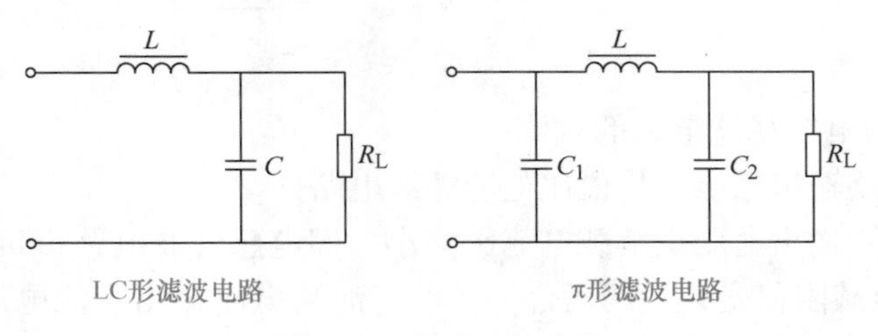

图 1-23　复式滤波电路

任务1.3　稳压电路分析

主要教学内容

1. 稳压二极管稳压电路分析。
2. 集成三端稳压器的使用。
3. 集成三端稳压器稳压电路分析。

1.3.1　稳压二极管稳压电路分析

1. 稳压电路的作用

交流电经过电源变压器降压、二极管整流和储能元件（电感、电容）滤波后已经变成直流电，但是整流滤波电路输出的直流电和理想的直流稳压电源相比仍有一定差别，这主要体现在当输入交流电网电压发生波动、负载改变和环境温度变化时，整流滤波电路输出的直流电压会随之发生波动。因此整流滤波之后必须加上稳压电路，才能输出恒定的直流电压。

常见的稳压电路有稳压二极管稳压电路、分立元器件线性稳压电路、线性集成稳压电路、开关集成稳压电路等几类。

2. 稳压二极管特性和主要参数

稳压二极管是一种特殊的硅材料二极管，又称为齐纳二极管、稳压管，这种二极管掺杂浓度高，容易发生反向击穿，反向击穿时稳压二极管两端电压几乎不随电流变化而改变，从而达到稳压的目的。由于稳压二极管属于面接触型二极管，击穿时允许流过较大的电流，其反向击穿在一定的电流范围内属于可逆的电击穿，而非热击穿，因此稳压二极管不会被损坏，当去掉反向电压后可以恢复其单向导电性。这是稳压二极管与普通二极管的重要区别。

（1）稳压二极管的符号和伏安特性

稳压二极管的符号和伏安特性曲线如图1-24所示。注意稳压二极管符号与普通二极管符号的区别。

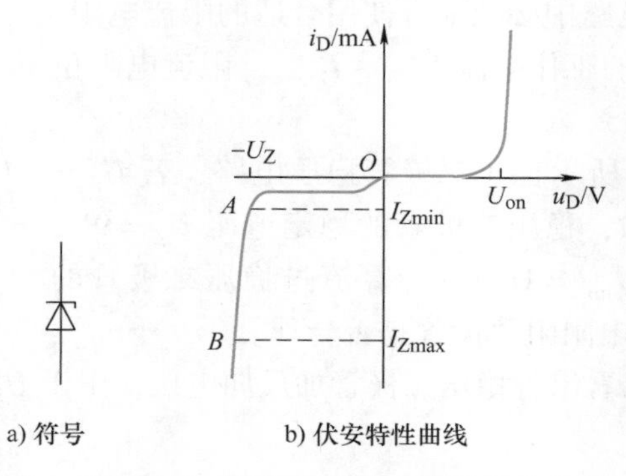

图1-24　稳压二极管的符号和伏安特性曲线

从图 1-24 可以看出，稳压二极管具有与普通二极管类似的伏安特性。其中加正向电压时稳压二极管与普通的硅二极管特性完全相同，导通电压约为 0.7V，当加在稳压二极管两端的正向电压大于导通电压 U_{on}时稳压管导通，否则截止。但它的反向击穿特性比普通二极管陡直，在反向击穿时虽然电流允许在较大范围内变化，但稳压二极管两端的反向电压却可以保持为 U_Z几乎不变，从而实现了稳定电压的效果。U_Z其实就是稳压二极管的击穿电压。

因此，处于反向击穿状态的稳压二极管可以用于稳定直流电源输出电压。

（2）稳压二极管的主要参数

1）稳定电压 U_Z。

稳定电压 U_Z是指当稳压二极管处于正常稳压（反向击穿）状态时两端产生的稳定电压值。不同型号的稳压二极管稳定电压值各不相同。而且由于制造工艺的原因，晶体管手册给出的某一具体型号稳压二极管的稳定电压往往都是一个稳压范围。

2）稳定电流 I_Z。

稳压二极管正常稳压时流过的电流应该在一定的允许范围之内，如图 1-24 所示，该范围是指 $I_{Zmin} \sim I_{Zmax}$，对应稳压管伏安特性曲线的 AB 段。若稳压二极管实际工作电流小于最小稳定电流 I_{Zmin}，则稳压管处于刚刚被击穿的状态，其两端电压波动较大，稳压效果差；若稳压二极管实际工作电流大于最大稳定电流 I_{Zmax}，则稳压管击穿时电流过大可能会造成热击穿，导致稳压管被烧毁。因此使用时务必保证稳压二极管的工作电流介于 I_{Zmin} 和 I_{Zmax}之间。

3）最大耗散功率 P_{ZM}。

最大耗散功率 P_{ZM}指正常稳压时稳压二极管自身允许的最大耗散功率。若工作时电流过大导致稳压二极管实际消耗功率超过 P_{ZM}，稳压管可能会因为过热而损坏。该值由稳定电压 U_Z和最大稳定电流 I_{Zmax}的乘积决定。

$$P_{ZM} = U_Z I_{Zmax} \tag{1-15}$$

（3）稳压二极管稳压工作条件

1）稳压二极管稳压时两端必须加反向电压，且外加电压必须大于 U_Z，以保证稳压管可靠击穿，这样才能起到稳压效果，若稳压管加正向电压或者处于反向截止状态，其特性与普通二极管相同。

2）稳压二极管稳压电路中必须配合使用合适的限流电阻，以保证稳压二极管有合适的工作电流 $I_{Zmin} \sim I_{Zmax}$，限流电阻位置如图 1-25 所示。

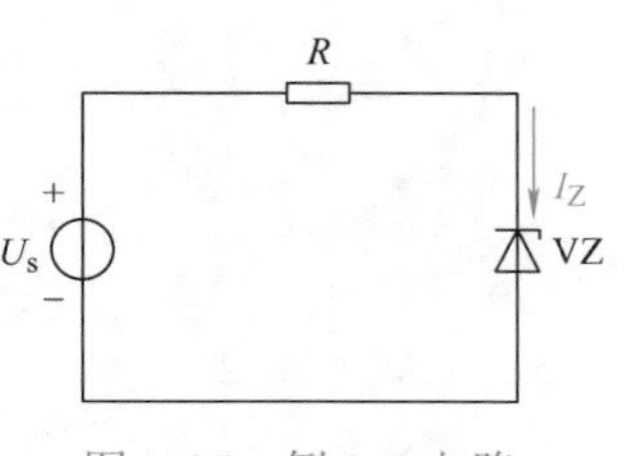

图 1-25　例 1-7 电路

【例 1-7】　如图 1-25 所示稳压二极管稳压电路，若 $U_S = 18V$，限流电阻 $R = 1.2k\Omega$，稳压二极管的稳定电压 $U_Z = 9V$，稳定电流 $I_{Zmax} = 15mA$，$I_{Zmin} = 1mA$，计算流过稳压二极管的电流 I_Z，检验该电路限流电阻阻值设置是否合理。

解：从图 1-25 中可以看出，稳压二极管加反向电压，由于 $U_S > U_Z$，所以稳压二极管处于反向击穿状态。

稳压二极管电流为$I_Z = \frac{U_S - U_Z}{R} = \frac{(18-9)V}{1.2k\Omega} = 7.5mA$

由于$I_{Zmin} < I_Z < I_{Zmax}$，所以限流电阻大小合适，该电路能正常。

【例1-8】　稳压二极管电路和输入信号波形如图1-26所示，输入电压u_i为幅度10V的正弦波，已知稳压二极管稳定电压$U_Z = 6V$，正向导通压降$U_{on} = 0.6V$，试对应输入电压u_i画出输出电压u_o的波形。

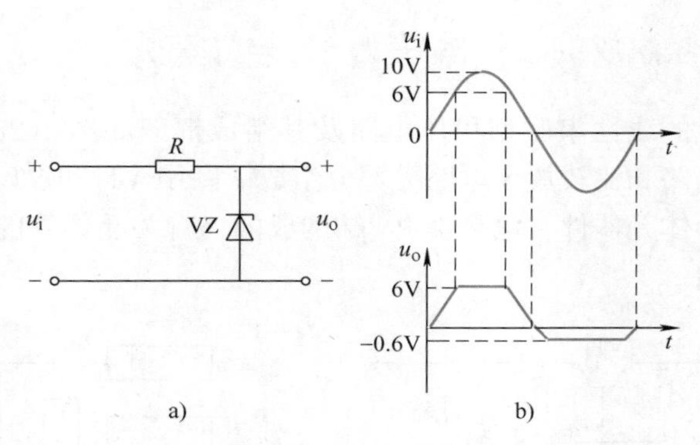

图1-26　例1-8电路及波形

解：1）u_i正半周。

当$0 < u_i < 6V$，VZ反向截止，$u_o = u_i$。

当$6V < u_i < 10V$，VZ反向击穿，$u_o = 6V$。

2）u_i负半周。

当$-0.6V < u_i < 0V$，VZ加正向电压但仍然处于截止状态（死区段），$u_o = u_i$。

当$-10V < u_i < -0.6V$，VZ正向导通，$u_o = -0.6V$。

所以输出电压波形如图1-26b所示。

3. 稳压二极管构成的稳压电路分析

稳压二极管构成的稳压电路如图1-27所示。

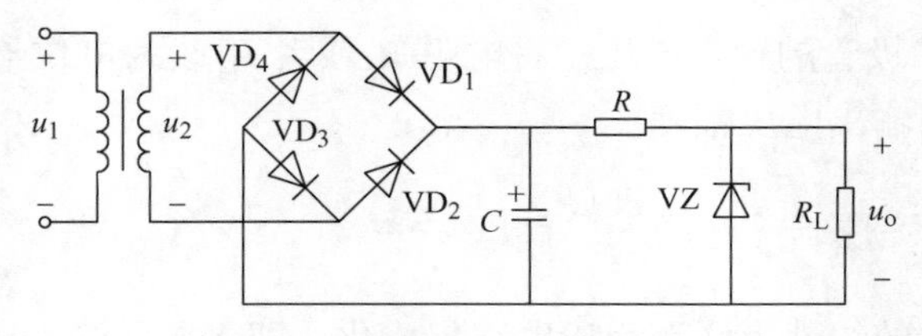

图1-27　稳压二极管构成的稳压电路

整个直流稳压电源电路由电源变压器、桥式整流电路、电容滤波电路和稳压二极管稳压电路四个部分组成。

该电路输出直流电压为固定值：

$$U_o = U_Z \tag{1-16}$$

式中，U_Z为稳压二极管稳定电压。

为了保证电路能够正常实现稳压功能，图1-27中稳压二极管必须加反向电压，即稳压二极管 VZ 阴极接高电位，阳极接低电位，且加在稳压二极管两端电压必须足够高，以保证稳压二极管可靠击穿，因此滤波电路输出的直流电压必须大于稳压二极管击穿电压 U_Z。

电路中 R 为限流电阻，用于保证 $I_{Zmin} < I_Z < I_{Zmax}$。

稳压二极管稳压电路的优点是电路结构简单，但是该电路只适用于负载电流小、输出电压固定不变的场合。负载电流较大、负载电流可变、输出电压可调的场合则可以使用性能更好的线性串联型稳压电路来实现稳压。

1.3.2 由分立元器件组成的线性串联型稳压电路简介

由分立元器件组成的线性串联型稳压电路及其组成框图如图 1-28 所示。它由调整管、取样电路、基准电压电路和比较放大电路等部分组成。图中 VT_1 和 VT_2 是晶体管，晶体管是另一种用途广泛的半导体元器件，也是由 PN 结构成的，有关晶体管的特点和应用将会在本书项目 2 中做详细介绍。

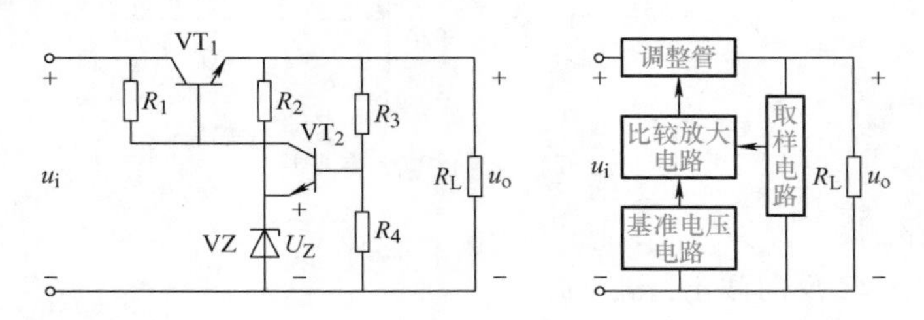

图 1-28 线性串联型稳压电路

由分立元器件组成的线性串联型稳压电路中，晶体管 VT_1 为调整管，晶体管 VT_2 和 R_1 为比较放大电路，稳压二极管 VZ 和 R_2 形成基准电压电路，电阻 R_3 和 R_4 构成取样电路。该电路优点是稳压效果比稳压二极管稳压电路好，缺点是电路结构复杂，目前已很少使用，因此对该电路工作原理不做具体分析直接给出结论，输出电压为

$$U_o = \left(1 + \frac{R_3}{R_4}\right)U_Z \tag{1-17}$$

其中，U_Z 为稳压二极管的稳定电压。将电阻 R_3 或者 R_4 改为电位器，就可以通过调节电位器阻值改变稳压电路输出电压幅度。

1.3.3 三端稳压器稳压电路分析

将分立元器件组成的线性串联型稳压电路集成化，即将调整管、取样电路、基准电压电路和比较放大电路等部分全部集成到一块芯片内部，则构成线性集成稳压器，线性集成稳压器结构简单、体积小、可靠性高、价格低廉、稳压效果好，因此在各类电子设备中获得了广泛的应用。线性集成稳压器种类较多，这类产品往往有三个引脚，因此又被称为三端稳压器。三端稳压器的符号和外形如图 1-29 所示。由于线性稳压器芯片工作时普遍会产生较高的热量，所以在使用时必须注意散热问题。以下介绍常见的两类三端稳压器产品：输出电压固定的 78/79 系列三端稳压器和输出电压可调的 317/337 三端稳压器。

图 1-29　三端稳压器的符号和外形

1. 78/79 系列三端稳压器

(1) 78/79 系列三端稳压器分类

78 系列三端稳压器能输出恒定不变的正电压，79 系列三端稳压器则输出恒定不变的负电压。按输出直流电压幅度不同 78 和 79 系列三端稳压器都可分为 05、06、08、09、12、15、18、24（数字代表电压值，单位为 V）等几种；按额定输出电流大小不同两者可分 78/79L（0.1A）、78/79M（0.5A）、78/79（1.5A）、78/79T（3A）、78/79H（5A）、78/79P（10A）等几个系列。从产品型号中就可以看出这类三端稳压器的主要性能参数。例如：

78L05：输出电压 +5V，额定输出电流 0.1A。

7812：输出电压 +12V，额定输出电流 1.5A。

79M15：输出电压 -15V，额定输出电流 0.5A。

使用时需要注意 78 和 79 系列三端稳压器除了输出电压极性相反之外，芯片三个引脚的定义也不相同，具体如图 1-30 所示，图 1-30 中列出了 78 和 79 系列三端稳压器的几种常见封装。以 TO-220 封装为例，78 系列三端稳压器 1 脚为输入端，2 脚为公共接地端，3 脚为输出端，79 系列三端稳压器 1 脚为接地端，2 脚为输入端，3 脚为输出端。另外，78 系列三端稳压器芯片本身的金属散热片或外壳与接地端在芯片内部直接相连，而 79 系列的散热片或外壳则与输入端在芯片内部直接相连。

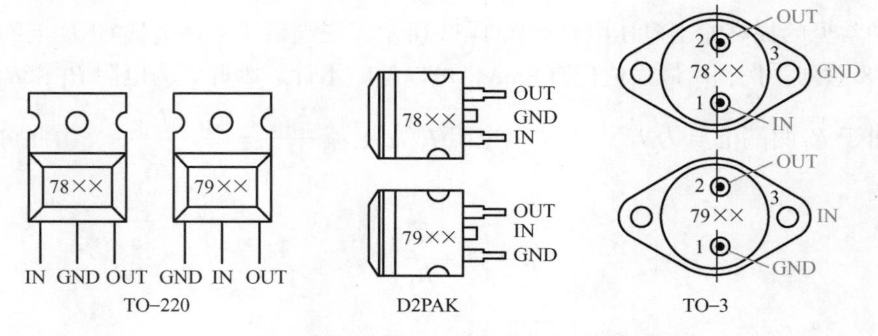

图 1-30　常见三端稳压器封装及引脚分布

(2) 78/79 系列三端稳压器特点

1）芯片内部集成了过电流、过热、安全工作区等保护电路。

2）稳压性能优良，芯片外围电路结构简单，使用方便，体积小，价格低廉。

3）若负载电流较大时，三端稳压器应该另外加装散热片，否则三端稳压器将因温度过高而进入过热保护状态。

（3）典型应用电路分析

1）基本稳压电路。

以 78 系列为例，三端稳压器基本稳压电路如图 1-31 所示，其中 C_1 为输入滤波电容，C_2、C_3为输出滤波电容，若负载上电流较大时应该适当加大电解电容 C_3 容量以提高滤除交流纹波效果。二极管 VD 为保护二极管，当输入端短路时给大电容 C_3 提供放电回路，防止 C_3 两端的高压通过芯片输出端将三端稳压器内部击穿，若三端稳压器输出电压幅度不高时 VD 也可以不接。

如果是 79 系列三端稳压器则保护二极管 VD 和电解电容 C_3 应该反接。三端稳压器工作时，一般要求输入电压比输出电压高 2V 以上，即输入输出压差至少为 2V，否则输出电压变得不稳定。但是输入输出压差越大，三端稳压器产生的热量也越高。为了保证三端稳压器安全，输入电压最高不得超过 35V，例外的是 7824 和 7924，允许输入电压达到 40V。

2）提高输出电压电路。

对三端稳压器基本电路结构进行调整，还可以提高稳压电路实际输出电压幅度，以 78 系列为例，如图 1-32 所示。

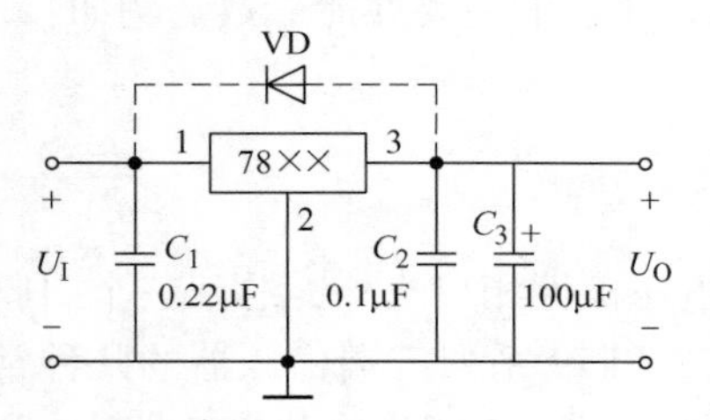

图 1-31　三端稳压器基本稳压电路

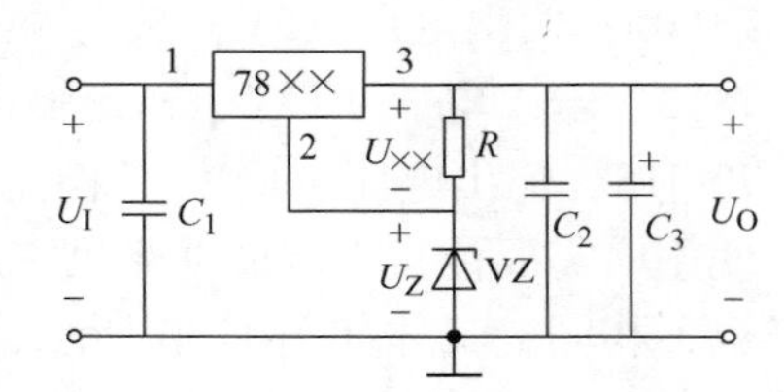

图 1-32　三端稳压器提高输出电压电路 1

图 1-32 中，78××三端稳压器本身输出电压为 $U_{××}$，稳压二极管稳定电压为 U_Z，稳压电路实际输出电压为两者之和，该电路输出电压为

$$U_O = U_{××} + U_Z \tag{1-18}$$

另一种常见的提高输出电压电路如图 1-33 所示，三端稳压器接地端 GND 上的电流 I_Q 非常小，以 78 系列为例，I_Q 最大值只有 8mA，可以忽略不计，因此认为电阻 R_1 和 R_2 上直流电流相同。由于 R_1 两端电压为 $U_{××}$，所以电阻 R_1 上电流 $\frac{U_{××}}{R_1} = \frac{U_O - U_{××}}{R_2}$，由此可得该电路输出电压为

$$U_O = \left(1 + \frac{R_2}{R_1}\right) U_{××} \tag{1-19}$$

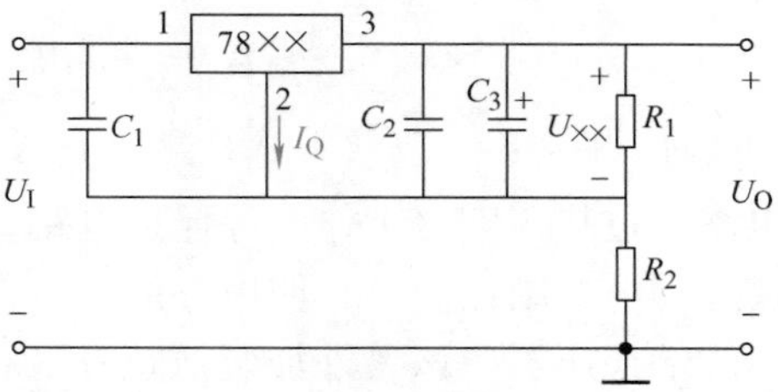

图 1-33　三端稳压器提高输出电压电路 2

3）同时输出正负电压的稳压电路。

很多集成电路工作时需要同时有正负两个直流电源为其供电，以±12V双路直流电压输出为例，在图1-34中7812能够稳定输出+12V直流电压（U_{O1}），7912能够稳定输出－12V直流电压（U_{O2}），该电路一般要求输出电压正负对称。

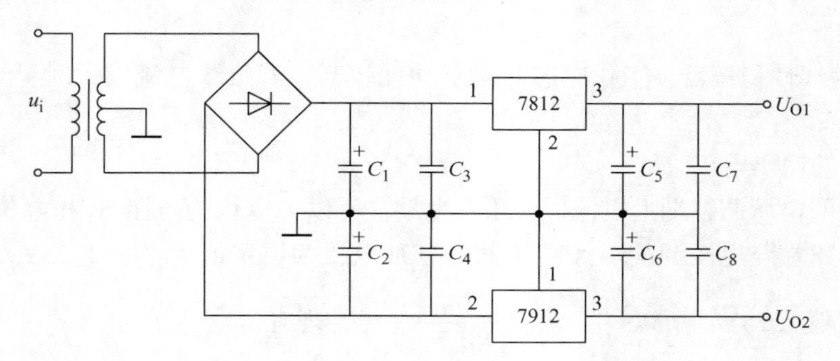

图1-34　同时输出正负电压的稳压电路

2. 317/337输出电压可调三端稳压器电路分析

前面介绍的78/79系列三端稳压器一般用于输出固定不变的电压，如果需要直流稳压电源输出电压可调，可以使用317/337系列三端稳压器，这类三端稳压器包括117、217、317、137、237、337等型号。

其中117、217和317输出正电压，三者内部结构和工作原理相同，区别仅在于工作温度范围不同，117工作温度范围为－55～150℃，217工作温度范围为－25～150℃，317工作温度范围为0～150℃。137、237和337输出负电压，三者内部结构和工作原理相同，区别也仅在于工作温度范围不同。以下仅介绍317的使用。根据输出电流不同317分为三种：317（额定输出电流1.5A）、317M（额定输出电流0.5A）和317L（额定输出电流只有0.1A）。

317引脚分布和稳压电路如图1-35所示。317的1脚为调整端，2脚为输出端，3脚为输入端。二极管VD_1用于提供电解电容C_4的放电回路，VD_2用于提供电解电容C_2的放电回路，两者皆为保护二极管，用于防止317损坏，如果三端稳压器输出电压幅度不高也可以不接。

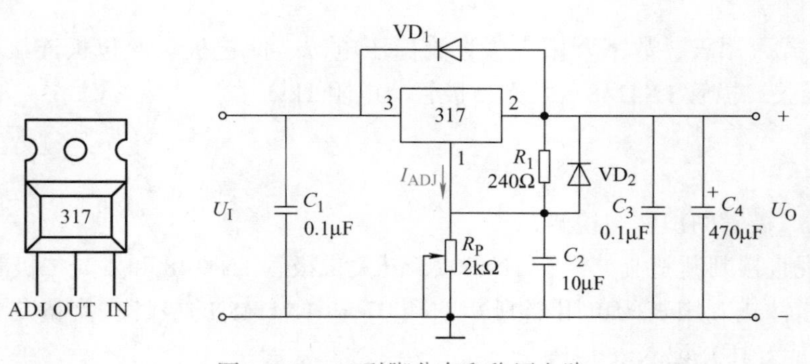

图1-35　317引脚分布和稳压电路

(1) 317三端稳压器的特点

1) 输出端与电压调整端ADJ之间的电压为恒定值 $U_{REF}=1.25V$。

2) 电压调整端ADJ上的电流几乎为零，一般有 $I_{ADJ}<50\mu A$。

3) 317稳压电路最大输入电压为40V，最大输出电压为37V，要求输入输出最小压差为2V。

4) 317为线性稳压器，工作时芯片本身功耗较高，若负载电流较大时，稳压器应该加装散热片。

(2) 317的输出电压

由于317的电压调整端上电流 I_{ADJ} 几乎为零，所以可以认为电阻 R_1 和电位器 R_P 上电流相同。由于输出端与电压调整端ADJ之间的基准电压为恒定值 $U_{REF}=1.25V$，即电阻 R_1 两端电压为恒定值1.25V，所以 $\frac{U_{REF}}{R_1}=\frac{U_O-U_{REF}}{R_P}$，经整理有

$$U_O=\left(1+\frac{R_P}{R_1}\right)U_{REF} \tag{1-20}$$

由此可见，317稳压电路中调节电位器 R_P 阻值即可改变输出电压。

任务1.4 可调直流稳压电源项目测试

1.4.1 二极管单向导电性测试

1. 测试任务

(1) 常见二极管的识别与检测。

(2) 二极管单向导电性的测试。

(3) 指针式万用表、数字万用表、直流稳压电源使用方法的学习。

2. 仪器仪表及元器件准备

47型指针式万用表、数字万用表、直流稳压电源、面包板、面包板连接线、整流二极管1N4007、开关二极管1N4148、发光二极管、电阻1kΩ。

3. 测试步骤

(1) 常见二极管的识别与检测

1) 从外观直接判断整流二极管1N4007、开关二极管1N4148和发光二极管的正负极。

2) 使用指针式万用表的电阻档判断1N4007和1N4148的极性，测量二极管正反向电阻，判断其性能好坏并记入表1-1。

表 1-1　指针式万用表测量二极管正反向电阻

二极管型号	×1k 电阻档位		×100 电阻档位		好坏判断
	正向电阻	反向电阻	正向电阻	反向电阻	
1N4007					
1N4148					

结论：指针式万用表置于电阻档时红表棒接万用表内部电压源________极，黑表棒接万用表内部电压源________极。二极管正向导通时电阻________，反向截止时电阻________（大或小）。

3）使用数字万用表的二极管档位判断 1N4007、1N4148 和发光二极管的极性，测量二极管导通电压并记入表 1-2。

表 1-2　数字万用表测量二极管导通电压

二极管型号	红表棒	黑表棒	测量值
1N4148	正极	负极	
	负极	正极	
1N4007	正极	负极	
	负极	正极	
发光二极管	正极	负极	
	负极	正极	

结论：数字万用表置于二极管档位时红表棒接万用表内部电压源________极，黑表棒接万用表内部电压源________极，与开关二极管和整流二极管相比，发光二极管导通电压较________（高或低）。

（2）二极管单向导电性的测试

1）装配并测试发光二极管指示电路。在面包板上完成电路装配，测试电路如图 1-36 所示。

注意：先在面包板上完成电路的安装，然后才能接上直流稳压电源。

发光二极管引脚较长的是阳极，引脚较短的是阴极，在电路装配时要注意。

1kΩ 电阻的阻值可以通过电阻外壳上的色环直接读取，方法参见附录 A，也可以使用万用表电阻档位进行测量。

连接直流稳压电源后，经测试有：LED ________（导通或截止），________（点亮或熄灭）。

用万用表测得发光二极管两端电压 U_O = ________，计算得电流 I_O = ________。

2）发光二极管外加反向电压电路测试。电路如图 1-37 所示。

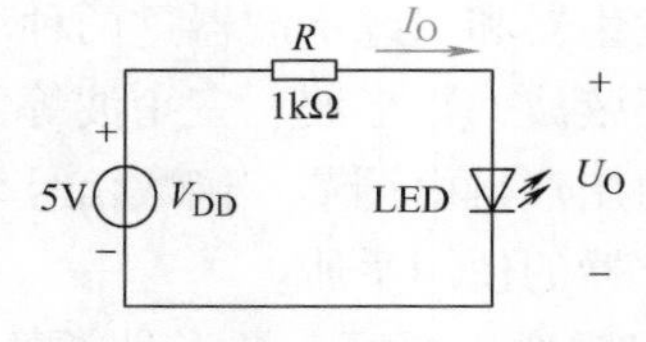

图 1-36　发光二极管测试电路 1

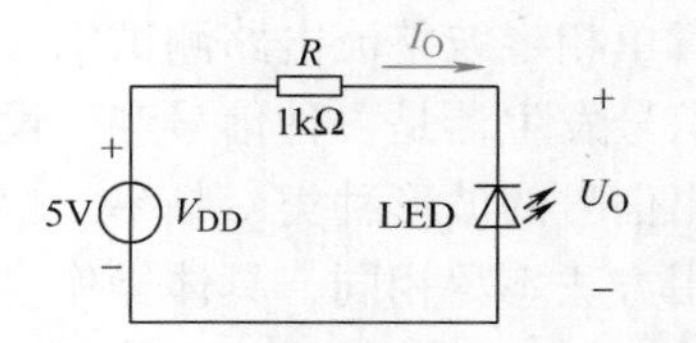

图 1-37　发光二极管测试电路 2

完成电路安装并连接直流稳压电源后，经测试有：LED ________（导通或截止），________（点亮或熄灭）。

用万用表测得发光二极管两端电压 U_O = ________，计算得电流 I_O = ________。

3）开关二极管单向导电性测试。完成开关二极管 1N4148 的电路装配，电路如图 1-38。

用万用表测得 U_O = ________，计算 I_O = ________。

判断此时二极管 1N4148 ________（导通或截止）。

4）开关二极管加反向电压电路测试。电路如图 1-39 所示。

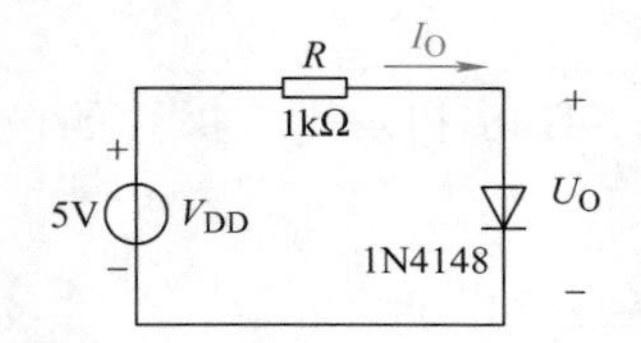

图 1-38　开关二极管测试电路 1

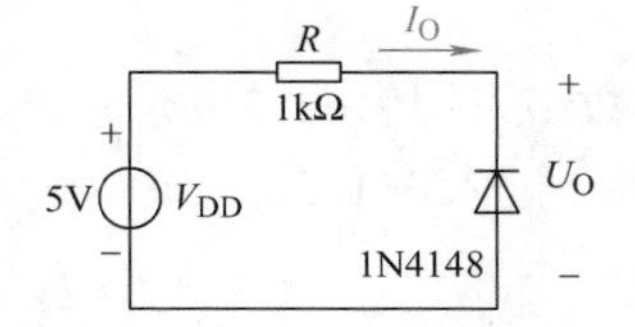

图 1-39　开关二极管测试电路 2

用万用表测得 U_O = ________，计算得 I_O = ________。

判断此时二极管 1N4148 ________（导通或截止）。

4. 思考题

（1）图 1-36 所示发光二极管测试电路中，电阻 R 的作用是什么？

（2）47 型指针式万用表的 ×1k 电阻档能否检测发光二极管极性？

（3）如何使用数字万用表判断整流二极管 1N4007 的好坏？

1.4.2　单相半波整流电路测试

1. 测试任务

（1）单相半波整流电路的装配与测试。

（2）函数信号发生器、双踪示波器使用方法的学习和练习。

2. 仪器仪表及元器件准备

万用表、函数信号发生器、双踪示波器、面包板、面包板连接线、整流二极管 1N4007、电阻 1kΩ。

3. 测试步骤

（1）学习函数信号发生器和双踪示波器的使用方法

二极管单相半波整流电路测试中会用到函数信号发生器和双踪示波器这两种测量仪器。

函数信号发生器是一种信号产生设备，用于生成正弦波、矩形波、三角波等常见周期信号，其输出信号的波形种类、频率、幅度等参数可以由用户自由调节。函数信号发生器种类很多，使用方法不尽相同，具体操作参见函数信号发生器的使用手册。

在电路测试中，函数信号发生器一般用于产生特定频率、幅度、波形种类的周期信号，这些信号作为输入信号加至电路输入端。

双踪示波器是一种信号测量设备，能够直观、准确、实时地显示待测信号的波形轨迹，用户可以通过观察示波器前面板上的显示屏来获取待测信号的波形形状、幅度和周期等参数。

双踪示波器可以同时观察并测量两个待测信号的波形。在电路测试中，示波器一般用于观察电路输入波形和输出波形，以便测试电路的功能和性能指标。双踪示波器同样有多种类型，具体使用方法参见双踪示波器的使用手册。

电路测试时，函数信号发生器经常与双踪示波器一起使用。用函数信号发生器产生测试电路所需输入信号，用示波器观测电路输入输出波形。

（2）半波整流电路的装配

在面包板上装配半波整流电路，电路如图1-40所示。

（3）半波整流电路的测试

利用函数信号发生器产生 $u_i(t)=8\sin(2\pi\times100t)\text{V}$ 的正弦波，作为输入信号连接到半波整流电路输入端，使用示波器观察输入波形和整流输出波形。

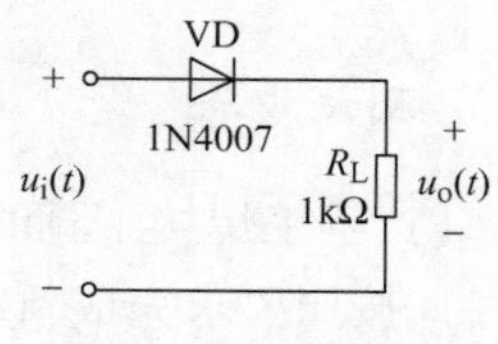

图1-40　半波整流电路

（4）数据记录

完成输入、输出波形绘制，并记录输出信号频率、幅度。

经半波整流后，输出信号频率 f 为________Hz，幅度为________V。

4. 思考题

（1）在图1-40中，若整流二极管1N4007反向接入电路，输出波形是什么形状？

（2）在图1-40中，若输入交流信号幅度为0.1V，输出波形是什么形状？

1.4.3　可调直流稳压电源的制作与测试

1. 测试任务

（1）手工焊接工具与焊接技术的学习。

（2）+1.25～+12V连续可调直流稳压电源的焊接、装配与测试。

2. 仪器仪表及元器件准备

万用表、LM317型直流稳压电源的装配元器件一套、电路手工焊接装配工具一套。元器件清单见表1-3。

表1-3　可调直流稳压电源的元器件清单

编　号	名　称	规　格	数　量
R_1	电阻	200Ω	1
R_P	电位器	2kΩ	1
C_1	电解电容	1000μF	1
C_2	瓷片电容	0.1μF	1

（续）

编　号	名　称	规　格	数　量
C_3	电解电容	470μF	1
$VD_1 \sim VD_6$	整流二极管	1N4007	6
	变压器	12V	1
	三端稳压器	LM317	1
	散热器	配螺钉	1
	熔断器	1A	1
	插座	2芯	2

3. 测试步骤

（1）手工焊接工具的使用与练习

1）按照要求完成新电烙铁烙铁头的处理。

2）学习五步法手工焊接。

① 焊接的操作方法。

手工焊接中电烙铁常见的握法有3种，如图1-41所示。反握法焊接时动作稳定，长时间焊接操作者手臂不易疲劳，适用于大功率的电烙铁和热容量大的元器件；正握法适用于中功率的电烙铁或烙铁头形状弯曲的电烙铁；握笔法类似于写字时手拿笔的姿势，易于学习和掌握，但连续长时间操作手臂易疲劳导致烙铁头会出现抖动现象，因此适用于小功率的电烙铁和热容量小的被焊件。

初学者可使用握笔法进行焊接操作。

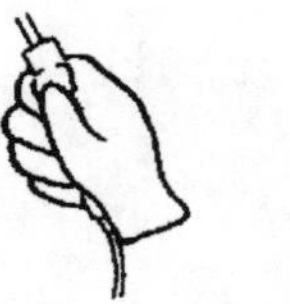

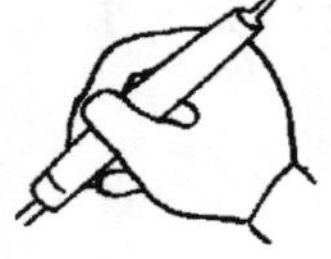

图1-41　电烙铁常见的握法

② 手工焊接的基本步骤。

手工焊接初学者一般采用5步法操作，具体步骤如图1-42所示。

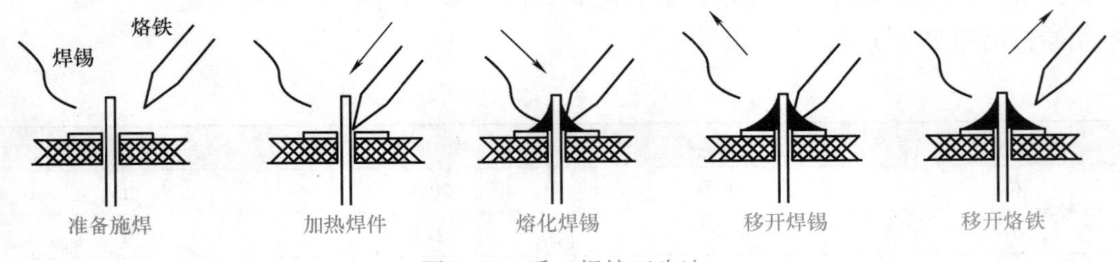

图1-42　手工焊接五步法

步骤1：准备施焊。烙铁预热完成后，左手拿焊锡丝，右手握电烙铁，进入准备焊接状态。要求烙铁头保持干净、无氧化层，并在烙铁头表面镀上一层焊锡（上锡）。

步骤2：加热焊件。烙铁头靠在印制电路板（PCB）焊盘和待焊元器件引脚的连接处，同时加热两者，时间为1～3s，具体预热时间视焊件大小和电烙铁功率而定。

步骤3：熔化焊锡。左手持焊锡丝从电烙铁对面接触PCB焊盘和元器件引脚连接处，让受热熔化的焊锡流淌到PCB焊盘和元器件引脚连接处。

步骤4：移开焊锡。当焊锡丝熔化了一定的量后，立即向左上方45°方向移开焊锡丝，注意此时烙铁应保留在原处继续加热。

步骤5：移开烙铁。当熔化的焊锡充分浸润焊盘和被焊元器件引脚之后，向右上方45°移开电烙铁，结束焊接，此时的焊点形状应为圆锥状。

注意：*在焊点凝固前不要移动或晃动被焊件，否则焊点内部容易形成虚焊。*

③ 焊接材料介绍。

除了焊接工具外，手工焊接还需要使用焊锡丝、助焊剂等焊接材料。常用焊接材料如图1-43所示。焊锡丝属于焊料，用于完成元器件焊接，分为无铅焊锡和有铅焊锡两类。助焊剂用于提高焊接质量，种类较多，主要包括有机助焊剂、无机助焊剂和树脂助焊剂等种类。手工焊接常使用树脂助焊剂，其主要有效成分一般是松香，松香能溶于有机溶剂。在加热情况下，松香具有去除焊件表面氧化物的能力，同时焊接后形成的薄膜层具有覆盖和保护焊点不被再次氧化腐蚀的作用。

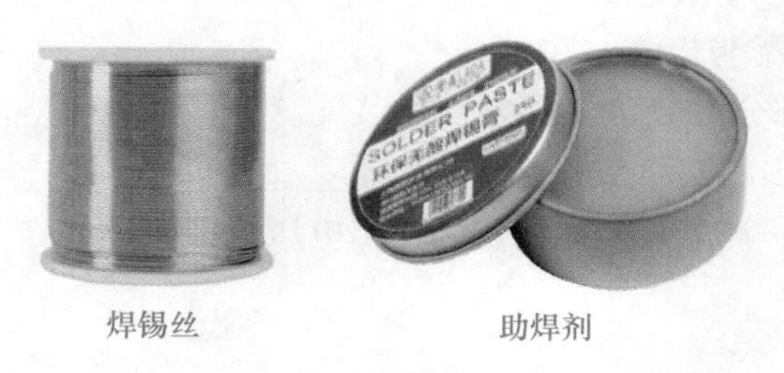

图1-43　常用焊接材料

3）在多功能板上进行元器件焊接练习。

（2）+1.25～+12V连续可调直流稳压电源电路功能分析

直流稳压电源电路如图1-44所示。

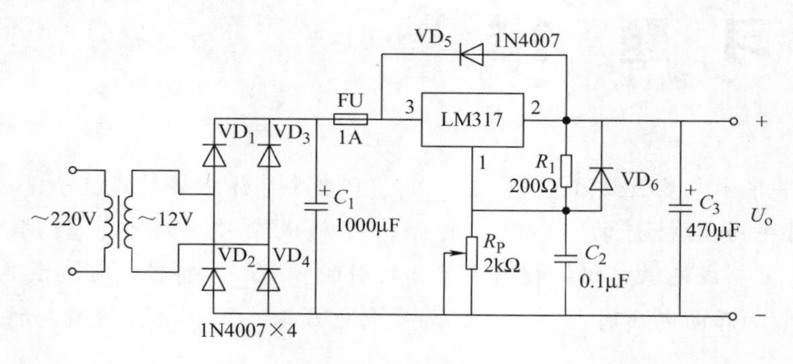

图1-44　可调直流稳压电源电路

整个直流稳压电源电路由四个部分组成，分别是变压器降压电路、桥式整流电路、电容滤波电路和 LM317 稳压电路。

220V 交流电压经 12V 电源变压器降压后，通过 4 个整流二极管 $VD_1 \sim VD_4$构成的桥式整流电路整流、电解电容 C_1滤波后变为直流电，再经由 LM317、电位器 R_P、电阻 R_1、滤波电容 C_2和 C_3构成的线性稳压电路稳压后输出恒定的直流电压。其中电位器 R_P用于调节输出直流电压幅度。

该直流稳压电源电路最终输出直流电压为 $U_o = \left(1 + \frac{R_P}{R_1}\right)U_{REF}$，其中参考电压 $U_{REF} = 1.25V$。

因此该电路理论输出电压范围为 +1.25 ~ +13.75V。由于 LM317 要求输入输出最低压差为 2V，考虑到本电路中使用的电源变压器为 12V，所以有效输出电压为 +1.25 ~ +12V。如果要扩大输出电压调节范围，应该更换输出电压更高的电源变压器和阻值更大的电位器。

（3）元器件的识别与检测

色环电阻阻值的读法见本书附录 A，二极管、电解电容具有极性，请对其正负极进行正确识别。

（4）整流电路和滤波电路的装配与检测

完成整流电路和滤波电路的装配，包括整流二极管 $VD_1 \sim VD_4$、电解电容 C_1等元器件，测量整流、滤波电路后的输出电压 U_o = ________。

（5）稳压电路的装配与检测

1）完成电路剩余部分 LM317 稳压电路的装配。

2）测量 LM317 输出的实际参考电压 U_{21} = ________。

3）调节电位器 R_P，测量稳压电路实际输出电压范围为________。

4. 思考题

（1）在图 1-44 中，若电位器 R_P最大阻值为 5kΩ，此时输出直流电压调节范围是多少？对整流滤波后的电压值有何要求？

（2）在图 1-44 中，二极管 VD_5的作用是什么？

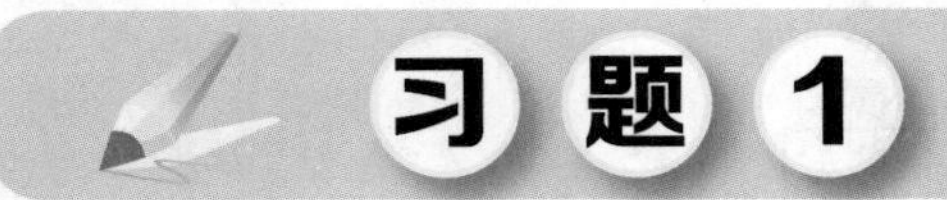

习题 1

1. 填空题

1-1　N 型半导体中多数载流子是________，P 型半导体中多数载流子是________。

1-2　利用半导体材料的________特性，可制成杂质半导体；利用半导体材料的________特性，可制成光敏电阻；利用半导体材料的________特性，可制成热敏电阻。

1-3　二极管加正向电压时________，加反向电压时________，这种特性称为二极管的________性。

1-4　PN 结的击穿分为________击穿和________击穿两种，其中________击穿可逆。

1-5　电路如图1-45所示，设VD为硅二极管，导通电压为0.7V，$V_{DD}=+5V$，$R_L=1k\Omega$，则$I_O=$________，$U_O=$________。

1-6　在如图1-46所示电路中，若测得$U_O=+2.0V$，电阻R阻值为1kΩ，该电路中发光二极管处于________状态（导通或截止），电流$I_O=$ ________。

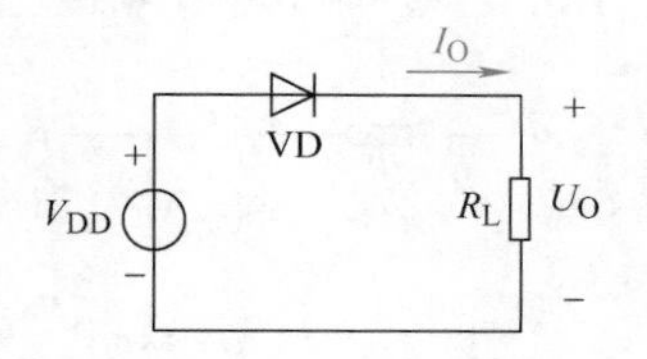

图1-45　习题1-5图

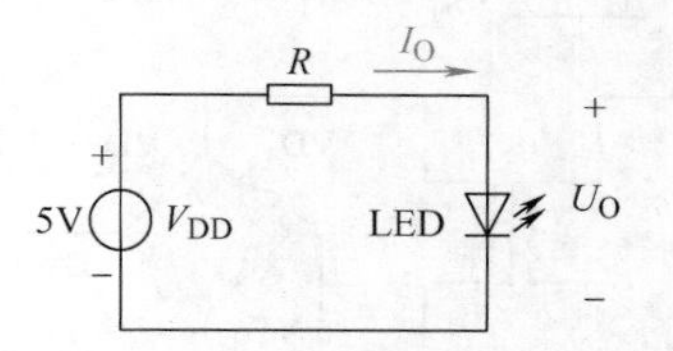

图1-46　习题1-6图

1-7　在如图1-47所示电路中，二极管处于________状态（导通或截止），$U_{AB}=$________（设VD为理想二极管）。

1-8　在图1-48所示电路中，二极管处于________状态（导通或截止），$U_{AB}=$________（设VD导通电压为0.7V）。

1-9　如图1-49所示电路，设二极管导通电压为0.7V，该电路中二极管处于________状态（导通或截止），电路输出电压$U_O=$________V。

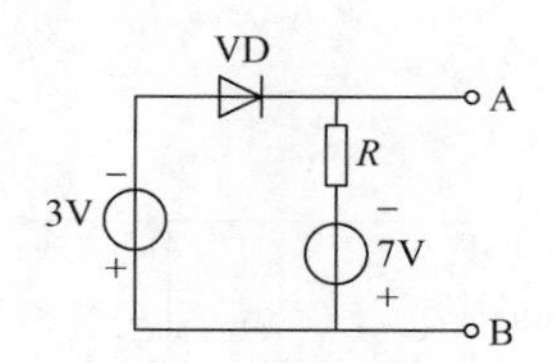

图1-47　习题1-7图

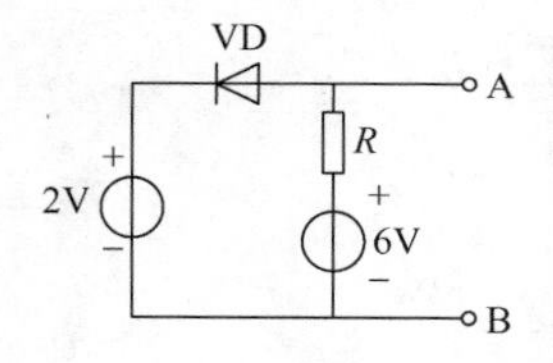

图1-48　习题1-8图

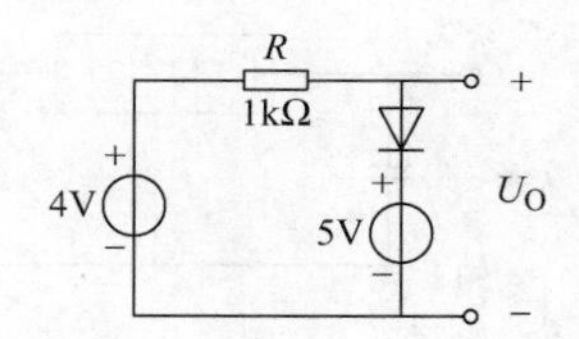

图1-49　习题1-9图

1-10　某五色环电阻色环依次为绿棕黑橙棕，该电阻阻值为________，阻值允许偏差为________，某瓷片电容上标有数字104，该电容容量为________。

1-11　某四色环电阻色环依次为黄紫红金，该电阻阻值为________，阻值允许偏差为________。

1-12　线性直流稳压电源一般由电源变压器、________、________以及________等四部分组成。

1-13　用如图1-50所示方法判断二极管正负极，设指针式万用表处于×1k电阻档，红表棒在图中标注为“+”，黑表棒标注为“−”，二极管两个引脚分别为A和B，将其两个引脚对调得到如图1-50所示的两次不同的测量结果，该二极管A脚为________极，B脚为________极（正或负）。

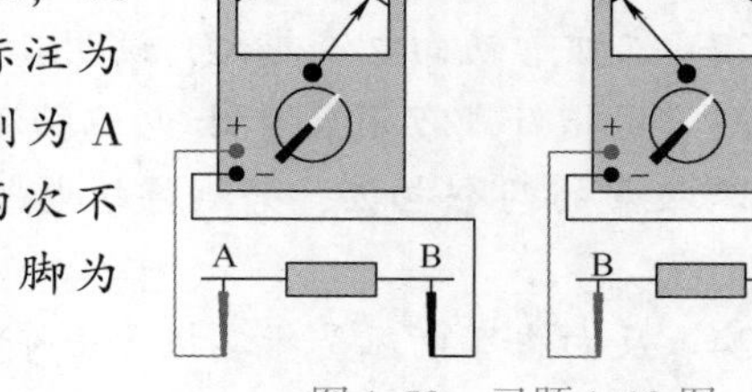

图1-50　习题1-13图

1-14　稳压二极管工作在其伏安特性的________区，在该区内即使稳压二极管的反向电流有较大变化，但它两端的电压________。

1-15　在如图1-51所示电路中，已知$R_L=200\Omega$，变压器二次电压u_2有效值为24V，则输出电压平均值$U_O=$________，流过每个二极管的电流$I_D=$________。

1-16　稳压二极管稳压电路如图1-52所示，已知稳压二极管VZ_1和VZ_2的稳定电压分别为$U_{Z1}=6.8V$，$U_{Z2}=4.7V$，设稳压二极管的正向导通电压均为0.7V，当$u_i=+12V$时输出电压$u_o=$________V，当$u_i=-10V$时$u_o=$________V，当$u_i=+3V$时$u_o=$________V。

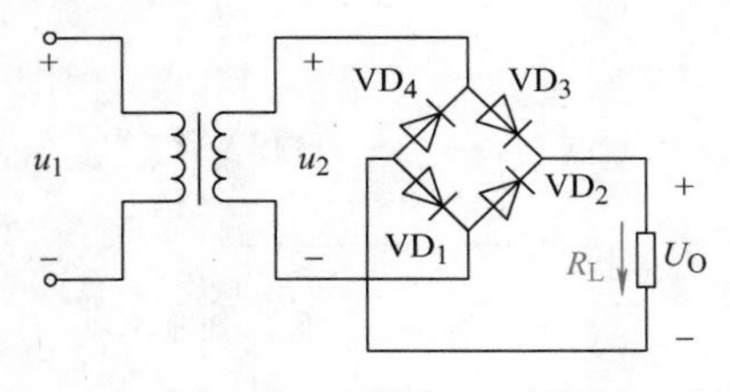

图1-51　习题1-15图

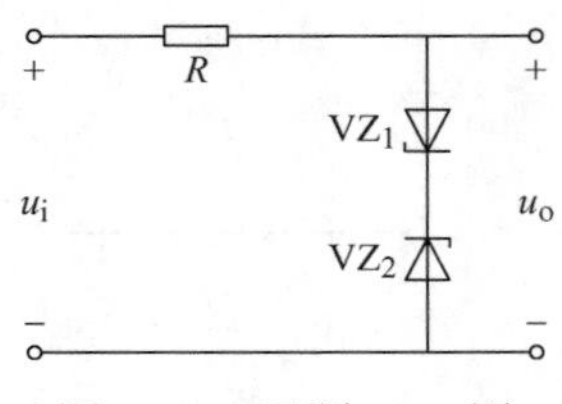

图1-52　习题1-16图

1-17　如图1-53所示三端稳压器稳压电路，$R_1=1k\Omega$，$R_2=2k\Omega$，当三端稳压器LM7805能够正常稳压时，若忽略I_Q，则电阻R_1上电流为________A，$U_O=$________V。

1-18　如图1-54所示LM317稳压电路，电位器$R_P=2k\Omega$，电流$I_1=$________，当电位器R_P滑动端移到最上端时，$U_O=$________，当电位器R_P滑动端移到最下端时，$U_O=$________。

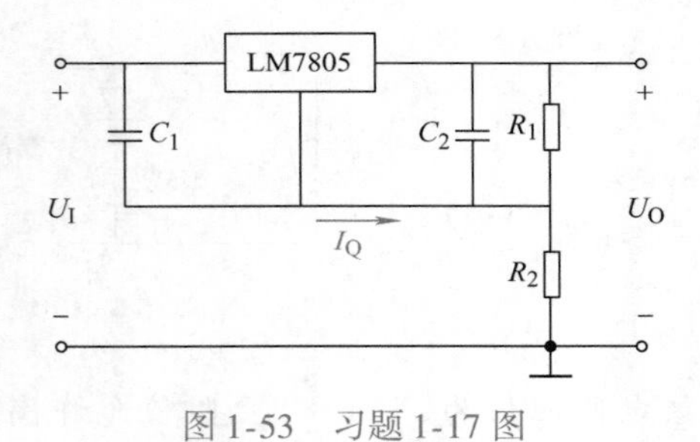

图1-53　习题1-17图

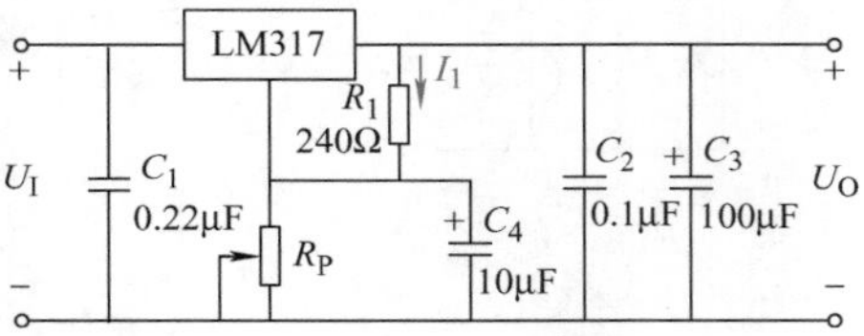

图1-54　习题1-18图

2. 判断题

1-19　在理想二极管模型电路中，当二极管加正向电压时导通，导通时二极管两端电压为零。（　　）

1-20　与面接触型二极管相比，点接触型二极管最大整流电流更大。（　　）

1-21　稳压二极管在稳定电压时，处于反向击穿状态。（　　）

1-22　二极管反向电流越大，说明二极管的单向导电性越好。（　　）

1-23　用指针式万用表×1k电阻档测量整流二极管1N4007的极性，将红、黑表棒分别接到二极管的两个电极，若测得的电阻值很小（几千欧以下），则红表棒所接为二极管的正极。（　　）

1-24　反向击穿电压是指二极管击穿时的电压值，一般晶体管手册中给出的最高反向工作电压U_{RM}即为反向击穿电压。（　　）

1-25　直流稳压电源中，整流电路的作用是利用具有单向导电性能的整流元件将正负交替变化的正弦交流电压变换为单向脉动的直流电。（　　）

1-26　与电感滤波电路相比，电容滤波电路更加适用于输出电压幅度高、负载电流大的场合。（　）

1-27　与本征半导体相比，杂质半导体导电能力显著增强。（　）

1-28　发光二极管在用作指示电路时，一般要在其两端并联一个限流电阻，以防止发光二极管过电流而损坏。（　）

1-29　78系列三端稳压器一般要求输入比输出电压高2V以上。（　）

1-30　78系列三端稳压器输出正电压，79系列输出负电压。（　）

1-31　在直流稳压电源中，滤波电路的作用是当输入交流电压波动、负载变化和温度变化时，维持输出电压的稳定性。（　）

3. 解答题

1-32　如图1-55所示，判断各电路中二极管工作状态（导通或者截止），设二极管均为理想二极管，并求输出电压U_O。

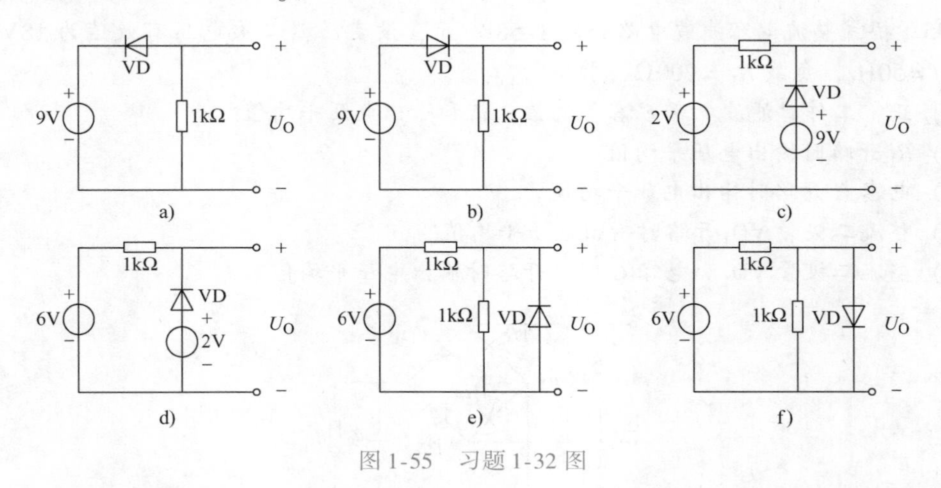

图1-55　习题1-32图

1-33　已知电路如图1-56所示，设VD为理想二极管，$U_S = +5V$，请根据输入波形画出输出电压波形图。

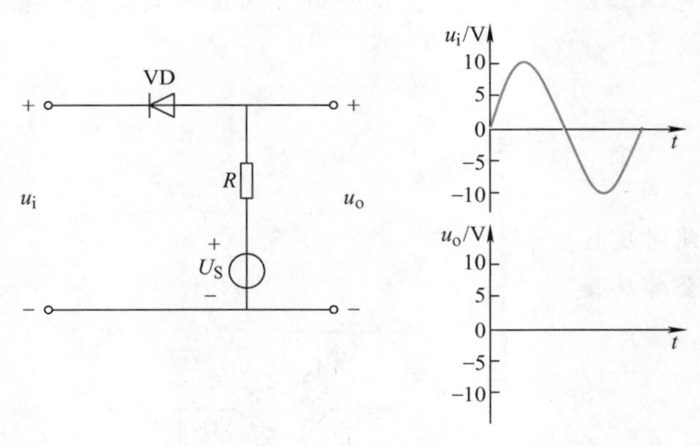

图1-56　习题1-33图

1-34　稳压二极管电路如图1-57所示，设输入电压u_i为幅度12V的正弦波，已知稳压

管 VZ_1稳定电压为 $U_{Z1}=9V$，稳压管 VZ_2稳定电压为 $U_{Z2}=6V$，稳压二极管的正向导通电压为0.6V，试对应输入电压 u_i波形画出输出电压 u_o的波形。

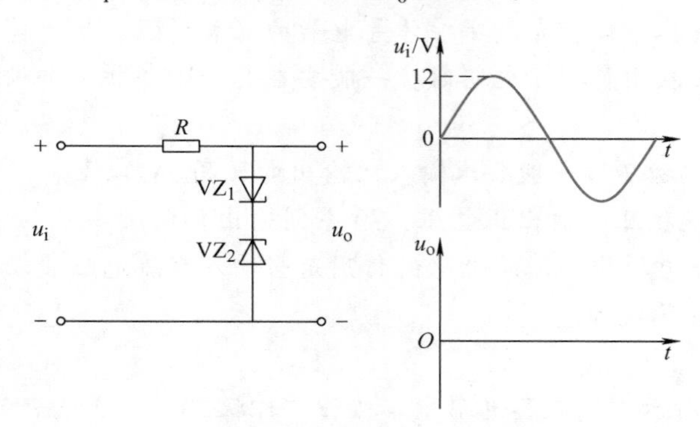

图1-57　习题1-34图

1-35　桥式整流电容滤波电路如图1-58所示，设变压器二次电压有效值为18V，交流电频率 $f=50Hz$，负载 $R_L=200\Omega$，求：

（1）正常工作时滤波电容 C 容量的最小值和输出电压平均值。

（2）R_L开路时输出电压平均值。

（3）电容 C 开路时输出电压平均值。

（4）整流二极管 VD_1 开路时输出电压平均值。

（5）整流二极管 VD_1和电容 C 同时开路时输出电压平均值。

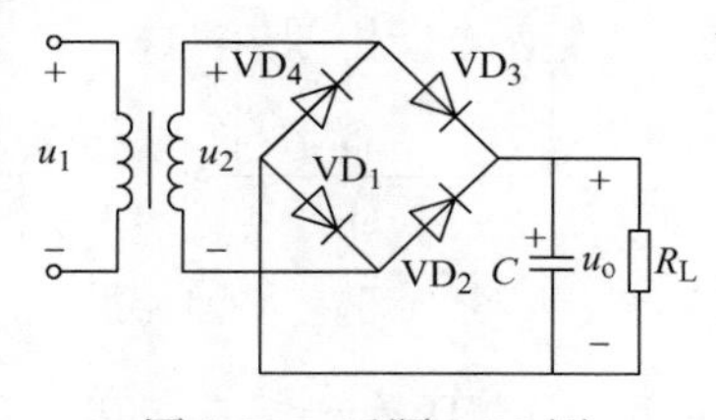

图1-58　习题1-35图

1-36　桥式整流电路如图1-59所示，试分析下列情况交流电正半周和负半周时电路各自的工作状况。

（1）VD_1短路。

（2）VD_1开路。

（3）VD_1反接。

（4）VD_1和 VD_2同时反接。

（5）4个二极管全部反接。

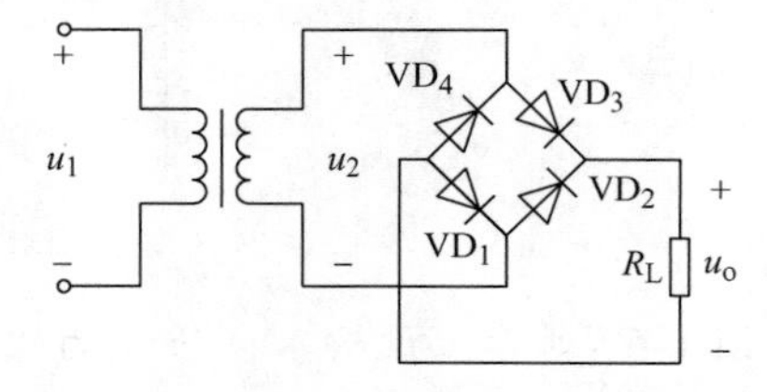

图1-59　习题1-36图

1-37　已知LM317可调直流稳压电源电路如图1-60所示，其中$VD_1 \sim VD_5$均为整流二极管1N4007。

（1）在图1-60的方框中画出$VD_1 \sim VD_5$二极管的符号。

（2）在图1-60中标出LM317的1～3引脚编号。

（3）求该电路输出直流电压调节范围。

（4）该电路对LM317输入直流电压最低值有何要求？

（5）若电阻R_1色环为黄紫黑棕棕，该电阻阻值是多少，其作用是什么？

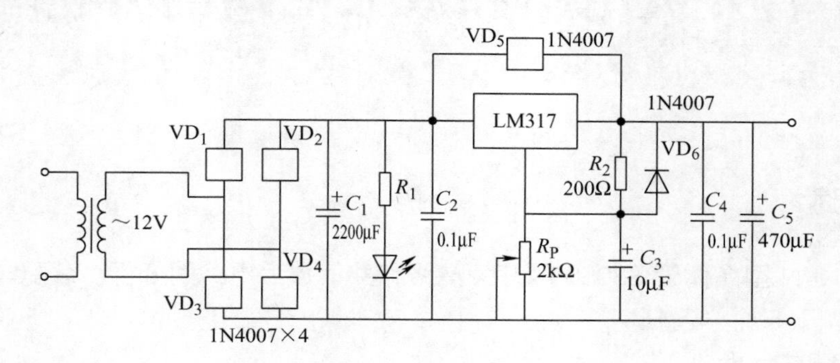

图1-60　习题1-37图

项目2

晶体管开关电路和放大电路的分析与测试

项目描述

完成基于 NPN 型晶体管 S8050 的开关电路和共射放大电路的分析、装配与测试。

项目包括如下 5 个学习任务：

1. 晶体管特性分析。
2. 晶体管开关电路分析。
3. 晶体管基本共射放大电路分析。
4. 分压式偏置共射放大电路分析。
5. 晶体管开关电路和放大电路项目测试。

半导体三极管有双极型和单极型之分，两者在电子产品中均有着非常广泛的应用，同时也都是构成集成电路的最基本、最重要的元器件。双极型半导体三极管是一种电流控制型半导体器件，内部有自由电子和空穴两种载流子同时参与导电，而单极型半导体三极管是一种电压控制型的半导体器件，内部只有一种载流子参与导电。

习惯上通常将双极型半导体三极管简称为晶体管，而将单极型半导体三极管称为场效应晶体管，本书只介绍双极型半导体三极管，有关场效应晶体管的内容请参阅其他相关资料。

晶体管的特性比二极管要复杂得多，晶体管既能像二极管一样构成开关电路，同时还能够实现微弱信号的放大功能，所以在各类电子设备和电子产品中，晶体管既能被用作一个电子开关，也能作为放大器件来使用。

知识目标：

1. 熟悉晶体管的三种工作状态及对应特点。
2. 掌握晶体管工作在三种不同状态的条件。
3. 掌握晶体管的电流分配关系。
4. 熟悉晶体管的输入输出特性曲线。
5. 了解晶体管的主要参数。
6. 掌握晶体管开关电路的组成及分析方法。
7. 了解放大器的基本概念以及放大器的主要性能指标。

8. 掌握共射放大电路的组成以及交直流参数的分析计算。
9. 了解饱和失真和截止失真相关概念。
10. 熟悉分压式偏置共射放大电路的组成、交直流参数的分析计算。

能力目标

1. 能使用万用表检测晶体管的极性和好坏。
2. 能根据原理图完成晶体管开关电路的装配及参数测量。
3. 能够使用焊接工具完成电路焊接和装配。
4. 能够根据要求完成共射放大电路静态工作点调试。
5. 能够使用仪器仪表完成共射放大电路交流参数测量。

任务 2.1　晶体管特性分析

主要教学内容

1. 晶体管的分类、结构和符号。
2. 晶体管的三种工作状态。
3. 晶体管的电流放大系数。
4. 晶体管的特性曲线。
5. 晶体管的主要参数。

2.1.1　晶体管的分类、结构和符号

1. 晶体管的分类

晶体管有多种类型，不同种类的晶体管特性和用途各不相同。

1）按半导体材料分：硅晶体管和锗晶体管。

2）按极性分：NPN 型和 PNP 型。

3）按工作频率分：低频管和高频管，其中特征频率低于 3MHz 的为低频管，高于 3MHz 的为高频管。

4）按功率大小分：小功率晶体管和大功率晶体管，其中集电极最大允许耗散功率低于 1W 的为小功率晶体管，高于 1W 的为大功率晶体管。

图 2-1 所示为常见晶体管外形和封装。图中 TO－92 封装和 SOT－23 封装属于小功率晶体管，TO－220 和 TO－3 封装属于大功率晶体管。

2. 晶体管的结构和符号

按照极性划分，晶体管可以分成 NPN 型和 PNP 型两种基本类型，两者的具体结构和符号如图 2-2 所示。

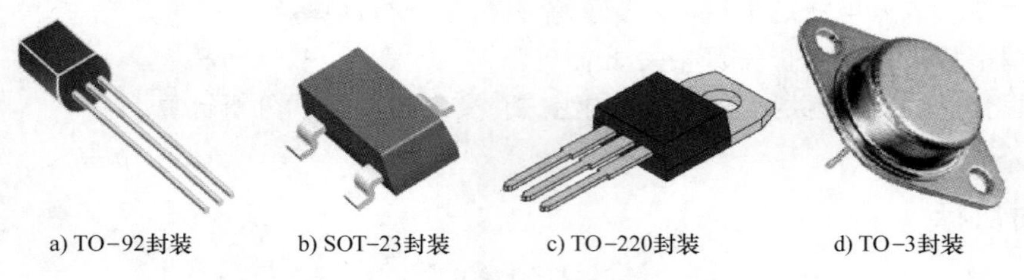
a) TO−92封装　b) SOT−23封装　c) TO−220封装　d) TO−3封装

图 2-1　常见晶体管外形和封装

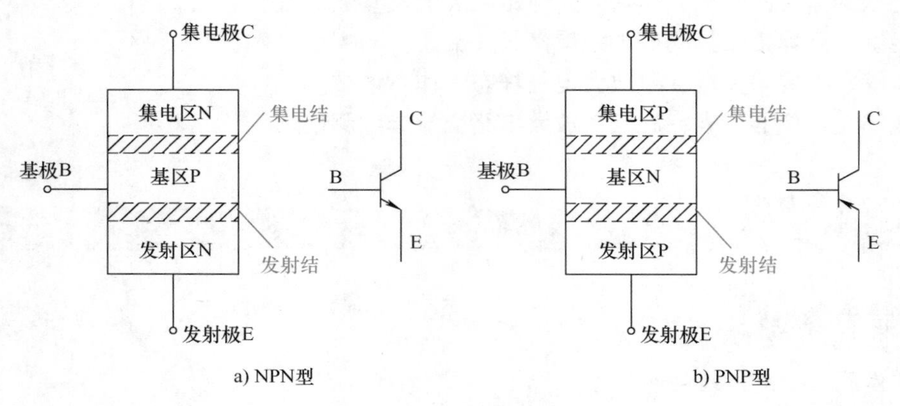

a) NPN型　b) PNP型

图 2-2　晶体管结构和符号

无论是 NPN 型还是 PNP 型晶体管都是通过一定的制造工艺，将两个 PN 结背靠背结合在一起构成的半导体器件。所以二极管中有一个 PN 结，而晶体管中有两个 PN 结。值得注意的是，由于这两个 PN 结的相互作用，使得晶体管成为一个具有电流控制特性的半导体器件，晶体管的特性不能简单等同于两个独立 PN 结的串联。它既能像二极管一样成为一个无触点的电子开关，又能够在直流电源和其他元器件配合之下构成信号放大电路（电流放大）。

从图 2-2 中给出的晶体管结构可以看出，晶体管具有三个电极：基极 B、集电极 C 和发射极 E；对应有三个杂质半导体区：基区、集电区和发射区，其中发射区和集电区类型相同，基区与它们类型相反；有两个 PN 结：基区和发射区之间的 PN 结称为发射结，基区和集电区之间的 PN 结称为集电结。

另外，图 2-2 所示的晶体管符号上发射极的箭头方向有两方面作用，一方面表明了晶体管的类型是 PNP 型还是 NPN 型，箭头向外的是 NPN 型，箭头向内的是 PNP 型；另一方面箭头方向也是晶体管正常工作时发射极电流的实际方向，关于这一点在本书后面内容中将有详细介绍。

NPN 型和 PNP 型晶体管的用途相同，但是由于这两种晶体管内部 PN 结的结构完全相反，所以在构成应用电路时这两种晶体管外部所加直流电源正负极性相反。

尽管发射区和集电区类型相同，但是它们有明显区别。晶体管在制造时，基区很薄，集电区面积较大但掺杂浓度（载流子浓度）低，而发射区面积小但掺杂浓度（载流子浓度）高，所以晶体管在使用时集电极和发射极不能互换，否则将严重影响电路的性能，这一点要特别注意。

2.1.2　晶体管的三种工作状态

1. 晶体管的三种工作状态及对应特点

晶体管正常工作时有三种状态，分别是放大状态、饱和状态和截止状态，这三种工作状态也可以分别称为晶体管处于放大区、饱和区和截止区。晶体管实际工作于何种状态是由晶体管外部直流偏置电路以及输入信号强度决定的。在这三种工作状态下晶体管特性和在电路中的作用各不相同。

若晶体管处于放大区，可以实现信号不失真放大（电流放大），此时的晶体管可以看作是一个线性元器件。

若晶体管处于饱和区或截止区，则晶体管的集电极和发射极之间构成一个能输出较大电流的压控电子开关，如图2-3所示。此时集电极C和发射极E之间构成的电子开关处于闭合还是断开状态由基极电压控制，相关内容以下会有详细介绍。饱和状态时晶体管C、E之间近似等效为闭合的开关，一般有 $U_{CE} \leqslant 0.3V$。截止状态时晶体管C、E之间近似等效为断开的开关，此时晶体管各电极电流几乎均为零。

所以晶体管的饱和状态和截止状态统称开关状态，此时晶体管是非线性的。

另外，有别于处于截止状态的晶体管，处于放大状态和饱和状态的晶体管都是导通的，各电极均有电流存在。这三种状态的具体关系如图2-4所示。

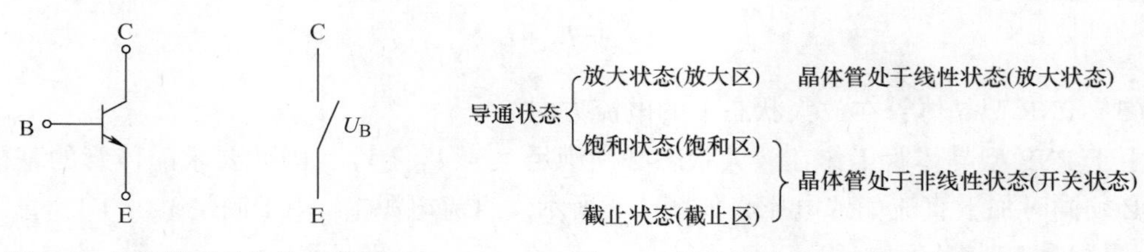

图2-3　晶体管开关特性示意图　　图2-4　晶体管的三种工作状态的关系

以下分别介绍晶体管工作在三种不同状态的条件。

2. 晶体管工作在放大状态的条件和电流分配关系

（1）晶体管工作在放大状态的条件

要让晶体管工作在放大状态，必须要给晶体管各电极加上正确的直流偏置电压，具体要求如下：

1）发射结必须加足够高的正向电压，保证晶体管的发射结正向导通。

2）集电结必须加反向电压。

由于NPN型与PNP型晶体管内部结构完全相反，所以两者工作在放大状态时各电极的电位高低关系完全相反。

NPN型晶体管工作在放大状态的条件是 $V_C > V_B > V_E$，且 U_{BE} 电压足够高，硅晶体管一般要求 $U_{BE} \geqslant 0.7V$，锗晶体管一般要求 $U_{BE} \geqslant 0.3V$。

PNP型晶体管则相反，工作在放大状态的条件是 $V_C < V_B < V_E$。

【例 2-1】 在图 2-5 中，根据引脚电位判断以下晶体管是否工作在放大区。

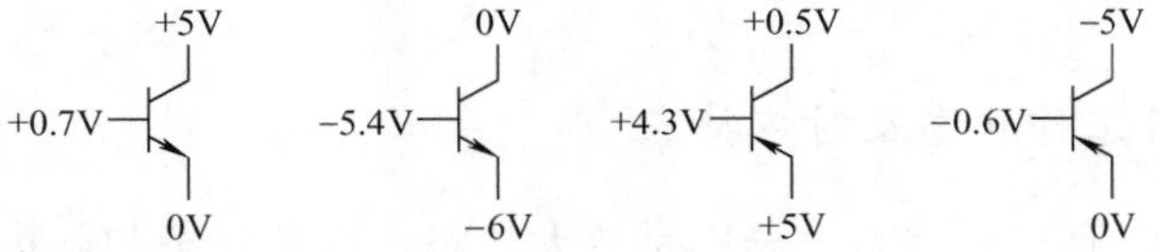

图 2-5 例 2-1 图

解：根据晶体管工作在放大区的条件进行判断，在图 2-5 中，NPN 型晶体管满足 $V_C > V_B > V_E$，PNP 型晶体管满足 $V_C < V_B < V_E$，且每只晶体管发射结电压降均为 0.6～0.7V，所以以上晶体管全部工作于放大区。

（2）NPN 型晶体管在放大状态下的电流方向

由于 NPN 型晶体管工作在放大状态必须满足 $V_C > V_B > V_E$，因此要求晶体管的基极和集电极同时加上直流偏置电压，如图 2-6 所示。直流电源 V_{BB}用于满足 $V_B > V_E$，直流电源 V_{CC}用于满足 $V_C > V_B$。

在放大状态下，NPN 型晶体管三个电极上电流实际方向如图 2-6 所示。基极、集电极电流流入晶体管，发射极电流流出晶体管。注意，晶体管符号中发射极箭头方向即为放大状态时发射极电流实际方向。

根据基尔霍夫电流定律（KCL），若将晶体管视为一个节点，则晶体管三个电极上电流分配关系满足

$$I_E = I_C + I_B \tag{2-1}$$

（3）PNP 型晶体管在放大状态下的电流方向

由于 PNP 型晶体管工作在放大状态必须满足 $V_C < V_B < V_E$，因此要求晶体管的基极和集电极必须同时加上直流偏置电压，如图 2-7 所示。直流电源 V_{BB}用于满足 $V_B < V_E$，直流电源 V_{CC}用于满足 $V_C < V_B$。

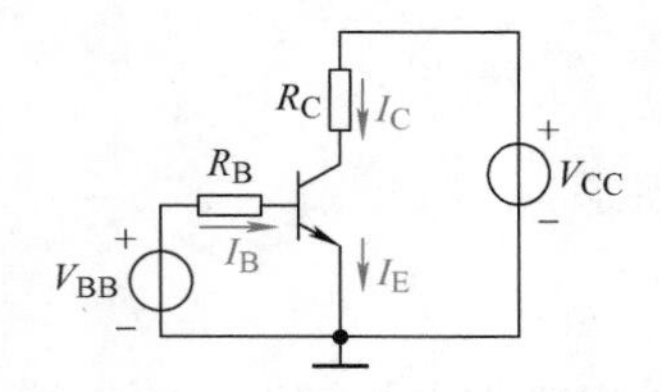

图 2-6 NPN 型晶体管放大状态直流偏置电压及电流方向

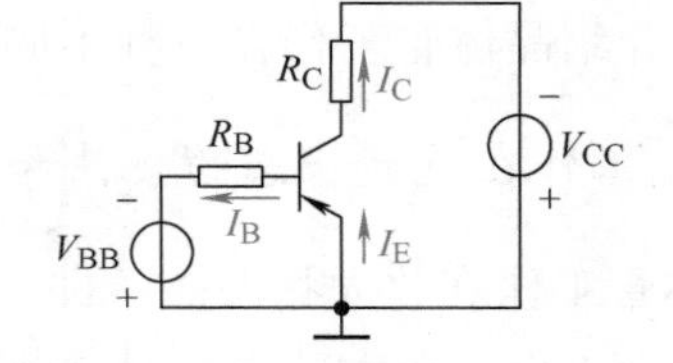

图 2-7 PNP 型晶体管放大状态直流偏置电压及电流方向

在放大状态下，PNP 型晶体管三个电极上电流实际方向如图 2-7 所示。基极、集电极电流流出晶体管，发射极电流流入晶体管。

根据基尔霍夫电流定律（KCL），若将晶体管视为一个节点，则晶体管三个电极上电流分配关系满足

$$I_E = I_C + I_B$$

由此可以看出，NPN 型和 PNP 型晶体管工作在放大状态时，各电极所需直流电压、实

际电流方向完全相反。为了方便分析，今后主要讨论 NPN 型晶体管的工作状况，若换成 PNP 型晶体管只需将各电极上直流电压、电流极性反转即可。

3. 晶体管的电流放大系数

如前所述，晶体管工作在放大状态时可以实现不失真电流放大。以下讨论晶体管的电流放大作用。

NPN 型和 PNP 型晶体管电流放大系数的规定相同。以下分析同时适用于 NPN 型晶体管和 PNP 型晶体管。

(1) 共发射极直流电流放大系数 $\overline{\beta}$

当晶体管处于放大状态时，定义 $\overline{\beta}=\frac{I_C}{I_B}$ 为共发射极直流电流放大系数。其中 I_C 为晶体管集电极直流电流，I_B 为晶体管基极直流电流。

晶体管的 $\overline{\beta}$ 近似认为是常数，数值通常为 20 ~ 200（没有单位），$\overline{\beta}$ 用于衡量晶体管的直流电流放大能力。$\overline{\beta}$ 通常又记作 h_{FE}。由于晶体管是电流放大器件，即集电极电流大小由基极电流控制，所以有如下结论：

$$I_C=\overline{\beta}I_B \tag{2-2}$$

由于 $I_E=I_C+I_B$，所以有

$$I_E=(1+\overline{\beta})I_B \tag{2-3}$$

因为 $\overline{\beta}$ 值一般为几十以上（$\overline{\beta}\geqslant 1$），所以在工程分析时可以近似认为 $I_E\approx I_C$。

特别说明：晶体管处于放大状态时 $I_C=\overline{\beta}I_B$，但是晶体管工作在饱和状态或截止状态时 $I_C\neq\overline{\beta}I_B$。

(2) 共发射极交流电流放大系数 β

当晶体管处于放大状态时，定义 $\beta=\frac{\Delta I_C}{\Delta I_B}$ 为共发射极交流电流放大系数，β 又记作 h_{fe}。其中 ΔI_C 为集电极交流电流变化量，ΔI_B 为基极交流电流变化量。

说明：β 用于衡量晶体管交流电流放大能力，随着晶体管输入交流信号频率升高，β 将会逐渐变小。但当信号频率不是特别高的时候，可以近似认为 $\overline{\beta}\approx\beta$。

因此若无特别说明，本书后面将不再区分 $\overline{\beta}$ 和 β，所以 β 也可以记作

$$i_C=\beta i_B \tag{2-4}$$

当晶体管用作放大器时，若将微弱输入信号加在晶体管基极，则输入电流将会被放大 β 倍后形成集电极的输出电流，从而信号的幅度得到了增强，这就是所谓晶体管的电流放大和电流控制作用。

【例 2-2】 在图 2-6 所示的电路中，若基极电流 $I_B=40\mu A$，设晶体管 $\beta=80$。计算此时集电极电流 I_C 和发射极电流 I_E 的值。

解：$I_C=\beta I_B=80\times0.04mA=3.2mA$

$I_E=(1+\beta)I_B=(1+80)\times0.04mA=3.24mA$

4. 晶体管工作在饱和状态的条件和特点

(1) 晶体管工作在饱和状态的条件

1) 发射结必须加足够高的正向电压，保证晶体管的发射结正向导通。

2) 集电结同时加正向电压。

NPN 型晶体管工作在饱和状态的条件是 $V_B > V_C$，$V_B > V_E$，且 U_{BE} 电压足够高，保证发射结正向导通。

PNP 型晶体管工作在饱和状态的条件是：$V_B < V_C$，$V_B < V_E$。

由于饱和状态下的晶体管集电极与发射极之间是导通的，所以集电极和发射极之间电位相差不大，即 U_{CE} 很小，该电压值称为晶体管饱和管压降，记作 U_{CES}，硅晶体管一般有 $U_{CES} \leq 0.3V$，锗晶体管则更低。U_{CES} 越小，晶体管开关特性越理想。

【例 2-3】 根据引脚电位判断以下晶体管是否工作在饱和区。

解：根据晶体管工作在饱和区的条件进行判断，在图 2-8 中，NPN 型晶体管满足 $V_B > V_C$，$V_B > V_E$，PNP 型晶体管满足 $V_B < V_C$，$V_B < V_E$，且每只晶体管发射结压降均为 0.6 ~ 0.7V，所以以上晶体管全部工作于饱和区。

+0.2V
+0.7V
0V
−5.5V
−5.2V
−5.8V
+3.9V
+3.3V
+4V
−0.2V
−0.7V
0V

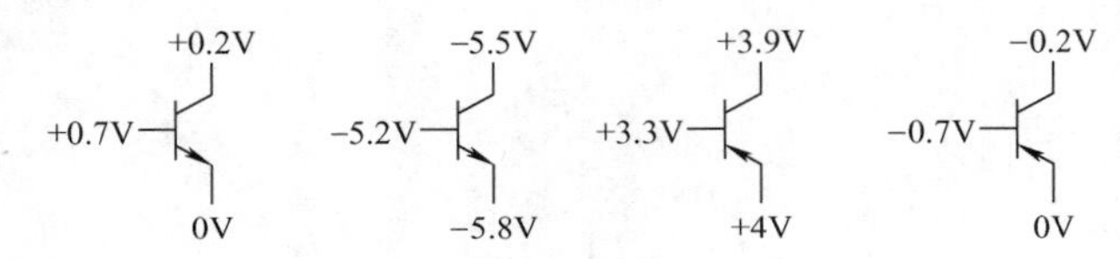

图 2-8 例 2-3 图

(2) 晶体管工作在饱和状态的特点

1) 晶体管电流放大能力下降或消失，$I_C < \beta I_B$。

2) $U_{CE} \leq 0.3V$，集电极和发射极近似短接，两者之间相当于闭合的开关。

5. 晶体管工作在截止状态的条件和特点

(1) 晶体管工作在截止状态的条件

1) 发射结必须处于截止状态。

2) 集电结必须加反向电压。

发射结处于截止状态包括两种情况：发射结加反向电压或者发射结尽管加正向电压但是幅度小于 PN 结导通电压。以硅晶体管为例，截止状态时 NPN 型晶体管要求 $U_{BE} < 0.7V$，PNP 型晶体管要求 $U_{EB} < 0.7V$。

对于 NPN 型晶体管而言，集电结加反向电压要求 $V_C > V_B$，而 PNP 型晶体管要求 $V_C < V_B$。

【例 2-4】 根据引脚电位判断图 2-9 所示晶体管是否工作在截止区。

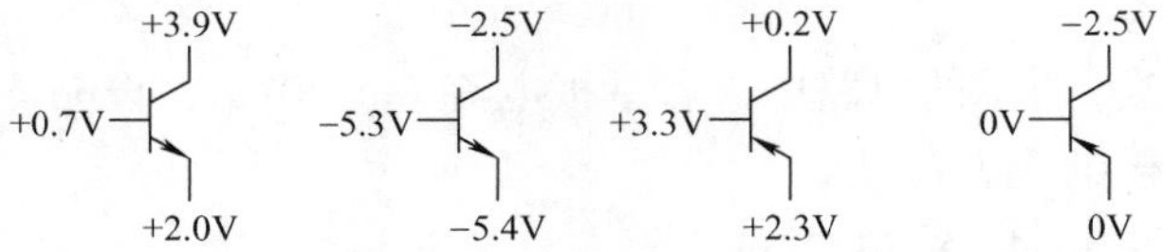

+3.9V
+0.7V
+2.0V
−2.5V
−5.3V
−5.4V
+0.2V
+3.3V
+2.3V
−2.5V
0V
0V

图 2-9 例 2-4 图

解：经过分析，以上晶体管发射结均截止，所以晶体管均工作于截止状态。

（2）晶体管工作在截止状态的特点

1）晶体管各电极电流几乎都为零，$i_B \approx 0$，$i_C \approx 0$，$i_E \approx 0$。

2）晶体管没有电流放大能力。

3）晶体管集电极和发射极之间相当于断开的开关。

6. 晶体管三种工作状态的总结

1）根据三个电极施加电位的不同，晶体管有放大、饱和和截止三种工作状态。

2）放大状态下的晶体管用于信号放大（电流放大），满足 $i_C = \beta i_B$。

3）饱和状态和截止状态下的晶体管用作电子开关，$i_C \neq \beta i_B$，其中饱和状态集电极和发射极之间相当于闭合的开关，截止状态集电极和发射极之间相当于断开的开关。

4）饱和状态和放大状态下的晶体管均处于导通状态，对于硅 NPN 型晶体管而言，满足 $U_{BE} \approx 0.7V$。

【例 2-5】　已知某晶体管工作于放大状态，使用万用表测得其 3 个引脚的电位分别为①3.8V、②9.8V 和③3.1V。此晶体管是什么类型？3 个引脚分别对应晶体管的什么电极？

解：1）假设该晶体管为 NPN 型，放大状态时应该满足 $V_C > V_B > V_E$。所以②脚为集电极，电位 9.8V；①脚为基极，电位 3.8V；③脚为发射极，电位 3.1V。

因为 $U_{BE} = 3.8V - 3.1V = 0.7V$，所以该晶体管为硅晶体管，假设成立。

2）假设该晶体管为 PNP 型，放大状态时应该满足 $V_C < V_B < V_E$。所以③脚为集电极，电位 3.1V；①脚为基极，电位 3.8V；②脚为发射极，电位 9.8V。

因为 $U_{BE} = 3.8V - 9.8V = -6V$，不符合放大状态下晶体管发射结导通电压的特征，所以晶体管为 PNP 型的假设错误。

由此可以判断，该晶体管为 NPN 型硅晶体管，②脚为集电极，①脚为基极，③脚为发射极。

【例 2-6】　判断以下晶体管的工作状态。

解：经分析判断图 2-10 中的 4 个晶体管分别工作于放大状态、放大状态、饱和状态、截止状态。

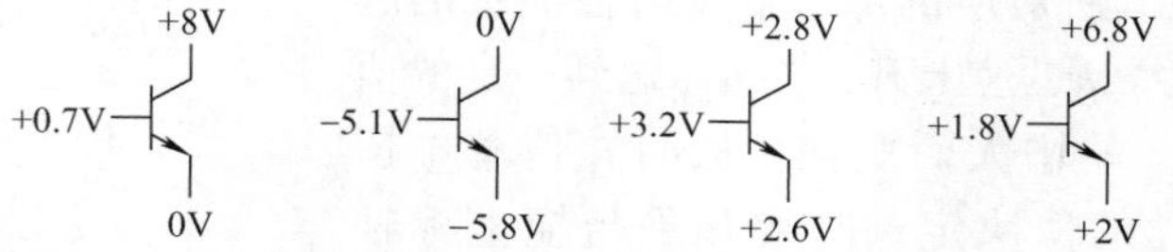

图 2-10　例 2-6 图

2.1.3　晶体管的特性曲线及主要参数

晶体管的特性曲线是指晶体管的各电极电压和电流之间的关系曲线，从特性曲线中可以看出晶体管的工作特性，是分析晶体管应用电路的重要依据。特性曲线可以用晶体管图示仪进行观测，也可以通过实验测量来获取。以下以 NPN 型硅晶体管为例，叙述在晶体管应用电路分析中最常用到的晶体管输入特性曲线和输出特性曲线。PNP 型晶体管与 NPN 型晶体管相比，其特性曲线形状相同，但是电压和电流方向完全相反。

1. 输入特性曲线

输入特性曲线是指在集电极-发射极电压 u_{CE} 为某一固定值的前提下，晶体管的基极电流 i_B 和发射结电压 u_{BE} 之间的关系曲线。

NPN 型晶体管输入特性曲线如图 2-11 所示。

从图 2-11 中可以看出：

1）基极电流 i_B 不仅与 u_{BE} 有关，还与 u_{CE} 大小有关，随 u_{CE} 增大，输入特性曲线位置逐渐右移，因此输入特性曲线是一簇曲线。但是当 $u_{CE}>1V$ 之后，输入特性曲线位置几乎不再移动。硅晶体管工作于放大状态时一般均满足 $u_{CE}>1V$，所以分析晶体管放大电路时可以只画出 $u_{CE}\geqslant 1V$ 时的特性曲线。

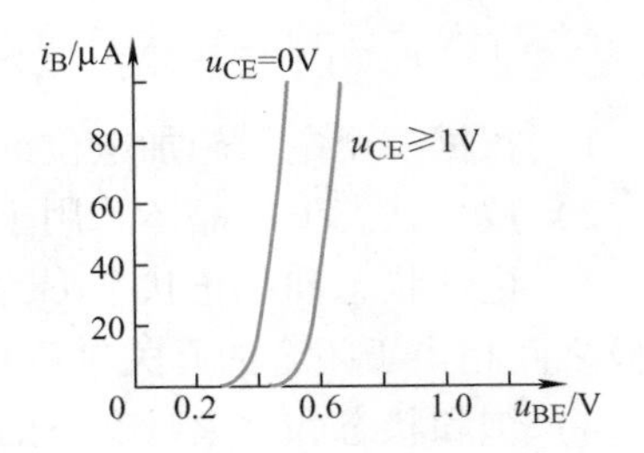

图 2-11　NPN 型晶体管输入特性曲线

2）晶体管的输入特性曲线与二极管的伏安特性曲线非常相似，也分为死区段和导通段。对于硅管而言，当 $u_{BE}<0.6V$ 时晶体管处于截止状态，基极电流 i_B 近似为零。当 u_{BE} 值逐步增大到接近死区电压之后，晶体管开始导通（可能是放大状态也可能是饱和状态），此后 u_{BE} 值逐渐稳定下来，几乎不再随基极电流 i_B 增大而改变，因此晶体管处于放大区或饱和区时 u_{BE} 几乎不变，一般情况下认为硅晶体管 $U_{BE}\approx 0.7V$，锗晶体管 $U_{BE}\approx 0.3V$，这与二极管的导通电压概念基本相同。

2. 输出特性

（1）输出特性曲线

输出特性曲线是指在基极电流 i_B 为某一固定值下，晶体管集电极电流 i_C 与集电极-发射极电压 u_{CE} 之间的关系曲线。某晶体管输出特性曲线如图 2-12 所示。

从输出特性曲线可以看出，在不同的 i_B 下，i_C 与 u_{CE} 之间有不同关系曲线，所以输出特性曲线是一簇曲线，每一个基极电流 i_B 都有一条输出特性曲线与其对应。当 i_B 一定时，在其所对应的那条输出特性曲线的起始部分，随 u_{CE} 的增大 i_C 迅速上升，当 u_{CE} 达到一定的值后，i_C 几乎不再随 u_{CE} 的增大而变化，从而 i_C 值基本恒定，其大小仅仅由 i_B 的值决定，曲线几乎与横坐标轴平行。

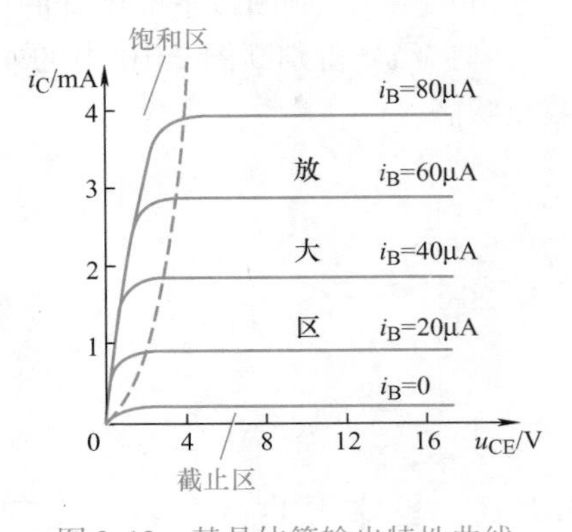

图 2-12　某晶体管输出特性曲线

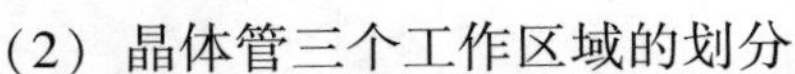

（2）晶体管三个工作区域的划分

从输出特性曲线可以看出晶体管的放大区、饱和区和截止区的具体位置以及电压电流的特点。以下以 NPN 型晶体管为例进行说明。

1）放大区。

放大区中晶体管 $u_{CE}>1V$，$i_C=\beta i_B$，集电极电流 i_C 只受基极电流 i_B 控制，与 u_{CE} 几乎无关，所以放大区的输出特性曲线几乎是水平线。放大区的晶体管具有电流放大能力，处于线性的放大状态。

2）饱和区。

饱和区在输出特性曲线的左侧，晶体管满足 $u_{CE} \leqslant 0.3V$，集电极与发射极之间近似相当于一个闭合的开关。饱和状态下晶体管集电极与发射极之间的电压为 U_{CES}。此时 $i_C < \beta i_B$，与放大区相比，晶体管电流放大能力下降甚至消失。

3）截止区。

输出特性曲线中 $i_B = 0$ 以下部分被称为截止区。截止区中晶体管失去电流放大能力，集电极发射极之间近似开路，晶体管各电极电流几乎均为零。

3. 晶体管的主要参数

晶体管的特性除了可以用输入输出特性曲线描述之外，还可以用一些参数来进行定量分析。例如电流放大系数、集电极最大允许电流、集电极最大允许耗散功率、反向击穿电压等，这些参数可以通过查阅晶体管手册获得，晶体管的参数是电路设计时选择晶体管型号的重要依据。以下介绍晶体管的主要参数。

（1）电流放大系数

1）共发射极电流放大系数 $\bar{\beta}$、β。

共发射极电流放大系数在前面已做过介绍，此处不再赘述。

2）共基极电流放大系数 α、$\bar{\alpha}$。

$\bar{\alpha}$ 称为共基极直流电流放大系数，当晶体管处于放大状态时，在直流工作状态下：

$$\bar{\alpha} = \frac{I_C}{I_E} \tag{2-5}$$

式中，I_C 为集电极直流电流；I_E 为发射极直流电流。

α 称为共基极交流电流放大系数，当晶体管处于放大状态时，在交流工作状态下：

$$\alpha = \frac{\Delta I_C}{\Delta I_E} \tag{2-6}$$

在低频电路中，$\bar{\alpha}$ 与 α 数值接近，因此一般都用 α 表示。之所以将 α 称为共基极电流放大系数，是因为晶体管共基极放大电路的电流放大倍数等于 α，共基极放大电路也是晶体管放大电路的一种基本组态。电流放大系数 α 与 β 之间的关系为

$$\alpha = \frac{\beta}{1+\beta} \tag{2-7}$$

晶体管的 $\alpha \approx 1$，但是比 1 略小。

（2）极限参数

极限参数指晶体管正常工作时不允许超出的电压、电流和功率。否则将严重影响晶体管的放大性能或安全性能。

1）集电极最大允许电流 I_{CM}。

随着集电极电流 i_C 增加，晶体管的 β 将会逐渐下降。若 β 值下降过多，将会导致晶体管的电流放大能力显著变差。集电极最大允许电流 I_{CM} 定义为 β 下降到规定允许值（一般为 β 最大值的 1/2 或 2/3）时对应的集电极电流大小。

当集电极实际电流 i_C 超过 I_{CM} 时晶体管不一定损坏，但是 β 值的下降会导致晶体管放大电路放大能力变差。当然，若集电极实际电流 i_C 过高也可能会导致晶体管因为过电流而损坏。

2）集电极最大允许耗散功率 P_{CM}。

集电极电流 i_C 流过晶体管时，晶体管将消耗功率，该功率被称为集电极耗散功率，用 P_C 表示。P_C 将会转化为热量导致晶体管结温上升，严重时会对晶体管的性能和安全产生不良影响。使晶体管性能变坏或损坏的耗散功率值称为集电极最大允许耗散功率，用 P_{CM} 表示。晶体管使用时实际消耗功率 $P_C = I_C U_{CE}$ 不能超过 P_{CM}，否则晶体管可能会损坏。

P_{CM} 与晶体管的散热条件和集电极最大允许电流等因素有关。

3）反向击穿电压 $U_{(BR)CEO}$、$U_{(BR)CBO}$、$U_{(BR)EBO}$。

晶体管有两个 PN 结，其反向击穿电压有如下三种。

① $U_{(BR)CEO}$ 为基极开路时，加在晶体管集电极和发射极之间的最大允许电压值，超过 $U_{(BR)CEO}$ 时晶体管将会被击穿。

② $U_{(BR)CBO}$ 为发射极开路时，加在晶体管集电极和基极之间的最高反向电压值。

③ $U_{(BR)EBO}$ 为集电极开路时，加在晶体管发射极和基极之间的最高反向电压值。

为了保证晶体管的安全，晶体管任意两个电极之间的实际工作电压一般不得超过其反向击穿电压的一半，以留下足够的安全余量。

输出特性曲线中，根据 I_{CM}、P_{CM} 和 $U_{(BR)CEO}$ 等三个极限参数划出晶体管的安全工作区范围如图 2-13 所示。在电路中必须保证晶体管实际工作时 i_C、P_C 和 u_{CE} 落在安全工作区范围内。

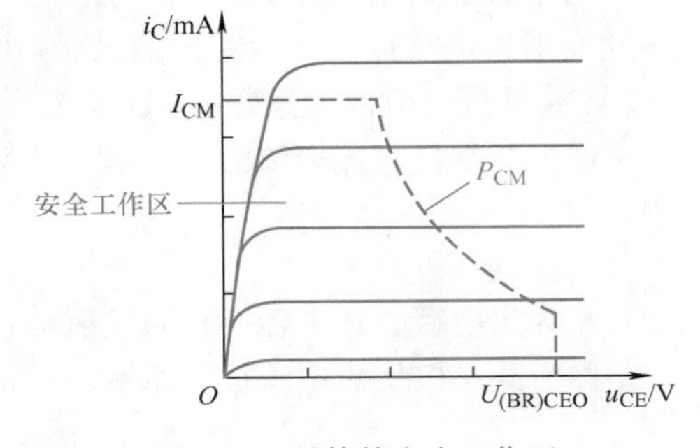

图 2-13　晶体管安全工作区

【例 2-7】　某 NPN 型晶体管的集电极最大允许电流 I_{CM} 为 30mA，集电极最大允许耗散功率 P_{CM} 为 0.25W，反向击穿电压 $U_{(BR)CEO}$ 为 18V，当晶体管工作时集电极实际电流 $I_C = 20\text{mA}$，$U_{CE} = 15\text{V}$，该晶体管能否正常工作？

解：判断晶体管能否正常工作需要检验晶体管是否落在安全工作区范围内，即是否全部满足 I_{CM}、P_{CM} 和 $U_{(BR)CEO}$ 等三个极限的要求。

经分析，$I_C < I_{CM}$，$U_{CE} < U_{(BR)CEO}$，这两项极限参数要求符合安全条件，但是晶体管实际消耗功率 $P_C = I_C U_{CE} = 0.3\text{W}$，超过了集电极最大允许耗散功率 P_{CM}，所以该晶体管不能正常工作。

任务 2.2　晶体管开关电路分析

主要教学内容

1. NPN 型晶体管开关电路分析。
2. PNP 型晶体管开关电路分析。

利用 PN 结的单向导电性可以构成二极管开关电路。除了二极管之外，晶体管在饱和、截止状态下也可以构成开关电路。晶体管开关电路符合数字电路中非门的逻辑特性。

晶体管有硅管和锗管两类，因为硅管的开关特性比锗管好，所以晶体管开关电路一般使用硅管实现，以下仅分析硅晶体管开关电路。

如前所述，晶体管工作于饱和状态时集电极 C 和发射极 E 之间等效为闭合的开关，截止状态时 C、E 之间等效为断开的开关，饱和状态和截止状态是晶体管开关电路的两种开关状态。

晶体管有 NPN 和 PNP 类型之分，晶体管开关电路也分为 NPN 型和 PNP 型两种，两者的功能没有区别，只是晶体管各个电极所需外加的直流电压方向完全相反，以下分别进行介绍。

1. NPN 型晶体管开关电路

(1) NPN 型晶体管开关电路组成

最基本的 NPN 型晶体管开关电路组成如图 2-14 所示，该电路要求在没有输入信号时集电极直流电位最高，发射极直流电位最低。集电极电源 V_{CC} 用于给电路提供能量，同时也给晶体管提供处于开关状态所需直流偏置电压，其电压值决定了晶体管开关电路输出高电平电压的幅度。

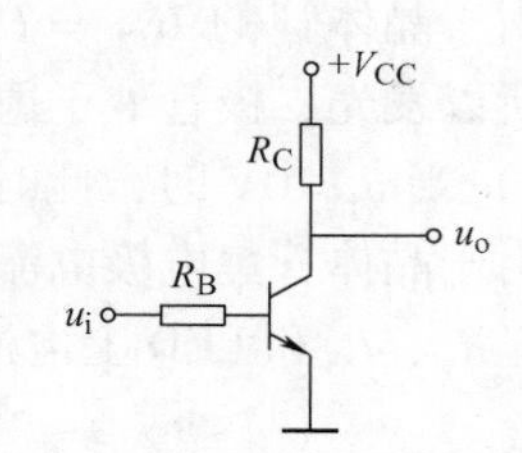

图 2-14　NPN 型晶体管开关电路

(2) NPN 型晶体管开关电路分析

晶体管开关电路的输入信号为开关量，即 u_i 为高电平或者低电平。在实际应用中，当 u_i 为高电平时，其电压值通常与集电极电源 V_{CC} 电压相当；当 u_i 为低电平时，其电压值一般为零。

1）当 u_i 为高电平时。

若 $u_i = V_{CC}$，由于 $V_B > V_E$，此时晶体管发射结正向导通，硅晶体管有 $U_{BE} \approx 0.7V$。在图 2-14 中，由于集电极电流 i_C 流入晶体管，所以 i_C 在集电极电阻 R_C 上形成较大电压降，导致晶体管集电结也处于正向导通状态，即 $V_B > V_C$，因此晶体管处于饱和状态。

饱和状态时晶体管集电极与发射极之间电压为饱和管压降 U_{CES}，对于晶体管开关电路而言，U_{CES} 越小越好。因为 U_{CES} 越小，晶体管开关闭合越彻底。由于 U_{CES} 一般为 0.1 ~ 0.3V，因此可以认为集电极与发射极之间近似相当于一个闭合的开关。

从图 2-14 可以看出，此时 $u_o = U_{CES}$，所以 $u_o \approx 0V$，即 NPN 型晶体管开关电路输入高电平时，晶体管导通，电路输出低电平。

2）当 u_i 为低电平时。

若 $u_i = 0$，此时晶体管的基极与发射极电位相同，发射结截止；同时在 V_{CC} 的作用下，集电结施加了反向电压，导致晶体管处于截止状态。

截止状态下的晶体管集电极 C 与发射极 E 之间相当于一个断开的开关，此时晶体管各电极电流几乎均为零。

从图 2-14 可以看出，由于截止状态时晶体管集电极电流 $i_C \approx 0$，所以电阻 R_C 两端电压降为零，此时 $u_o \approx V_{CC}$，因此 NPN 型晶体管开关电路输入低电平时，晶体管截止，电路输出高电平。

需要说明的是，当晶体管处于截止状态时，尽管晶体管各电极电流几乎均为零，但此时电路若连接负载，则直流电源 V_{CC} 可以通过集电极电阻 R_C 为负载提供输出电流，形成输出电压，所以负载上仍然能够形成较大电流。

综合以上两种情况可以看出，NPN 型晶体管开关电路从逻辑功能来看，相当于一个具有较大输出电流的非门（反相器）。

【例 2-8】 晶体管开关电路如图 2-15 所示，设 $V_{CC}=+5V$，电阻 $R_1=R_2=R_3=1k\Omega$，设晶体管饱和管压降 $U_{CES}=0.1V$，发光二极管 LED 的导通电压 $U_{on}=1.8V$，当输入电压 u_i 分别为 0V 和 +5V 时晶体管处于哪种工作状态？发光二极管能否被点亮？发光二极管上电流 i_o 为多少？

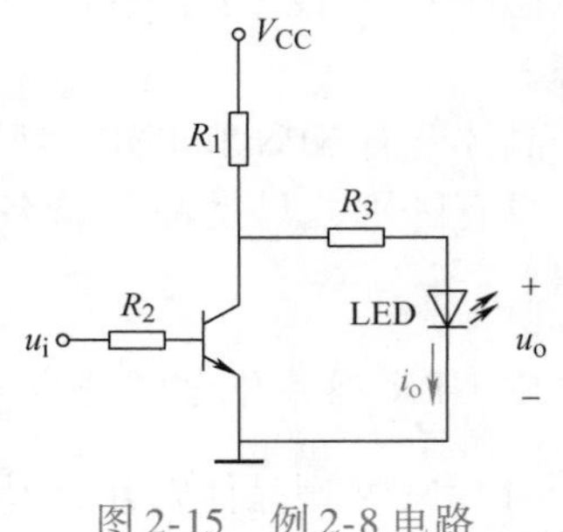

图 2-15　例 2-8 电路

解：1）当 $u_i=+5V$ 时，此时晶体管处于饱和状态，开关电路闭合。

由于晶体管的 $U_{CE}=U_{CES}=0.1V$，低于 LED 导通电压，所以发光二极管处于熄灭状态，电流 $i_o=0$。

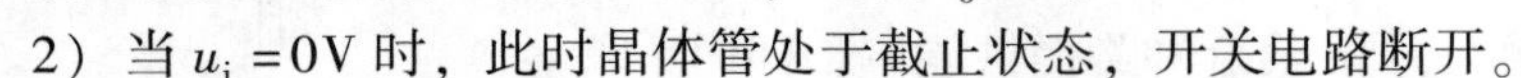

2）当 $u_i=0V$ 时，此时晶体管处于截止状态，开关电路断开。

由于晶体管集电极电流为零，所以 V_{CC}、R_1、R_3 和 LED 形成电流回路，发光二极管被点亮，R_1、R_3 和 LED 上电流均为 i_o。因此 LED 上输出电流为

$$i_o=\frac{V_{CC}-U_{on}}{R_1+R_3}=\frac{5-1.8}{1+1}\text{mA}=1.6\text{mA}$$

2. PNP 型晶体管开关电路

（1）PNP 型晶体管开关电路的组成

PNP 型晶体管开关电路特性与 NPN 型晶体管开关电路完全相反，要求在没有输入信号时发射极直流电位最高，集电极直流电位最低。具体电路如图 2-16 所示。

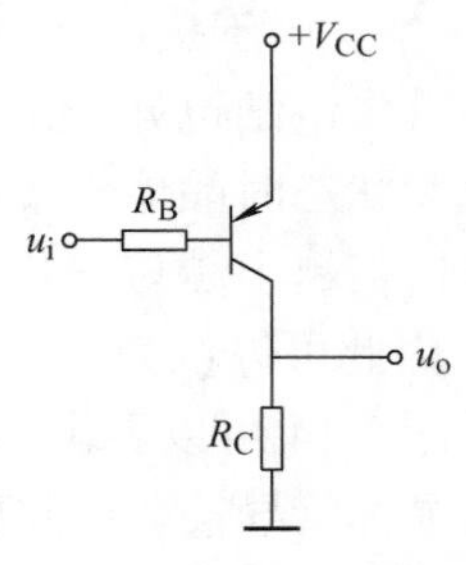

图 2-16　PNP 型晶体管开关电路

（2）PNP 型晶体管开关电路的分析

1）当 u_i 为高电平时。此时晶体管基极与发射极电位相同，发射结截止，导致晶体管处于截止状态。

由于截止状态时集电极电流 $i_C\approx0$，所以电阻 R_C 两端电压为零，$u_o\approx0V$。即 PNP 型晶体管开关电路输入高电平时，晶体管截止，电路输出低电平。

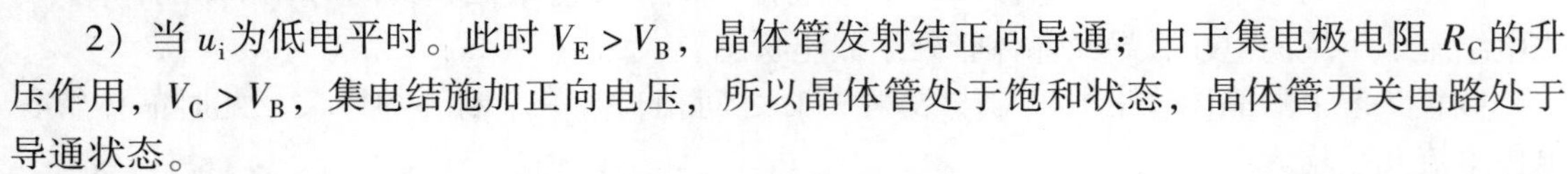

2）当 u_i 为低电平时。此时 $V_E>V_B$，晶体管发射结正向导通；由于集电极电阻 R_C 的升压作用，$V_C>V_B$，集电结施加正向电压，所以晶体管处于饱和状态，晶体管开关电路处于导通状态。

从图 2-16 可以看出，此时输出电压 u_o 与 V_{CC} 相比仅相差 U_{CES}，所以 $u_o\approx V_{CC}$。即电路输入低电平时，晶体管导通，电路输出高电平。

综合以上两种情况可以看出，PNP 型晶体管开关电路与 NPN 型晶体管开关电路逻辑功能完全相同，是一个具有较大输出电流的非门（反相器）。

任务2.3 晶体管基本共射放大电路分析

主要教学内容

1. 放大器的基本概念。
2. 晶体管放大电路的三种组态。
3. 共射放大电路的组成和工作原理。
4. 共射放大电路主要性能指标。
5. 共射放大电路静态工作点分析。
6. 共射放大电路交流分析。
7. 共射放大电路非线性失真的产生与消除。

2.3.1 放大器的基本概念

1. 放大器的定义

能把微弱的电信号不失真地转换成较强电信号的电路统称为放大器（放大电路）。

放大器是各类电子设备和电子产品中最常见的一类单元电路，在各种精密测量仪器仪表、通信系统、自动检测和控制装置中往往都会使用到各种类型的放大器。在这些设备中，输入信号（例如从通信设备的天线或者传感器检测到的信号）的幅度一般都非常微弱，不足以直接推动负载（例如扬声器或指示仪表）工作，所以必须通过放大器提高信号幅度才能让设备正常工作。放大器功能示意图如图2-17所示。

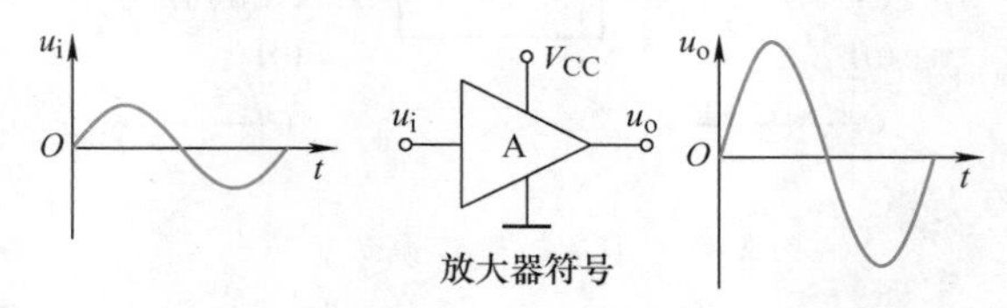

图2-17 放大器功能示意图

所谓信号放大，从波形来看是将信号幅度由小变大的同时保持波形形状不变，从能量的角度来看是信号在不失真前提下能量的增强。但是能量不可能凭空增加，只能从一种形态转化为另一种形态，放大电路必须要用直流稳压电源供电才能实现信号能量增强的功能，因为尽管晶体管可以实现信号的放大，但是晶体管本身并不会产生能量，相反，晶体管在帮助输入信号实现放大的同时自身也要消耗能量。电路输出端信号幅度增强后所需补充的能量是由直流稳压电源提供的。由此可见，放大的本质其实是实现能量的控制和转化。在放大电路中，由能量较小的输入信号去控制放大器的直流电源，使之产生能量较高的输出信号提供给负载。因此，放大器是一种用较小的输入能量去控制较大能量输出的能量转化和控制装置。

晶体管工作在放大区时可以实现信号的线性放大功能。所谓线性放大又称为不失真放大或不失真线性放大，是指信号幅度增强的同时保持波形形状、频率构成不变。

2. 放大器的分类

放大器用途广泛，种类繁多。

1）按电路结构分，放大器分为分立元器件放大电路和集成放大电路。晶体管放大电路属于分立元器件放大电路，利用场效应晶体管也可以构成分立元器件放大电路。

2）按输出信号强弱分，放大器分为小信号放大器和功率放大器。小功率晶体管可以构成小信号放大器，大功率晶体管则一般用于构成功率放大器。集成放大电路也有输出功率高低之分。

3）按信号频率分，放大器分为直流放大电路、低频放大电路和高频放大电路。

4）按信号耦合方式分，放大器分为阻容耦合、变压器耦合、直接耦合和光耦合等放大电路。

晶体管是各类电子设备和电子产品中最常见的半导体元器件之一，它是构成分立元器件放大电路的核心。

2.3.2 放大器的性能指标

放大器（放大电路）最主要的作用是对微弱电信号进行放大，以满足负载的实际需要。放大器在工作时，一般情况下是以幅度较小的交流输入信号作为放大的对象，但是放大器要工作在放大状态，晶体管的三个电极必须都要有正确的直流电压偏置，所以放大电路的输入端一般既有来自输入信号的交流电压，又有来自直流电源的直流电压。放大器的输出端同样也既有交流电压又有直流电压。放大器工作方式示意图如图 2-18 所示。

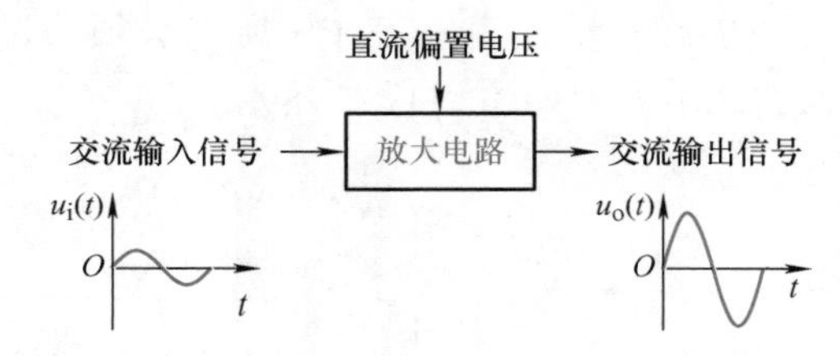

图 2-18　放大器工作方式示意图

以 NPN 型晶体管放大电路为例，为了实现交流输入信号不失真放大，晶体管必须工作在放大区，因此晶体管要保证发射结加正向电压、集电结加反向电压，所以必须首先给放大器中的晶体管施加合适的直流电压（称为直流偏置电压），以保证 $V_C > V_B > V_E$。在此基础上，才能将微弱的交流输入信号 u_i 加到放大器输入端，从而在放大器输出端获得幅度增强了的交流输出信号 u_o。所以晶体管的输入端和输出端的瞬时电压、电流中既有直流分量也有交流分量。

为了区分直流量和交流量，做如下符号的规定：

1）直流分量：用大写字母和大写下角标表示，例如 I_B 表示晶体管基极的直流电流。

2）交流分量：用小写字母和小写下角标表示，例如 i_b 表示晶体管基极的交流电流。

3）瞬时值：用小写字母和大写下角标表示，为直流分量和交流分量之和，例如 i_B 表示晶体管基极电流的瞬时值，它由两部分组成：$i_B = I_B + i_b$。

4）交流量的有效值：用大写字母和小写下角标表示，例如 I_b 表示晶体管基极电流交流分量的有效值。

5）交流量的最大值（峰值）：在交流量有效值符号的基础上再添加小写 m 的下角标，例如 I_{bm} 表示晶体管基极电流交流分量的最大值（峰值）。

放大电路种类很多，虽然对不同用途的放大器性能要求各异，但仍有一些共同的性能指标要求，例如放大倍数、输入电阻和输出电阻等。以下介绍放大器最主要的几项性能指标。

1. 增益

增益也称为放大倍数，它是衡量放大器放大能力的主要性能指标。增益定义为放大器输出信号与输入信号的比值。增益一般分为三种：电压增益、电流增益和功率增益。其中电压增益最为常见。

放大器输入端和输出端的电压、电流关系如图 2-19 所示。

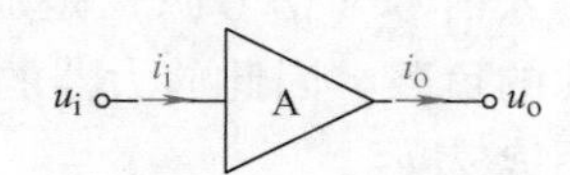

图 2-19　放大器输入输出示意图

（1）电压增益

电压增益（电压放大倍数）是指放大器输出电压与输入电压的比值。表示为

$$A_u = \frac{u_o}{u_i} = \frac{U_{om}}{U_{im}} \tag{2-8}$$

通常情况下放大器放大的信号均为交流量，所以 u_o、u_i 分别表示放大器交流输出电压和交流输入电压瞬时值，但直接用交流量计算不直观，因此一般用交流输出电压和交流输入电压的峰值 U_{om} 和 U_{im} 之比计算电压增益。

（2）电流增益

电流增益（电流放大倍数）是指放大器输出电流与输入电流的比值。表示为

$$A_i = \frac{i_o}{i_i} = \frac{I_{om}}{I_{im}} \tag{2-9}$$

式中，i_o、i_i 分别表示放大器交流输出电流和交流输入电流瞬时值；I_{om} 和 I_{im} 分别表示交流输出电流和交流输入电流的峰值。

（3）功率增益

功率增益（功率放大倍数）是指放大器输出信号功率与输入信号功率的比值。表示为

$$A_P = \frac{P_O}{P_I} \tag{2-10}$$

式中，P_O、P_I 分别表示放大器输出功率和输入功率。

在实际工程应用和计算中，由于放大器的增益一般都非常高，所以增益用分贝（dB）表示更为常见。增益的分贝表示分别如下：

电压增益　$$A_u(\text{dB}) = 20\lg|A_u| \tag{2-11}$$

电流增益　$$A_i(\text{dB}) = 20\lg|A_i| \tag{2-12}$$

功率增益　$$A_P(\text{dB}) = 10\lg|A_P| \tag{2-13}$$

【例 2-9】 ①若放大电路的电压增益为 1000 倍，用分贝作单位，其电压增益为多少分贝？②若放大电路的电压增益为 80dB，此放大电路的电压增益为多少倍？③若放大器功率

增益为1000倍，用分贝作单位，其功率增益是多少分贝？④若电路将输入信号功率衰减为1/1000，此电路功率增益是多少分贝？

解：① 该电路的电压增益为 $A_u(\mathrm{dB}) = 20\lg|A_u| = 20\lg1000 = 60(\mathrm{dB})$

② 该电路的电压放大倍数为10^4倍。

③ 该电路功率增益为 $A_P(\mathrm{dB}) = 10\lg|A_P| = 10\lg1000 = 30(\mathrm{dB})$

④ 该电路功率增益为 $A_P(\mathrm{dB}) = 10\lg|A_P| = 10\lg\frac{1}{1000} = -30(\mathrm{dB})$

从例2-9可以看出，若电路的增益大于0dB，表示信号得到了放大；若电路增益小于0dB，表示信号被衰减；若电路增益等于0dB，表示输出与输入信号幅度相等。

2. 输入电阻

输入信号（信号源）是加在放大器输入端的，所以放大器输入端对信号源而言相当于信号源的负载，因此放大器的输入端可以等效为一个电阻，该等效电阻被称为放大器输入电阻，用R_i表示。

输入电阻在放大器中的位置如图2-20所示。

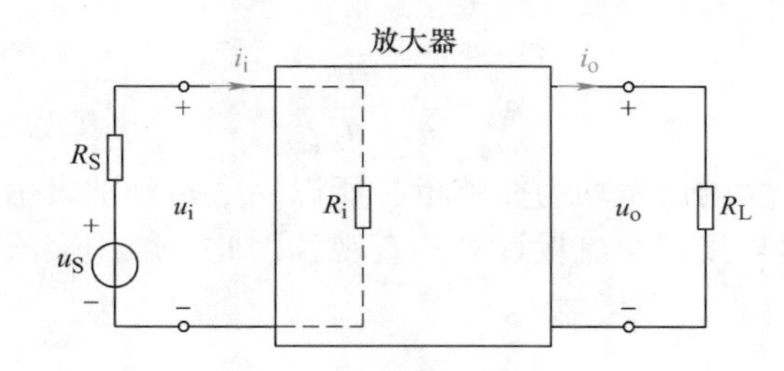

图2-20　放大器输入电阻

由图2-20可知，输入电阻阻值为

$$R_\mathrm{i} = \frac{u_\mathrm{i}}{i_\mathrm{i}} \tag{2-14}$$

需要指出，放大器实际输入电压u_i并非信号源电动势u_S，输入电压u_i总是比信号源电动势u_S小，两者关系为

$$u_\mathrm{i} = \frac{R_\mathrm{i}}{R_\mathrm{i} + R_\mathrm{S}} u_\mathrm{S} \tag{2-15}$$

所以放大器的输入电阻R_i越大，放大器从信号源中获得的输入电压u_i越大，同时从信号源中吸收的输入电流i_i越小，对信号源影响越小。因此，电子设备中的放大电路往往要求具有较高的输入电阻。

3. 输出电阻

放大器的输出端用于驱动负载工作，因此对于负载而言，放大器输出端等效为一个电压源，该电压源的内阻称为放大器输出电阻，用R_o表示。

放大器输出电阻在放大器中的位置如图2-21所示。

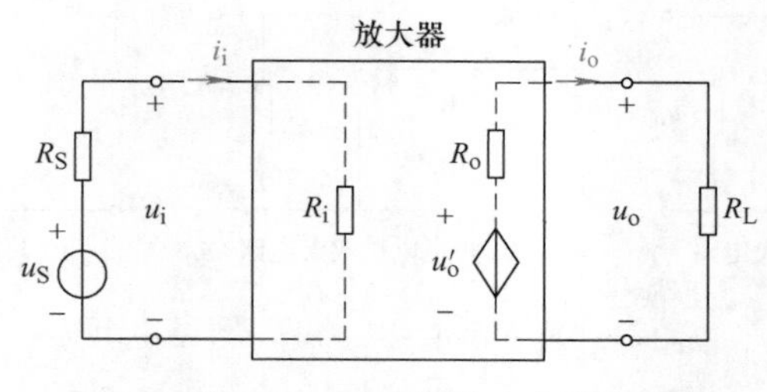

图 2-21　放大器输出电阻

由图 2-21 可知，放大器本身理论输出电压为 u_o'，但由于输出电阻 R_o 的存在，当放大器输出电流 i_o 流过输出电阻 R_o 时会形成一定的电压降，导致负载 R_L 获得的实际输出电压 $u_o < u_o'$，两者关系为

$$u_o = \frac{R_L}{R_o + R_L} u_o' \tag{2-16}$$

根据上面的关系式，放大器输出电阻可以采用如下公式进行计算：

$$R_o = \left(\frac{u_o'}{u_o} - 1\right) R_L \tag{2-17}$$

放大器输出电阻 R_o 越小，则放大器实际输出电压 u_o 越大，越接近 u_o'；从另一个角度来看，如果放大器需要给负载提供较大的输出电流 i_o，若输出电阻偏高会造成 R_o 上产生过高的电压降，导致负载 R_L 上实际输出电压 u_o 严重下降，因此输出电阻 R_o 越小，放大器就能给负载提供更大的输出电流，则放大器带负载能力也就越强。所以一般电子设备中的放大电路往往具有较小的输出电阻。

放大电路输入电阻和输出电阻的概念具有普遍性。放大器通用模型如图 2-22 所示，无论分立元器件（例如晶体管、场效应晶体管）放大电路还是集成放大电路，无论小信号放大器还是功率放大器均适用此模型分析放大器性能。

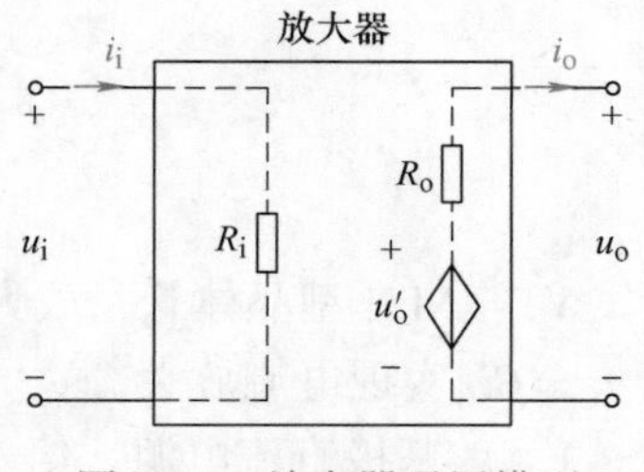

图 2-22　放大器通用模型

2.3.3　基本共射放大电路的分析和计算

1. 晶体管放大电路的三种基本组态

晶体管有三个电极，以其中一个电极作为输入输出公共端，其余两个电极分别作为信号输入和输出端，晶体管放大电路可以构成三种基本组态，即三种不同的连接方式，分别被称为共发射极放大电路、共集电极放大电路和共基极放大电路。无论哪种组态，要使晶体管工作于放大区，都要求发射结加正向电压，集电结加反向电压，以 NPN 型晶体管为例，必须满足 $V_C > V_B > V_E$。晶体管放大电路的三种基本组态如图 2-23 所示。

由图 2-23 可知，共发射极放大电路以发射极作为输入输出公共端，输入信号加在晶体管基极，从集电极输出放大后的信号。共集电极放大电路以集电极作为输入输出公共端，从基极输入信号，从发射极输出放大后的信号。共基极放大电路以基极作为输入输出公共端，从发射极输入信号，从集电极输出放大后的信号。

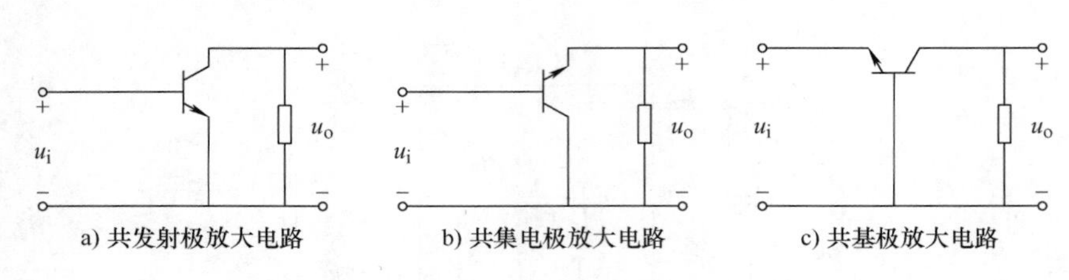

图 2-23　晶体管放大电路的三种基本组态

由于晶体管共发射极放大电路使用最普遍，以下先分析晶体管构成的共发射极放大电路。共发射极放大电路一般又称为共射放大电路或共射电路。

2. 基本共射放大电路的组成

（1）基本共射放大电路的组成以及各元器件作用

基本共射放大电路的组成如图 2-24 所示。

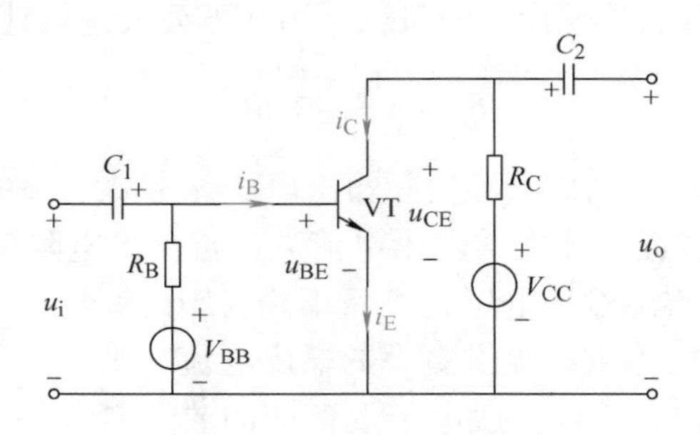

图 2-24　基本共射放大电路组成

VT：NPN 型晶体管，放大电路核心器件，工作于放大区，基极输入，集电极输出，基于 $i_C=\beta i_B$ 实现电流放大。

V_{BB}：基极直流电源，给发射结加正向电压，保证 $V_B>V_E$，对硅管而言，晶体管放大状态时保证 $U_{BE}=0.7V$。

V_{CC}：集电极直流电源，给集电结施加反向电压，保证 $V_C>V_B$，同时给负载提供交流输出能量。

R_B：基极电阻，给晶体管基极提供合适的直流电流 I_B。

R_C：集电极电阻，给晶体管集电极提供电流通路，形成合适的集电极直流电流 I_C，同时将晶体管放大后的交流输出电流转化为输出电压，从而让共发射极放大电路在电流放大的同时实现电压放大。

C_1 和 C_2：耦合电容，通交流、隔直流。C_1 用于将输入交流信号耦合到晶体管基极进行交流放大，C_2 用于将放大后的交流信号耦合到负载 R_L 上。对于直流电源 V_{CC} 和 V_{BB} 而言，C_1 和 C_2 呈开路状态，从而阻止了直流电流流入信号源和负载，因为在放大器中直流电流可能会对信号源和负载产生不良影响。

（2）单电源供电的共射放大电路分析

图 2-24 要求共射放大电路同时有两路直流稳压电源给晶体管供电，这增加了电路的成本和复杂程度，通常情况下可以只用一路直流电源即可，该直流电源可以同时给基极和集电

极供电，以简化电路结构，单电源供电的共射放大电路如图 2-25 所示，其中 R_L 为放大器负载。

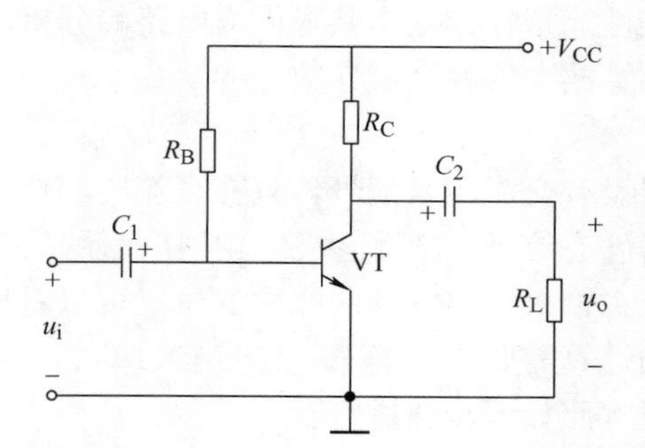

图 2-25　单电源供电的共射放大电路

V_{CC}：直流电源，既能通过集电极电阻 R_C 给晶体管集电极供电，同时通过基极电阻 R_B 为基极供电，以达到晶体管工作在放大区的要求：$V_C > V_B > V_E$。

接地端：信号输入端、输出端和直流电源的共同端点（公共端），一般以此作为电路的参考零电位点。

R_B：基极电阻，连接直流电源 V_{CC}，给晶体管基极提供合适的静态（直流）电流，该电阻阻值一般较大。

R_C：集电极电阻，提供合适的集电极静态（直流）电流，同时将放大后的交流输出电流转化为输出电压。一般有 $R_B > R_C$，使 V_{CC} 电流经过 R_B 时产生更高的电压降，从而保证 $V_C > V_B$。

C_1：输入耦合电容。

C_2：输出耦合电容。

【例 2-10】　如图 2-26 所示晶体管放大电路能否实现不失真的放大功能？

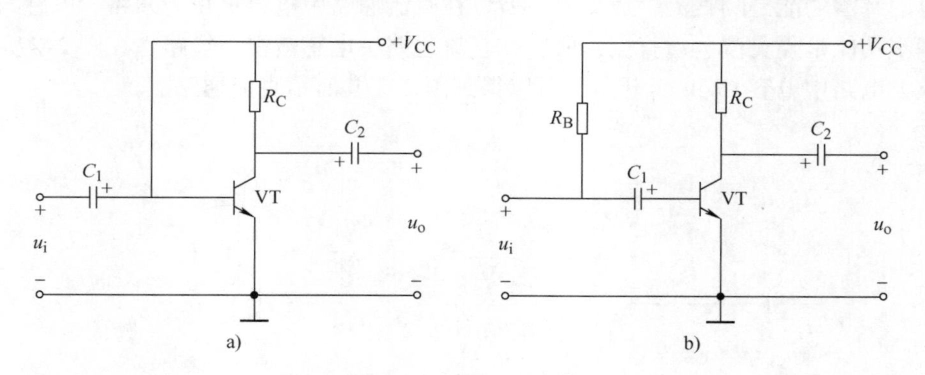

图 2-26　例 2-10 电路

解：图 2-26a 中，NPN 型晶体管工作于放大区的条件是 $V_C > V_B > V_E$，由于电路中没有基极电阻 R_B 的降压作用，所以基极电位 $V_B = V_{CC}$，无法满足 $V_C > V_B$，晶体管不能工作于放大区，因此无法实现不失真的信号放大。

图 2-26b 中，由于耦合电容 C_1 的隔直流功能，V_{CC} 无法给晶体管基极提供直流偏置，所以无法满足 $V_B > V_E$，晶体管不能工作于放大区，因此无法实现不失真的信号放大。

3. 基本共射放大电路性能指标的分析步骤

为了获取放大器的各项性能指标，基本共射放大电路的分析计算可以先求放大器静态工作点参数，在此基础上再计算放大器的交流参数。

（1）静态工作点

静态工作点是指放大器没有交流输入信号，只在直流电源作用下晶体管各电极的直流电压、电流值，也称为放大器静态参数、直流参数，用 Q 表示。静态工作点参数的作用包括两个方面：根据静态工作点在输入输出特性曲线中的位置可以看出晶体管能否可靠工作于放大状态；放大器交流参数的计算需要用到静态工作点参数。

静态工作点的计算可以按照如下步骤进行：

1）画出直流通路。

2）根据直流通路计算静态工作点，静态工作点参数包括 I_{BQ}、I_{CQ}、U_{CEQ}。

（2）动态参数

放大器动态参数也称交流参数，主要包括放大器的增益、输入输出电阻。

放大器交流参数的计算可以按照如下步骤进行：

1）画出共射放大电路交流通路。

2）由交流通路获得放大器微变等效电路。

3）根据微变等效电路计算 A_u、R_i、R_o。

以下详细介绍静态工作点和动态参数的分析过程。

4. 基本共射放大电路静态工作点分析

（1）画出直流通路

方法：将放大电路中电容开路、电感短路，电路的剩余部分保持不变。

电容的基本功能是隔直流、通交流，所以在直流通路中电容被视为开路。电感与电容相反，其基本功能是隔交流、通直流，所以在直流通路中电感被视为短路。在图 2-27a 所示基本共射放大电路中电容 C_1 和 C_2 开路后可以得到图 2-27b 所示直流通路。

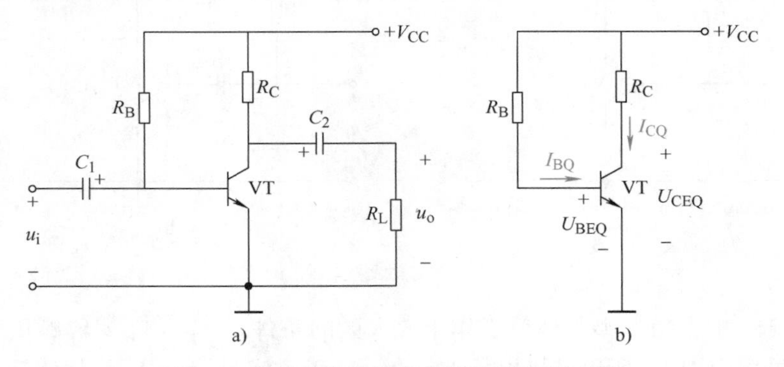

图 2-27　基本共射放大电路及其直流通路

（2）根据直流通路计算静态工作点参数

基本共射放大电路的静态工作点参数包括 I_{BQ}、I_{CQ} 和 U_{CEQ}。根据图 2-27b 所示放大电路

直流通路可知

$$I_{BQ}=\frac{V_{CC}-U_{BEQ}}{R_B} \tag{2-18}$$

$$I_{CQ}=\beta I_{BQ} \tag{2-19}$$

$$U_{CEQ}=V_{CC}-I_{CQ}R_C \tag{2-20}$$

以上即为基本共射放大电路静态工作点分析（直流分析）的计算公式。其中硅晶体管可认为 $U_{BEQ}=0.7V$。

5. 基本共射放大电路动态分析

动态分析（交流分析）常用方法有图解法和微变等效电路法两种。以下仅介绍微变等效电路法。

微变等效电路法是指在晶体管静态工作点基础之上，先将放大器中的晶体管等效变换为它的微变等效模型（线性模型，由电阻、电流源组成），然后在此基础上进行电路分析。

微变等效电路法仅适用于小信号放大器，不适用于功率放大器。因为正常情况下，小信号放大器中的晶体管只工作于放大区，不进入饱和区和截止区，可以将晶体管看作线性元器件。而功率放大器中，由于信号幅度较高，晶体管不仅工作于放大区，还将进入截止区或饱和区，是非线性的。

（1）画出共射放大电路交流通路

方法：将放大电路中电容短路，电感开路，直流电源接地，电路其余部分不变。基本共射放大电路的交流通路如图 2-28 所示。

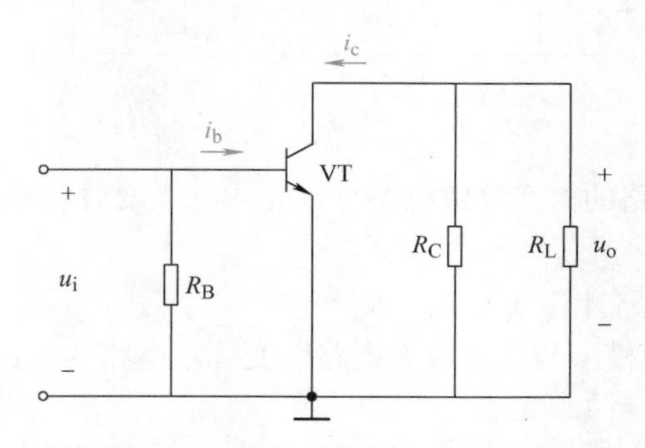

图 2-28　基本共射放大电路交流通路

交流通路是指在交流输入信号作用下，放大电路中交流分量的路径。交流通路中电容、电感的处理与直流通路相反。由于交流通路只分析交流分量在放大电路中的传输和处理，所以直流电源被视为接地。

（2）根据放大器交流通路做出微变等效电路

首先介绍晶体管的微变等效模型（也称为简化 h 参数等效模型）。NPN 型晶体管在共射放大电路中的微变等效模型如图 2-29 所示。

在共射放大电路中，交流输入信号加在晶体管的基极和发射极之间，这两个电极之间可以等效为一个电阻，该等效电阻被称为晶体管交流输入电阻，其阻值为

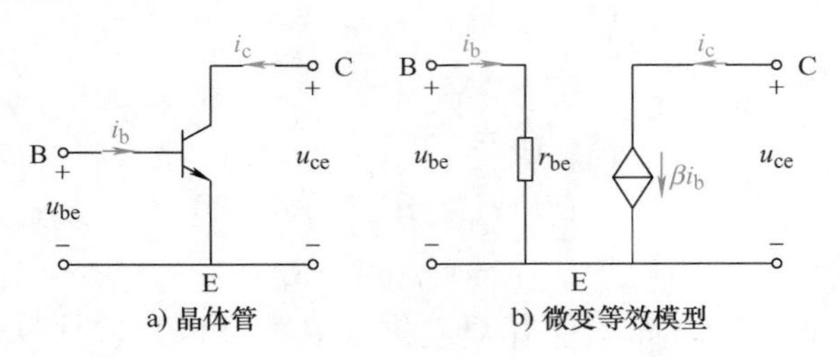

图 2-29　NPN 型晶体管微变等效模型

$$r_{be} = r'_{bb} + \beta \frac{26\text{mV}}{I_{CQ}} \tag{2-21}$$

式中，r'_{bb}为晶体管基区体电阻，典型阻值为 200 ~ 300Ω；$\beta \frac{26\text{mV}}{I_{CQ}}$为发射结等效电阻，$I_{CQ}$是晶体管静态工作点时的集电极直流电流。由此可见，晶体管交流输入电阻与放大器静态工作点有关。

在图 2-28 所示共射放大电路交流通路中，将晶体管用其微变等效模型替换，可以得到共射放大电路的微变等效电路，如图 2-30 所示。

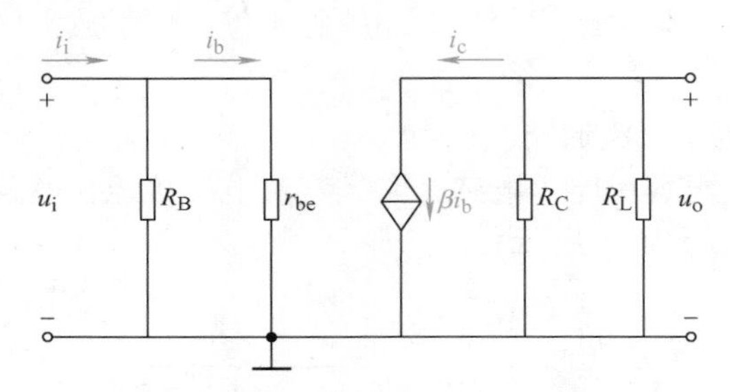

图 2-30　基本共射放大电路微变等效电路

根据基本共射放大电路的微变等效电路可以完成电压增益、输入电阻和输出电阻等交流参数的分析计算。

（3）根据微变等效电路计算 A_u、R_i、R_o

图 2-31 是放大器通用模型与共射放大电路微变等效电路的对比。

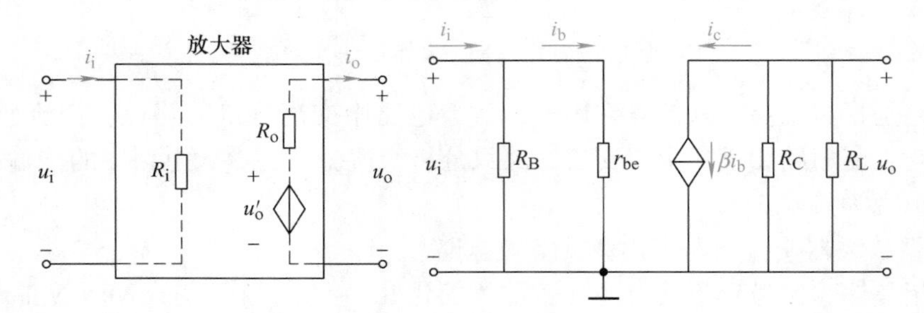

图 2-31　放大器通用模型与基本共射放大电路微变等效电路

从放大器通用模型和共射放大电路微变等效电路的对比可以看出，基本共射放大电路输入电阻为

$$R_i = R_B // r_{be} \tag{2-22}$$

基本共射放大电路输出电阻为

$$R_o = R_C \tag{2-23}$$

从共射放大电路微变等效电路可以看出，基本共射放大电路的电压增益为

$$A_u = \frac{u_o}{u_i} = \frac{-\beta i_b R'_L}{i_b r_{be}} = \frac{-\beta R'_L}{r_{be}} \tag{2-24}$$

式中，$R'_L = R_C // R_L$。从电压增益的计算公式可以看出，基本共射放大电路的电压增益与负载电阻 R_L 的阻值有关，R_L 的阻值越小，放大器电压增益越低，所以基本共射放大电路负载开路时电压增益最高。

由于电压增益为负，所以共射放大电路为反相放大器。所谓反相，是指放大器的输出信号与输入信号瞬时相位相反，如图 2-32 所示。

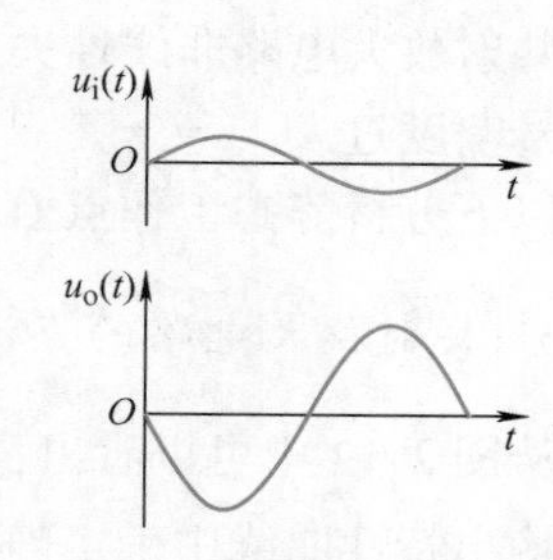

图 2-32　反相放大器输入输出信号波形示意图

【例 2-11】　如图 2-25 所示基本共射放大电路，已知 $V_{CC} = 12\text{V}$，$R_B = 240\text{k}\Omega$，晶体管 $\beta = 50$，$U_{BEQ} = 0.7\text{V}$，$r'_{bb} = 300\Omega$，$R_C = 3\text{k}\Omega$，$R_L = 3\text{k}\Omega$，计算放大器的静态工作点 Q，电压放大倍数 A_u、输入电阻 R_i 和输出电阻 R_o。

解：放大器静态工作点 Q 的直流参数为

$$I_{BQ} = \frac{V_{CC} - U_{BEQ}}{R_B} = \frac{12 - 0.7}{240}\text{mA} = 47.1\mu\text{A}$$

$$I_{CQ} = \beta I_{BQ} = 50 \times 47.1\mu\text{A} = 2.36\text{mA}$$

$$U_{CEQ} = V_{CC} - I_{CQ}R_C = (12 - 2.36 \times 3)\text{V} = 4.92\text{V}$$

放大器的交流参数计算如下：

交流输入电阻 $$r_{be} = r'_{bb} + \beta\frac{26\text{mV}}{I_{CQ}} = 851\Omega$$

输入电阻 $$R_i = R_B // r_{be} = 848\Omega$$

输出电阻 $$R_o = R_C = 3\text{k}\Omega$$

$$R'_L = R_C // R_L = 1.5\text{k}\Omega$$

电压增益为 $$A_u = \frac{-\beta R'_L}{r_{be}} = \frac{-50 \times 1.5 \times 10^3}{851} = -88.1$$

2.3.4　基本共射放大电路非线性失真的产生和消除

如果信号在放大过程中仅工作在晶体管的放大区，可以认为放大器处于线性状态，没有非线性失真。但是信号在放大过程中如果晶体管进入饱和区或者截止区，则放大器将处于非线性状态，此时放大器将会产生非线性失真，从信号波形角度来看，表现为放大器输出波形与输入波形的形状不再完全一致。

1. 共射放大电路非线性失真的分类

共射放大电路的非线性失真分为饱和失真和截止失真两种。这两种非线性失真在放大电路的工作过程中可能会出现其中一种，也可能两种失真同时出现。

只产生饱和失真：晶体管在工作中除了进入放大区之外，还进入饱和区。

只产生截止失真：晶体管在工作中除了进入放大区之外，还进入截止区。

饱和失真和截止失真同时出现：晶体管既进入饱和区，也进入截止区。

2. 共射放大电路非线性失真产生的原因

共射放大电路非线性失真产生的原因是晶体管静态工作点 Q 位置不恰当或者放大器输出信号幅度过大。

以下分析静态工作点 Q 的位置与非线性失真的关系。

3. 共射放大电路的直流负载线与静态工作点之间的关系

从图 2-12 中可以看出，晶体管的输出特性曲线描述了 u_{CE} 与 i_C、i_B 之间的关系，所以可以在输出特性曲线中确定静态工作点 Q 的位置。

在基本共射放大电路静态工作点的计算公式中有 $U_{CEQ}=V_{CC}-I_{CQ}R_C$，因此 I_{CQ} 和 U_{CEQ} 的关系满足直线方程 $U_{CE}=V_{CC}-I_CR_C$，该直线方程称为共射放大电路的直流负载线。以下在输出特性曲线中画出直流负载线，并确定 Q 点位置。

在直线方程 $U_{CE}=V_{CC}-I_CR_C$ 中，当 $I_C=0$ 时，$U_{CE}=V_{CC}$；当 $I_C=\dfrac{V_{CC}}{R_C}$ 时，$U_{CE}=0$。因此直流负载线经过以上两点，直流负载线与 $i_B=I_{BQ}$ 的交点，即为静态工作点 Q，如图 2-33 所示。

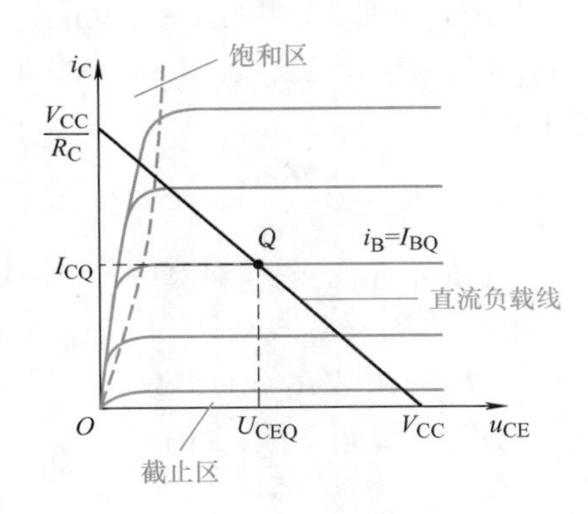

图 2-33 直流负载线与 Q 点位置

由于 $I_{BQ}=\dfrac{V_{CC}-U_{BEQ}}{R_B}$，因此调节基极电阻 R_B 的阻值可以改变基极电流 I_{BQ}，I_{BQ} 的变化会导致 I_{CQ} 和 U_{CEQ} 随之变化，从而改变放大器全部静态参数，但是在调节过程中静态工作点 Q 的位置只能在图 2-33 描述的直流负载线上移动。

放大器交流输入、输出信号都是叠加在静态工作点 Q 的基础之上的，所以若 Q 点位置不恰当，则可能导致放大器非线性失真的产生。在图 2-33 中可以看出，若 Q 点的位置在直流负载线上位置过高（偏左上方），则接近饱和区，放大器容易产生饱和失真；若 Q 点位置在直流负载线上位置过低（偏右下方），则接近截止区，可能导致放大器产生截止失真。

4. 放大电路工作于不失真的线性状态

当静态工作点 Q 位置适中，落在直流负载线中间附近，且输出信号幅度不是特别高时，放大器可以只工作于放大区，不产生非线性失真，此时 $U_{CEQ}\approx\frac{1}{2}V_{CC}$，交流输入、输出电压和集电极电流波形如图 2-34 所示。

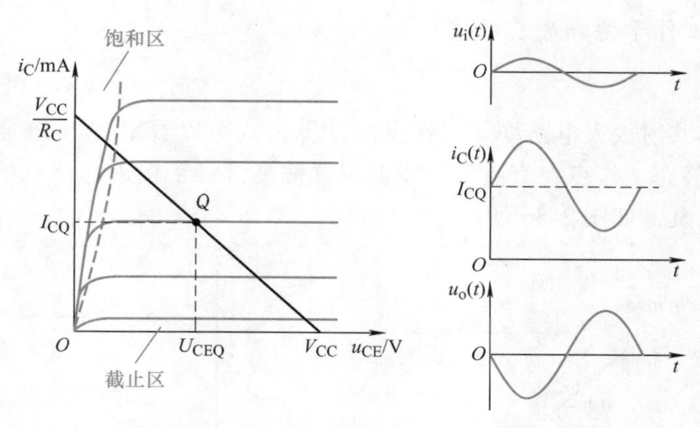

图 2-34　静态工作点位置恰当

从图 2-34 可以看出，由于共射放大电路是反相放大器，因此输出交流电压与输入交流电压瞬时相位相反。

5. 放大电路工作于截止失真状态

（1）产生原因

从基本共射放大电路静态工作点的计算公式可以看出，当 R_B阻值偏大时，会导致 I_{BQ}过小，使得静态工作点 Q 在直流负载线上位置偏低，过于接近晶体管的截止区，则放大器容易产生截止失真，如图 2-35 所示。

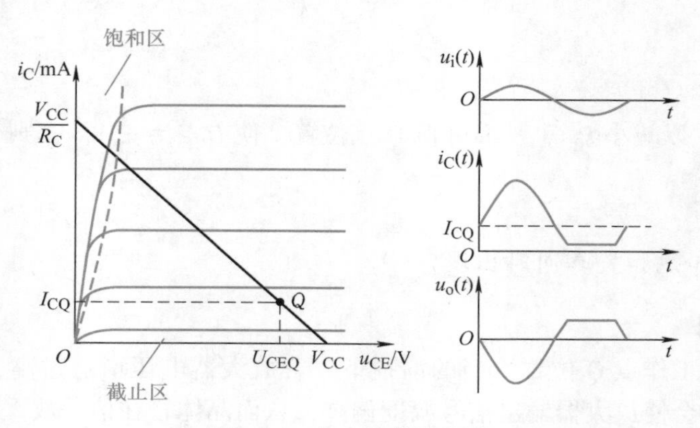

图 2-35　截止失真示意图

（2）表现形式

当放大器截止失真形成时，经理论分析可知，晶体管在信号放大期间会有部分时间进入截止区，导致集电极电流波形底部被削平，由于共射放大电路是反相放大器，所以交流输出电压波形顶部被削平。

（3）消除方法

降低 R_B 阻值，以增大 I_{BQ}，从而提高 Q 点位置，使 $U_{CEQ} \approx \frac{1}{2}V_{CC}$，则 Q 点位置适中，截止失真可以消除。

6. 放大电路工作于饱和失真状态

（1）产生原因

从晶体管基本共射放大电路静态工作点的计算公式可以看出，当 R_B 阻值偏小时，会导致 I_{BQ} 过大，使得静态工作点在直流负载线上位置偏高，过于接近晶体管的饱和区，则放大器容易产生饱和失真，如图 2-36 所示。

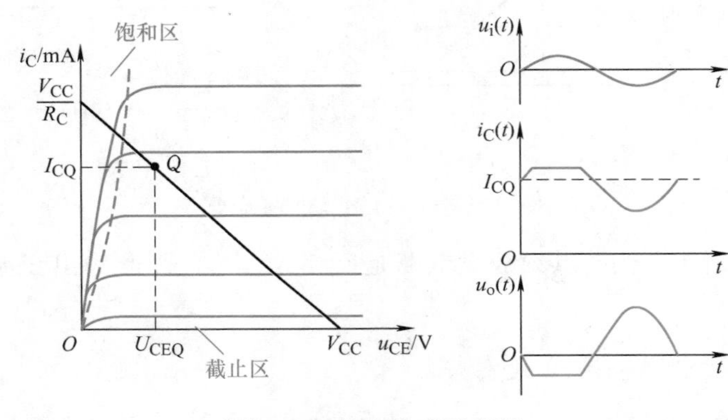

图 2-36　饱和失真示意图

（2）表现形式

当放大器饱和失真形成时，晶体管在信号放大期间会有部分时间进入饱和区，导致集电极电流波形顶部被削平，由于共射放大电路是反相放大器，所以交流输出电压波形底部被削平。

（3）消除方法

增大 R_B 阻值，以减小 I_{BQ}，从而降低 Q 点位置，使 $U_{CEQ} \approx \frac{1}{2}V_{CC}$，则 Q 点位置适中，饱和失真可以消除。

7. 截止失真和饱和失真同时出现

（1）产生原因

在放大器静态工作点 Q 位置恰当的前提下，若放大器电压增益过高，或者放大器输入信号幅度过大，将会使放大器输出信号幅度偏高，从而晶体管在信号放大期间会有部分时间依次轮流进入饱和区和截止区，截止失真和饱和失真可能会同时产生。

（2）表现形式

如图 2-37 所示，放大器交流输出电压波形顶部和底部同时被削平。

(3) 消除方法

减小输入信号幅度或者降低放大器电压增益，使放大器交流输出信号幅度降低，让输出波形整体全部落在放大区内即可消除非线性失真。

(4) 最大不失真输出电压

由图2-34可以看出，在忽略饱和管压降 U_{CES} 和静态工作点Q位置恰当的前提下，晶体管基本共射放大电路最大不失真输出电压幅度为 $U_{om}\approx\frac{1}{2}V_{CC}$。另外由于放大器输出电压与负载 R_L 有关，所以在 R_L 偏低时最大不失真输出电压幅度会进一步降低。

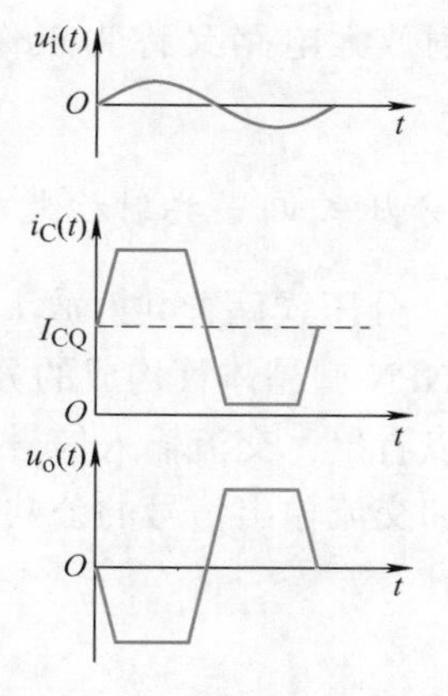

图2-37　饱和失真和截止失真同时出现

任务2.4　分压式偏置共射放大电路分析

主要教学内容

1. 温度变化对共射放大电路静态工作点的影响。
2. 分压式偏置共射放大电路的组成及稳定静态工作点的原理。
3. 分压式偏置共射放大电路的交直流分析。

通过对基本共射放大电路的分析可以看到，静态工作点Q的设置很重要，因为静态工作点的位置会直接影响到放大器的交流参数和非线性失真的状况。但是，基本共射放大电路静态工作点的位置其实是不稳定的，它容易受到许多因素的影响，例如直流电源电压的波动、环境温度的变化、元器件老化引起的晶体管参数变化等。在这当中，温度变化对基本共射放大电路静态工作点的影响最为严重，主要原因在于晶体管是半导体元器件，半导体元器件通常具有热敏特性，其参数容易因为温度波动而发生变化，而晶体管参数的不稳定进而会影响到整个放大器的性能。以下先讨论温度变化对基本共射放大电路静态工作点的影响。

1. 温度变化对基本共射放大电路静态工作点Q的影响

温度变化时，晶体管的共发射极电流放大系数 β 和基极－发射极直流电压 U_{BE} 会发生改变。

1）温度升高，晶体管的共发射极电流放大系数 β 会随之增大。通常情况下，温度每升高1℃，晶体管的 β 会增大0.5%～1%。

2）温度升高，U_{BE} 会随之减小。在基极电流 I_B 不变的前提下，温度每升高1℃，晶体管的 U_{BE} 会减小2～2.5mV。

由于基本共射放大电路静态工作点参数与 β 和 U_{BE} 均有关，因此温度的变化会导致其静态工作点Q变得不稳定。

所以在实际应用时，尽管晶体管基本共射放大电路结构简单，但由于其温度特性使得静态工作点不稳定，因此在电子信息产品中往往用分压式偏置共射放大电路来代替它。分压式偏置共射放大电路又称为工作点稳定电路，该电路可看作是基本共射放大电路的改进型电路。

2. 分压式偏置共射放大电路的组成及工作原理

（1）分压式偏置共射放大电路的组成

以 NPN 型晶体管构成的分压式偏置共射放大电路为例，其电路组成如图 2-38 所示。从图中可以看出，交流输入信号加在晶体管基极，集电极产生交流输出信号，发射极为交流输入信号和交流输出信号的公共端，所以该电路其实也是一种共发射极放大电路。

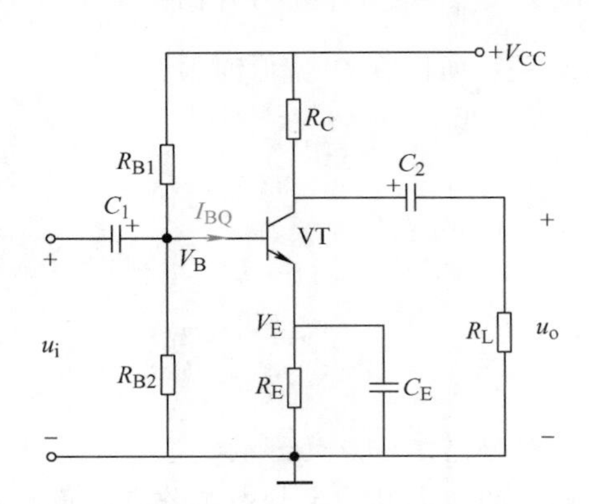

图 2-38　分压式偏置共射放大电路

电路中各主要元器件作用如下：

R_{B1}、R_{B2}：基极偏置电阻，为晶体管提供稳定的、不受温度影响的基极电位 V_{BQ}。

R_C：集电极电阻，为晶体管集电极提供直流偏置电压。

R_E：发射极电阻，提供直流负反馈，稳定放大电路静态工作点。有关负反馈具体概念在本书项目 4 中将有详细介绍。

C_E：发射极旁路电容，隔直流，通交流，在直流通路中处于开路状态，而在交流通路中呈短路状态将电阻 R_E 旁路。

C_1 和 C_2：耦合电容，通交流，隔直流。C_1 用于将交流输入信号耦合到晶体管基极进行交流放大，C_2 用于将放大后的交流信号耦合到负载 R_L 上，同时对于直流电源 V_{CC} 而言，C_1 和 C_2 呈开路状态，从而阻止了直流电流流入信号源和负载。

（2）稳定静态工作点的原理

现在分析分压式偏置共射放大电路稳定静态工作点的原理。

在分压式偏置共射放大电路中，流入晶体管基极的静态电流大小为微安级，可近似认为 $I_{BQ}\approx 0$，所以认为电阻 R_{B1} 和 R_{B2} 上电流相同，晶体管基极电位 V_{BQ} 完全由 R_{B1}、R_{B2} 和 V_{CC} 决定，与晶体管本身无关，因此 V_{BQ} 电压值非常稳定，不受温度变化影响。

假设温度上升，晶体管 β 增大，受其影响 I_{CQ} 和 I_{EQ} 随之增大，所以 I_{EQ} 在发射极电阻 R_E 上产生的电压降 V_{EQ} 也增大。晶体管发射结电压为 $U_{BEQ}=V_{BQ}-V_{EQ}$，现在由于 V_{BQ} 不变，V_{EQ} 增大，因此 U_{BEQ} 减小，从晶体管输入特性曲线中可以看出，U_{BEQ} 的减小会导致 I_{BQ} 减小，I_{BQ} 减小使得 I_{CQ} 减小。

因此尽管温度上升导致 I_{CQ} 增大，但是经过分压式偏置共射放大电路的自我调节，最终

I_{CQ}又有减小的趋势，所以I_{CQ}趋于稳定，从而达到了稳定静态工作点的目的。

在本书项目4中将会从负反馈角度再次对该电路稳定静态工作点的原理进行叙述。

3. 分压式偏置共射放大电路静态工作点分析计算

分压式偏置共射放大电路静态工作点的分析步骤与基本共射放大电路相同，也要求先确定直流通路，然后根据直流通路计算放大器的静态工作点。

（1）画出直流通路

将图2-38所示电路中的电容C_1、C_2和C_E开路，得到如图2-39所示的分压式偏置共射放大电路的直流通路。

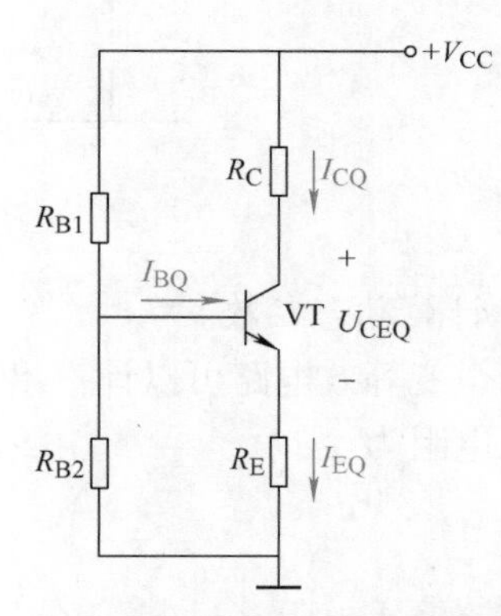

图2-39　分压式偏置共射放大电路直流通路

（2）根据直流通路计算静态工作点

根据图2-39所示直流通路可以计算出放大器的静态工作点参数为

$$V_{BQ}=\frac{R_{B2}}{R_{B1}+R_{B2}}V_{CC} \tag{2-25}$$

$$I_{CQ}\approx I_{EQ}=\frac{V_{BQ}-U_{BEQ}}{R_E} \tag{2-26}$$

$$I_{BQ}=\frac{I_{CQ}}{\beta} \tag{2-27}$$

$$U_{CEQ}=V_{CC}-I_{CQ}(R_C+R_E) \tag{2-28}$$

其中，硅晶体管$U_{BEQ}\approx 0.7V$，通过调节R_{B1}或者R_{B2}阻值可以改变V_{BQ}，进而调节放大器的静态工作点参数。以调节R_{B1}为例，若R_{B1}增大，则V_{BQ}减小，从而I_{CQ}减小，静态工作点在输出特性曲线中向下移动，接近截止区，容易出现截止失真；同理，若R_{B1}减小，则静态工作点向上移动，容易出现饱和失真。

4. 分压式偏置共射放大电路的动态参数

动态参数主要包括电压增益A_u、输入电阻R_i和输出电阻R_o。具体分析步骤与基本共射放大电路相同。

（1）画出交流通路

方法：将电容器视为短路，电感器视为开路，直流电源视为接地。

分压式偏置共射放大电路的交流通路如图2-40所示。

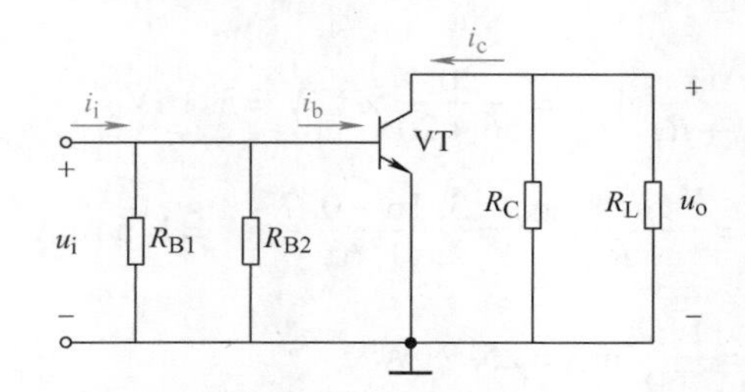

图2-40　分压式偏置共射放大电路交流通路

(2) 画出微变等效电路

在交流通路中，将晶体管用其微变等效模型替换，即为分压式偏置共射放大电路的微变等效电路，如图 2-41 所示。

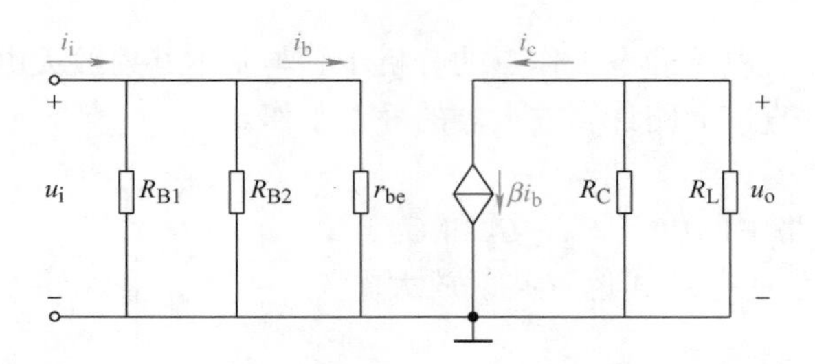

图 2-41　分压式偏置共射放大电路微变等效电路

(3) 计算动态参数

根据微变等效电路可以计算出该电路的各动态参数。

输入电阻为

$$R_i = R_{B1} /\!/ R_{B2} /\!/ r_{be} \tag{2-29}$$

式中，交流输入电阻 $r_{be} = r'_{bb} + \beta \dfrac{26\text{mV}}{I_{CQ}}$，$r'_{bb}$ 为晶体管基区体电阻，典型阻值为 200 ~ 300Ω，$\beta \dfrac{26\text{mV}}{I_{CQ}}$ 为发射结等效电阻。

输出电阻为

$$R_o = R_C \tag{2-30}$$

电压增益为

$$A_u = \frac{-\beta(R_C /\!/ R_L)}{r_{be}} \tag{2-31}$$

从电压增益的计算公式可以看出，尽管发射极电阻 R_E 对放大电路的静态工作点产生了影响，但是由于发射极旁路电容 C_E 的存在，交流通路中 R_E 被旁路，因此放大器的电压增益与基本共射放大电路相同。

【例 2-12】　在如图 2-38 所示分压式偏置共射放大电路中，已知 $\beta = 60$，$R_{B1} = 56\text{k}\Omega$，$R_{B2} = 20\text{k}\Omega$，$R_C = 3\text{k}\Omega$，$R_E = 1.6\text{k}\Omega$，$R_L = 4.7\text{k}\Omega$，$V_{CC} = +12\text{V}$，$U_{BEQ} = 0.7\text{V}$，$r'_{bb} = 200\Omega$，计算放大电路的静态工作点 Q、电压增益 A_u、输入电阻 R_i 和输出电阻 R_o。

解：1) 计算静态工作点。

$$V_{BQ} = \frac{R_{B2}}{R_{B1} + R_{B2}} V_{CC} = \frac{20}{56 + 20} \times 12\text{V} = 3.16\text{V}$$

$$I_{CQ} \approx I_{EQ} = \frac{V_{BQ} - U_{BEQ}}{R_E} = \frac{3.16 - 0.7}{1.6}\text{mA} = 1.54\text{mA}$$

$$I_{BQ} = \frac{I_{CQ}}{\beta} = \frac{1.54}{60}\text{mA} = 25.7\mu\text{A}$$

$$U_{CEQ} = V_{CC} - I_{CQ}(R_C + R_E) = 12\text{V} - 1.54 \times (3 + 1.6)\text{V} = 4.92\text{V}$$

2）计算动态参数。

$$r_{\text{be}}=r'_{\text{bb}}+\beta\frac{26\text{mV}}{I_{\text{CQ}}}=200\Omega+60\times\frac{26}{1.54}\Omega=1.21\text{k}\Omega$$

$$R_{\text{i}}=R_{\text{B1}}/\!/R_{\text{B2}}/\!/r_{\text{be}}=\frac{1}{\frac{1}{56}+\frac{1}{20}+\frac{1}{1.21}}\text{k}\Omega=1.12\text{k}\Omega$$

$$R_{\text{o}}=R_{\text{C}}=3\text{k}\Omega$$

$$A_u=\frac{-\beta(R_{\text{C}}/\!/R_{\text{L}})}{r_{\text{be}}}=-60\times\frac{\frac{3\times4.7}{3+4.7}}{1.21}=-90.8$$

任务2.5 晶体管开关电路和放大电路项目测试

2.5.1 晶体管的识别与检测

1. 测试任务

（1）根据外观（封装）判断晶体管的引脚分布。
（2）晶体管PN结单向导电性的测试。

2. 仪器仪表及元器件准备

47型指针式万用表、数字万用表、NPN型晶体管S8050、PNP型晶体管S8550。

3. 测试步骤

（1）根据外观（封装）判断晶体管的极性

测试中提供的晶体管S8050和S8550均为TO－92封装，如图2-42所示，将晶体管有丝印信息的一面朝向自己从左往右三个引脚依次为E、B、C。

图2-42 TO－92封装NPN型和PNP型晶体管外观

（2）使用47型指针式万用表检测晶体管PN结的单向导电性

如前所述，指针式万用表的电阻档位等效为一个实际电压源，黑表棒相当于电压源正极，红表棒相当于电压源负极。

在使用指针式万用表的电阻档检测晶体管PN结的单向导电性时，可以将晶体管的发射结（基极和发射极之间）、集电结（基极和集电极之间）简单看作是两个二极管。因此，发射结和集电结各自均具有PN结的单向导电性，加正向电压时导通，阻值小；加反向电压时截止，阻值大。如果用万用表测量集电极C与发射极E之间的电阻，由于此时集电结和发射结串联，且极性相反，所以在正常情况下两个PN结都会处于截止状态，测量结果是无穷大。

因为PNP型晶体管的内部结构与NPN型晶体管完全相反，所以S8550的PN结单向导电性与S8050的测量结果完全相反。

1）NPN型晶体管S8050的检测。

使用47型指针式万用表的×1k电阻档位分别检测晶体管发射结和集电结的单向导电性，并将测试结果填在表2-1中。

表2-1　47型指针式万用表测量晶体管S8050

黑表棒	红表棒	测量阻值	PN结导通/截止
B	E		
E	B		
B	C		
C	B		
E	C		
C	E		

判断：该晶体管是________的（好/坏）。

2）PNP型晶体管S8550的检测。

使用47型指针式万用表的×1k电阻档分别检测发射结和集电结的单向导电性，并将测试结果填在表2-2中。

表2-2　47型指针式万用表测量晶体管S8550

黑表棒	红表棒	测量阻值	PN结导通/截止
B	E		
E	B		
B	C		
C	B		
E	C		
C	E		

判断：该晶体管是________的（填好/坏）。

（3）使用数字万用表检测晶体管的单向导电性

数字万用表有专门的二极管档位，在该档位上万用表也等效为一个实际电压源，但是与指针式万用表相反，此时红表棒相当于电压源正极，黑表棒相当于电压源负极。当红表棒接二极管阳极，黑表棒接二极管阴极时，二极管导通，万用表显示二极管导通电压值。

1）NPN 型晶体管 S8050 的检测。

使用数字万用表的二极管档位分别检测 NPN 型晶体管 S8050 发射结和集电结的单向导电性，并将测试结果填在表 2-3 中。

表 2-3　数字万用表测量晶体管 S8050

红表棒	黑表棒	测量值	PN 结导通/截止
B	E		
E	B		
B	C		
C	B		
E	C		
C	E		

判断：该晶体管是________的（好/坏）。

2）PNP 型晶体管 S8550 的检测。

使用数字万用表二极管档位分别检测 PNP 型晶体管 S8550 发射结和集电结的单向导电性，并将测试结果填在表 2-4 中。

表 2-4　数字万用表测量晶体管 S8550

红表棒	黑表棒	测量值	PN 结导通/截止
B	E		
E	B		
B	C		
C	B		
E	C		
C	E		

判断：该晶体管是________的（好/坏）。

4. 思考题

不借助其他元器件，如何利用数字万用表辨别晶体管的集电极和发射极？

2.5.2　晶体管开关电路测试

1. 测试任务

（1）NPN 型晶体管开关电路装配。

（2）NPN 型晶体管开关电路功能测试。

2. 仪器仪表及元器件准备

直流稳压电源、万用表、面包板、面包板连接线、NPN 型晶体管 S8050、1kΩ 电阻、2kΩ 电阻、发光二极管。

3. 测试步骤

1）完成 NPN 型晶体管开关电路装配，电路如图 2-43 所示。

2）完成 NPN 型晶体管开关电路功能测试。

当 $u_I = +5V$ 时，测量 $u_O =$ ________ V，判断晶体管处于________（导通或截止）状态。

当 $u_I = 0V$ 时，测量 $u_O =$ ________ V，判断晶体管处于________（导通或截止）状态。

3）在晶体管开关电路输出端加上发光二极管作为负载，构成基于晶体管的 LED 驱动电路，如图 2-44 所示。

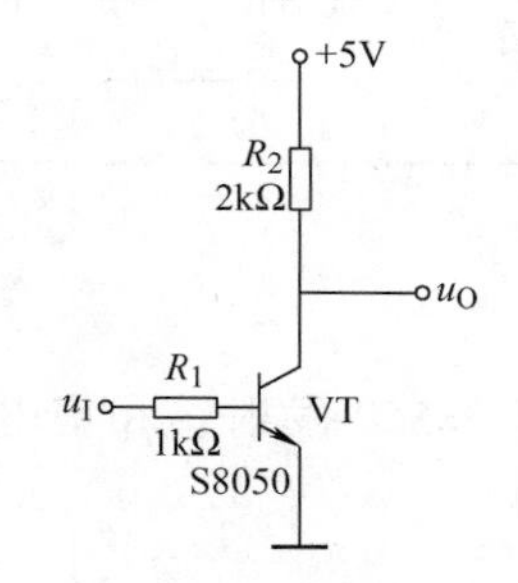

图 2-43　晶体管开关电路测试

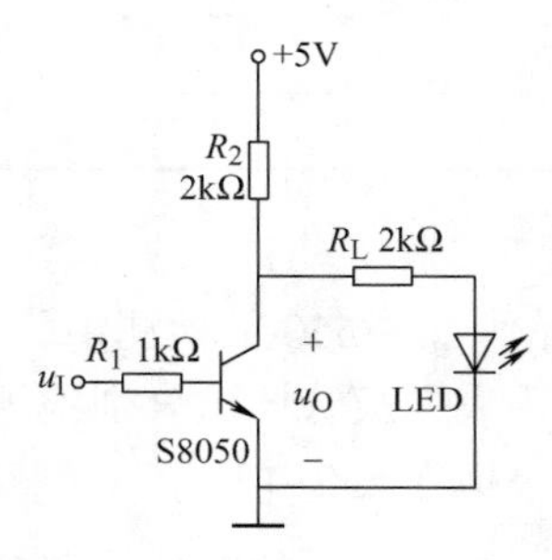

图 2-44　晶体管 LED 驱动电路

4）完成 NPN 型晶体管 LED 驱动电路功能测试。

当 $u_I = +5V$ 时，LED ________（发光或熄灭），测量 LED 两端电压为________，晶体管集电极输出电压 $u_O =$ ________，计算得到 LED 上电流为________，判断晶体管处于________（导通或截止）状态。

当 $u_I = 0V$ 时，LED ________（发光或熄灭），测量 LED 两端电压为________，晶体管集电极输出电压 $u_O =$ ________，计算得到 LED 上电流为________，判断晶体管处于________（导通或截止）状态。

4. 思考题

（1）图 2-44 所示晶体管开关电路的逻辑功能是什么？

（2）图 2-44 中 R_1 阻值太大或太小会造成什么结果？

2.5.3　单管共射放大电路装配与测试

1. 测试任务

（1）单管共射放大电路静态工作点电路装配与调试。

（2）单管共射放大电路交流通路的装配与参数测量。

（3）单管共射放大电路非线性失真的分析与测试。

（4）单管共射放大电路的负载特性分析。

2. 仪器仪表及元器件准备

万用表、直流稳压电源、函数信号发生器、双踪示波器、单管共射放大电路相关元器件一套、电路手工焊接装配工具。

单管共射放大电路元器件清单见表2-5。

表2-5　单管共射放大电路元器件清单

编　号	名　称	规　格	数　量
R_1、R_2	电阻	22kΩ	2
R_3	电阻	2.2kΩ	1
R_4	电阻	220Ω	1
R_P	电位器	500kΩ	1
C_1	电解电容	4.7μF	1
C_2	瓷片电容	102	1
C_3、C_4	电解电容	100μF	2
VT	晶体管	S9013	1
X_1、X_2、X_3	插座	2芯	3

3. 测试步骤

(1) 电路原理图及电路装配

按照图2-45所示完成电路焊接装配，使用直流稳压电源产生+12V直流电压给电路供电。

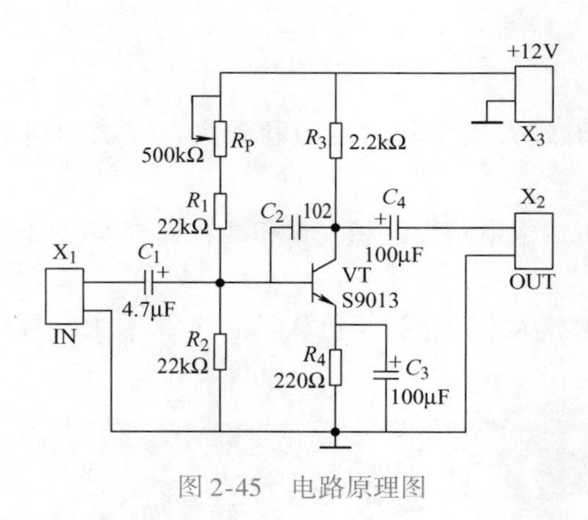

图2-45　电路原理图

(2) 共射放大电路静态工作点调试

调节500kΩ电位器R_P，同时利用万用表测量晶体管集电极电位，使集电极直流电位$V_{CQ}=+6V$。

(3) 共射放大电路电压增益的测量

1) 利用信号发生器产生5mV、1kHz的正弦波信号$u_i=5\sin 2\pi\times 10^3 t\text{mV}$作为电路交流输

入信号加载到 X_1 处。使用示波器观察并记录此时 X_2 处放大电路的输出波形，记录此时输出信号幅度 U_{om} = ________ V，计算该电路电压增益 A_u = ________，与输入波形对比，此时放大器输出信号________（有、没有）非线性失真。

2）利用信号发生器产生 10mV、1kHz 的正弦波信号 $u_i = 10\sin 2\pi \times 10^3 t$mV 作为电路交流输入信号加载到 X_1 处。使用示波器观察并记录此时 X_2 处放大电路的输出波形，记录此时输出信号幅度 U_{om} = ________ V，计算该电路电压增益 A_u = ________，与输入波形对比，此时放大器输出信号________（有、没有）非线性失真。

（4）非线性失真的观察与分析

1）在前面测试步骤基础上逐步加大输入信号幅度，用示波器观察放大电路输出波形的变化。

2）分别记录下当输入信号幅度为 40mV 和 100mV 时的输出信号波形，分别判断非线性失真的类型。

分析：共射放大电路________失真使输出波形顶部产生失真，________失真使输出波形底部产生失真，当输出信号幅度过________时，将导致饱和与截止失真同时出现。

（5）共射放大电路负载特性测量与分析

1）在放大电路输出端接上 2kΩ 电阻作为负载，利用信号发生器产生 10mV、1kHz 的正弦波信号 $u_i = 10\sin 2\pi \times 10^3 t$mV 作为电路输入信号加载到 X_1 处。

2）使用示波器观察并记录此时放大电路的输出波形，此时放大器的输出信号幅度 U_{om} = ________ V，计算该电路电压增益为 A_u = ________。

将以上测量结果与电路空载时相同输入信号下测得的数据进行对比，做以下判断：与空载相比，共射放大电路在有载状态下，输出电压幅度变________（大或小），电压增益变________（高或低）。

4. 思考题

（1）图 2-45 所示共射放大电路若出现饱和失真，应该如何调节电位器 R_P 才能消除失真？

（2）图 2-45 所示共射放大电路当饱和失真和截止失真同时出现时，如何才能消除非线性失真？

（3）图 2-45 所示共射放大电路中，将负载阻值从 2kΩ 变为 1kΩ，对放大器输出电压有何影响？

习题 2

1. 填空题

2-1　双极型晶体管是一种________控制型半导体器件，场效应晶体管是一种________控制型的半导体器件。

2-2　双极型晶体管内部有________和________两种载流子同时参与导电，场效应晶体管有________种载流子参与导电。

2-3　NPN型晶体管工作在放大区时，发射结加________，集电结加________（正向电压或反向电压）。

2-4　NPN型晶体管处于放大状态时，要求________电位最高，________电位最低（发射极、集电极或基极）。

2-5　放大器输入电阻越________，从信号源获得的输入信号幅度越高，输出电阻越________，放大器带负载能力越强（大或小）。

2-6　测得某晶体管各电极对地电位分别为$U_1=6.4\mathrm{V}$，$U_2=6.6\mathrm{V}$，$U_3=1.1\mathrm{V}$，已知晶体管工作在放大区，判断该晶体管为________管（硅或锗），类型为________（PNP或NPN）型。

2-7　某晶体管放大电路，测得晶体管①、②、③引脚电流分别为$I_1=40\mu\mathrm{A}$，$I_2=2.8\mathrm{mA}$，$I_3=2.84\mathrm{mA}$，则该晶体管$\beta=$________，③引脚为________极。

2-8　已知晶体管各电极电流如图2-46所示，该晶体管类型是________（NPN或PNP）型，发射极是________脚，该晶体管共发射极电流放大系数$\beta=$________。

2-9　已知放大状态下晶体管其中两个电极的电流如图2-47所示，该晶体管的类型为________（NPN或PNP）型，该晶体管的$\beta=$________。

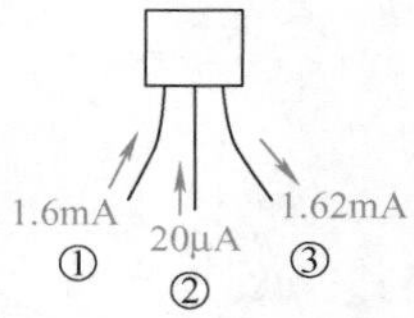

图2-46　习题2-8图

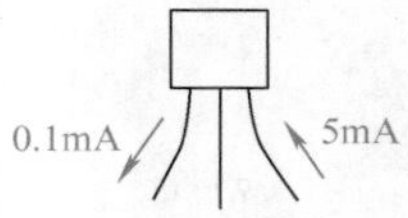

图2-47　习题2-9图

2-10　若放大电路的电压增益$A_u=100$，功率增益$A_P=1000$，用分贝数表示分别为$A_u=$________dB，$A_P=$________dB。

2-11　若放大器电压增益为60dB，此放大电路的电压放大倍数为________倍；若电路电压增益为−40dB，该电路输出电压幅度是输入电压幅度的________。

2-12　已知硅晶体管测得各电极对地电位如图2-48所示，在图2-48a中，晶体管处于________区，在图2-48b中，晶体管处于________区（放大、饱和、截止）。

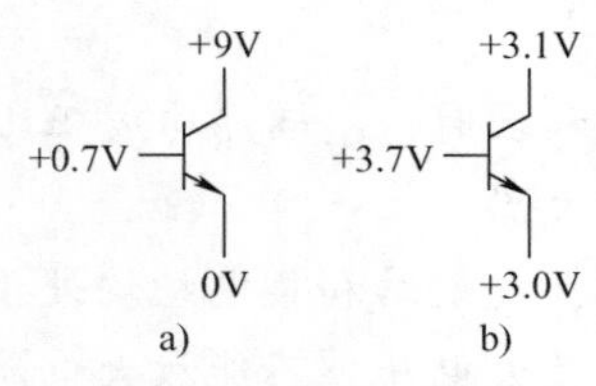

图2-48　习题2-12图

2-13　在晶体管共射输出特性曲线上，可将晶体管分为三个工作区，其中________为线性工作区，________和________为非线性工作区。

2-14　基本共射放大电路静态工作点位置过高，易出现________失真，静态工作点位置过低，易出现________失真（饱和或截止）。

2-15　基本共射放大电路中NPN型晶体管静态工作点位置如图2-49所示，此时该放大器容易产生________失真（饱和或截止），应该________基极偏置电阻 R_B 阻值（增加或减小），以消除失真。

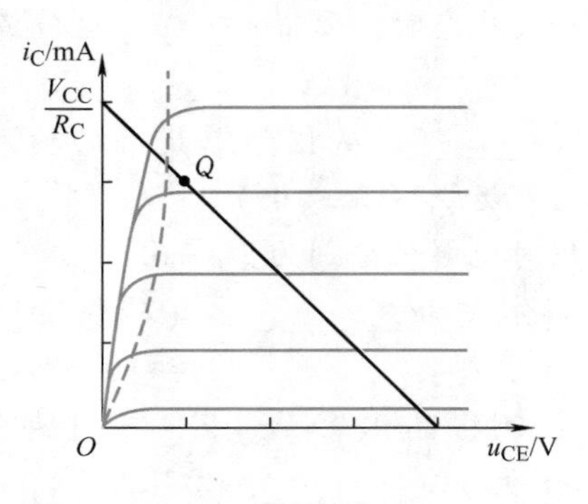

图 2-49　习题 2-15 图

2-16　如图 2-50 所示晶体管开关电路，当输入电压 u_I = 0V 时，晶体管________（导通或截止），输出电压 u_O = ________。

2-17　如图 2-51 所示晶体管开关电路，当输入电压 u_I = +5V 时，晶体管________（导通或截止），发光二极管________（点亮或熄灭）。

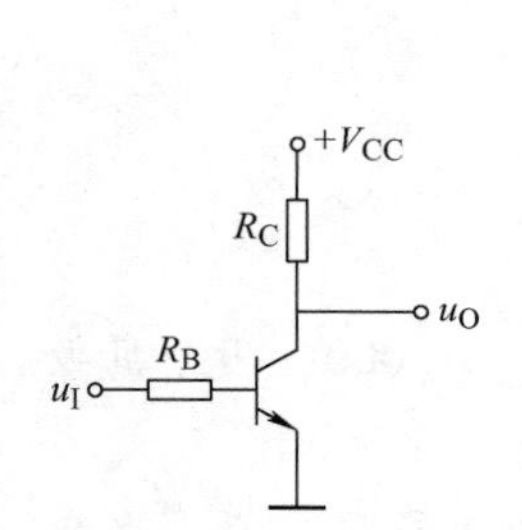

图 2-50　习题 2-16 图

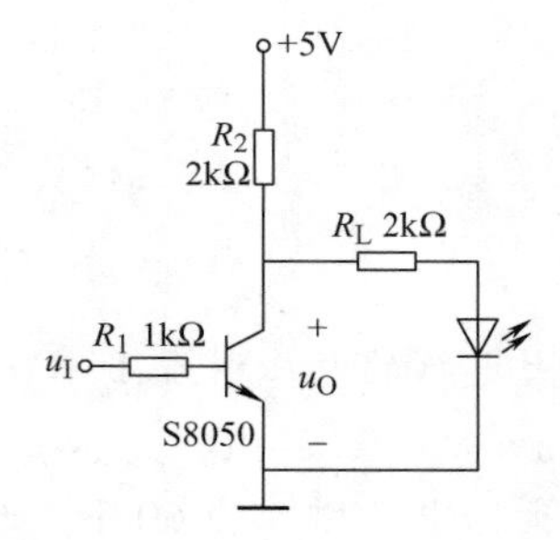

图 2-51　习题 2-17 图

2. 判断题

2-18　晶体管集电极电流超过一定值时 β 要下降，当 β 下降到 1 时的集电极电流，称为集电极最大允许电流 I_{CM}。（　）

2-19　晶体管处在放大区和饱和区时，i_C 与 i_B 均成正比。（　）

2-20　共射放大电路为反相放大器。（　）

2-21　晶体管处于放大状态时，发射结和集电结均处于正向电压状态。（　）

2-22　共发射极放大电路只能放大电压，不能放大电流。（　）

2-23　共集电极放大电路中集电极为输入、输出公共端。（　）

2-24　共发射极放大电路输出电阻越大，则输出电压越高。（　）

2-25　基本共射放大电路的输出电阻由负载阻值决定。（　）

2-26　微变等效分析法只适合小信号放大器的分析计算，不能用于功率放大器的分析和计算。（　）

2-27　共射放大电路交流通路中将放大电路中的电容视为开路。（　）

2-28　共射放大电路交流通路中将放大电路中的电感视为短路，直流电源接地，电路其余部分不变。　(　　)

2-29　共射放大电路直流通路中将放大电路中的电容视为开路。　(　　)

2-30　基本共射放大电路交流参数与静态工作点无关。　(　　)

3. 解答题

2-31　判断2-52所示电路能否工作在不失真的放大状态。

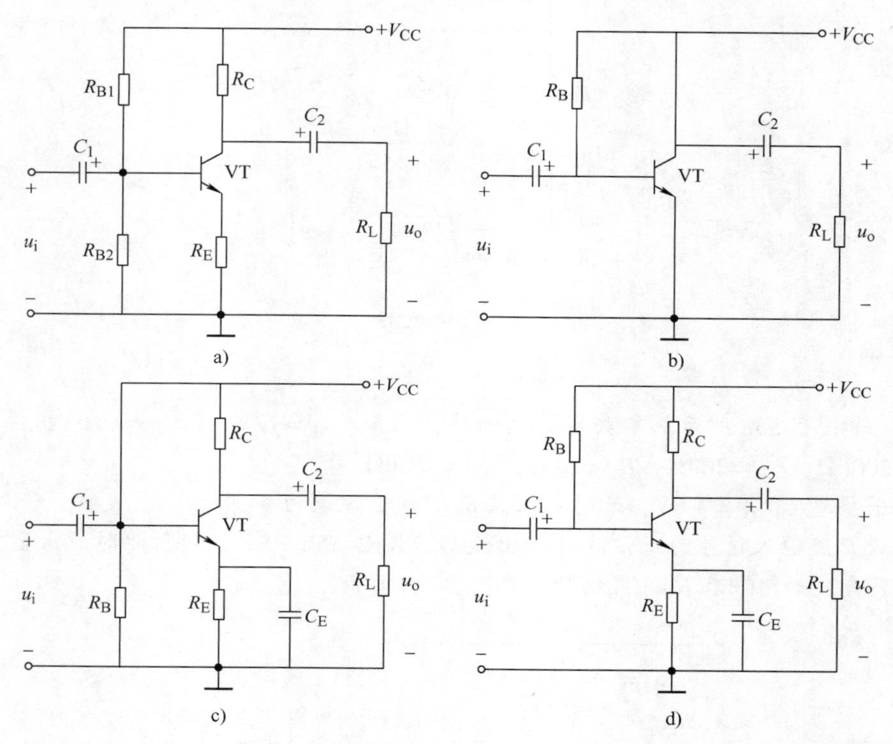

图2-52　习题2-31图

2-32　如图2-53所示基本共射放大电路，已知 $V_{CC}=12V$，$R_B=400k\Omega$，晶体管 $\beta=60$，$U_{BEQ}=0.6V$，$r'_{bb}=100\Omega$，$R_C=4k\Omega$，$R_L=4k\Omega$。

(1) 计算放大器的静态工作点Q。

(2) 画出该电路的交流等效电路和微变等效电路。

(3) 计算电压放大倍数 A_u、输入电阻 R_i 和输出电阻 R_o。

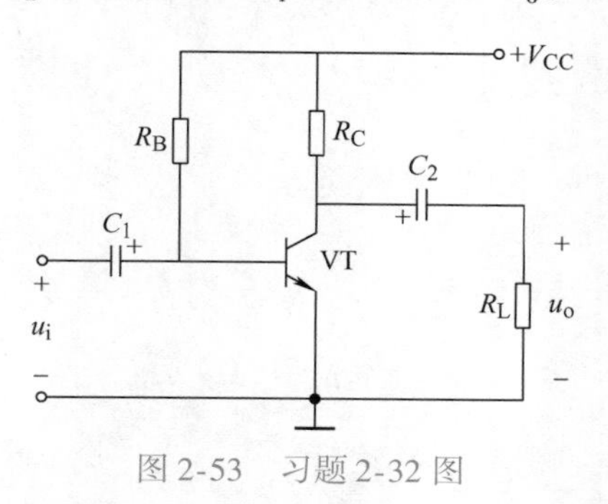

图2-53　习题2-32图

2-33　在如图2-54所示的共射放大电路中，已知$\beta=50$，$R_{B1}=16k\Omega$，$R_{B2}=6.8k\Omega$，$R_C=3k\Omega$，$R_E=2k\Omega$，$R_L=1.5k\Omega$，$V_{CC}=+12V$，$U_{BEQ}=0.6V$，$r'_{bb}=300\Omega$，所有电容均为10μF。

（1）画出该放大器直流通路。

（2）计算放大电路的静态工作点Q。

（3）画出微变等效电路。

（4）计算电路的电压增益A_u、输入电阻R_i和输出电阻R_o。

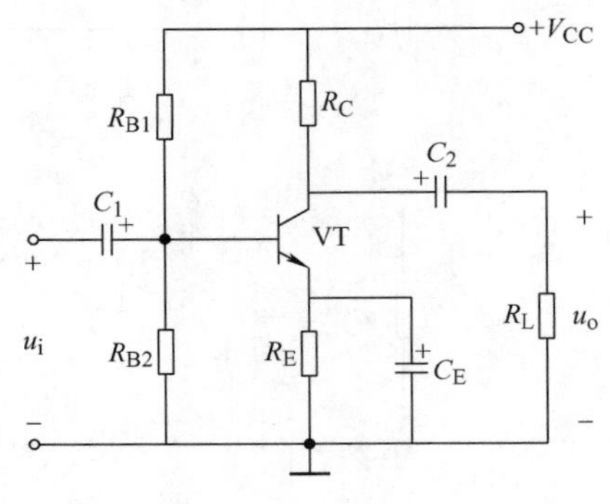

图2-54　习题2-33图

2-34　如图2-55a所示基本共射放大电路，已知$V_{CC}=12V$，$U_{BEQ}=0.6V$，晶体管$\beta=80$，$R_B=200k\Omega$，$r'_{bb}=200\Omega$，$R_C=3k\Omega$，$R_L=3.6k\Omega$。

（1）若要求$U_{CEQ}=+6V$，此时电位器R_P阻值应该设为多少？

（2）设交流输入信号为正弦波时输出波形如图2-55b所示，判断此时放大器出现了何种非线性失真，如何调节R_P才能消除失真？

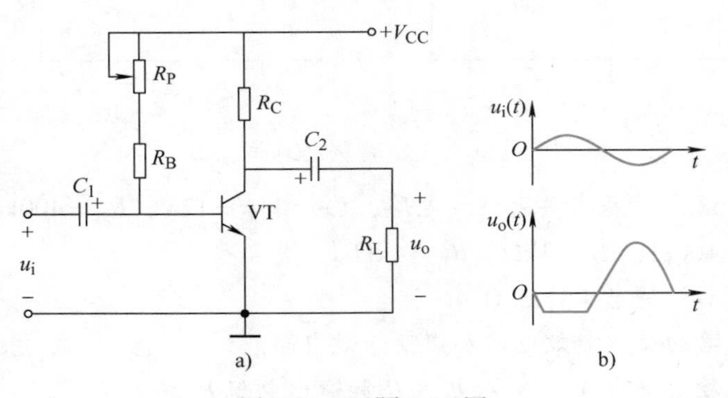

图2-55　习题2-34图

项目3

光控开关电路的分析与制作

项目描述

完成基于光敏传感器和集成电压比较器的光控开关电路分析、设计和制作。

项目包括如下6个学习任务：

1. 集成运放的识别及特性分析。
2. 信号线性运算电路分析与设计。
3. 有源滤波电路分析。
4. 电压比较器电路分析。
5. 光控开关电路分析与设计。
6. 光控开关项目测试。

光控开关电路利用光敏传感器检测工作环境的光线强度，并能够根据检测到的光强度控制电子开关动作。该电路可用于企业生产及日常生活中的自动照明控制、安防监控、生产线自动控制等领域。

光敏传感器是一类特殊的半导体元器件，能够将光信号转化为电信号。集成运放是一种半导体集成电路，与晶体管类似，也有线性和非线性两种工作状态，在线性状态下可以实现信号的放大，在非线性状态下则输出开关量。

知识目标：

1. 熟悉集成运放的符号、基本组成和常见封装形式。
2. 熟悉差分放大电路的组成、特点及主要性能指标。
3. 熟悉集成运放的主要性能指标。
4. 掌握理想运放“虚短”和“虚断”的概念。
5. 掌握集成运放线性和非线性应用的条件。
6. 掌握集成运放常见线性应用电路的分析和计算。
7. 了解滤波器的分类、作用、组成和频率特性。
8. 掌握各类电压比较器电路的分析方法。

9. 熟悉常见光敏元器件的使用方法及应用电路分析。

10. 了解小型直流继电器的符号和使用方法。

能力目标

1. 能查阅、搜索相关资料了解集成运放的引脚分布、参数及使用方法。
2. 能根据原理图装配基于集成运放的应用电路。
3. 能分析、设计典型的集成运放线性应用电路。
4. 能使用万用表检测光敏元器件的参数和性能。
5. 能使用焊接及装配工具按照电路原理图完成电路装配。
6. 能熟练使用万用表、直流稳压电源、信号发生器和示波器完成基于集成运放的线性和非线性应用电路参数的测试。

任务 3.1 集成运放的识别及特性分析

主要教学内容

1. 集成运放的符号、组成和封装。
2. 差分放大电路的组成及特点。
3. 集成运放的主要性能指标。

3.1.1 集成运放的符号、组成和封装

将电阻、电容、电感、二极管、晶体管等结构上相互独立的元器件用导线连接在一起组成具有一定功能的电路称为分立元器件电路。前面介绍的二极管开关电路和晶体管线性及非线性应用电路均为分立元器件电路。

如果将组成电路的各种元器件及其相互之间的连接导线集中制作在同一块半导体基片（例如硅或砷化镓）上，然后封装在同一个外壳内部，这个电路就被称为半导体集成电路。与分立元器件电路相比，半导体集成电路具有体积小、重量轻、可靠性高、功耗低、成本低、使用方便等一系列突出优点，因而在电子信息类产品中获得了极其广泛的应用。半导体集成电路是现代电子信息技术飞速发展的硬件基础之一。

集成运算放大器（简称集成运放、运放）是半导体集成电路的一种，在模拟电子技术中应用广泛。集成运放内部是一个具有很高电压增益的多级直接耦合放大电路（有关多级放大电路具体内容详见本书项目 4）。与晶体管类似，集成运放也有两种基本使用方法：当集成运放工作于线性状态时，可以实现信号不失真放大；当集成运放工作于非线性状态时，可以构成电压比较器电路。

1. 集成运放的符号

集成运放的常见符号如图 3-1 所示。

集成运放有两个输入端，其中u_P为集成运放同相输入端，用“+”表示，u_N为集成运放的反相输入端，用“-”表示。集成运放实际输入电压其实是同相输入端和反相输入端电压之差。u_o为集成运放输出端。

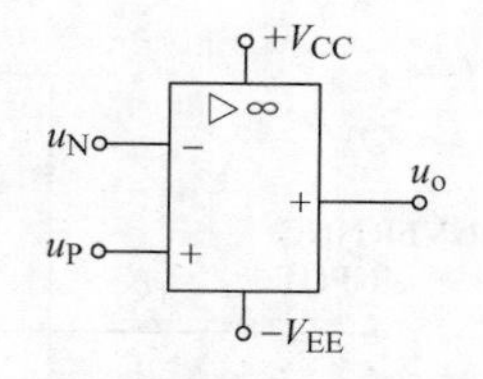

图3-1　集成运放常见符号

集成运放正常工作时，除了输入信号之外，需要直流电源对其供电。集成运放一般有两个电源引脚，分别连接正电源$+V_{CC}$和负电源$-V_{EE}$。集成运放有两种供电模式，即双电源供电模式和单电源供电模式。当采用双电源供电模式时一般有$V_{CC}=V_{EE}$；当采用单电源供电模式时，只在$+V_{CC}$端连接正电源，$-V_{EE}$端接地即可。有的集成运放正常工作必须采用双电源模式供电，而有的集成运放两种模式供电均可。

2. 集成运放的基本组成

由于集成运放用途广泛，所以种类繁多，但各种运放在内部结构上基本一致，其内部电路通常包括4个基本组成部分：差动输入级、中间放大级、输出级和偏置电路。集成运放的基本组成框图如图3-2所示。

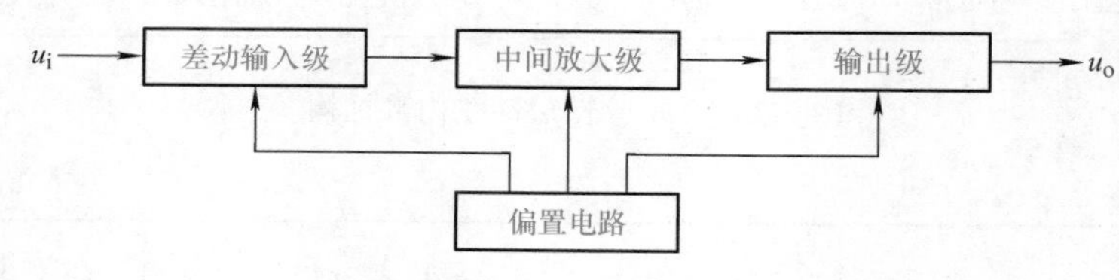

图3-2　集成运放的基本组成框图

集成运放的内部结构具有如下特点：

1）集成运放内部是一个多级放大电路，具有非常高的电压增益。

2）集成运放的输入级为差分放大电路，用于克服零点漂移，提高运放温度稳定性。由于多级放大电路性能主要由第一级（输入级）决定，因此运放性能好坏主要由输入差分放大级性能决定。

3）中间级用于实现高增益的电压放大，一般为两级以上的共射放大电路。

4）输出级为互补对称放大电路，用于提高运放的负载驱动能力。

5）直流偏置电路用于给运放内部各级放大电路提供合适的静态工作点。

有关多级放大电路、零点漂移、差分放大电路和互补对称放大电路的具体叙述将会在本书后面内容中逐一详细介绍。

集成运放内部电路结构一般都很复杂，例如图3-3为通用集成运放LM741内部结构，图3-4为通用集成运放LM358内部结构。所以在使用集成运放设计应用电路时，普通用户通常只需要了解集成运放的外特性和使用方法即可，对运放内部详细电路结构和工作过程不必过于深入研究。

3. 集成电路内部集成的元器件

1）集成电路内部主要由大量的电阻、二极管、晶体管或场效应晶体管组成。

2）集成电路中可以集成容量不超过几十皮法的小电容，大容量的电容器通常不能集成

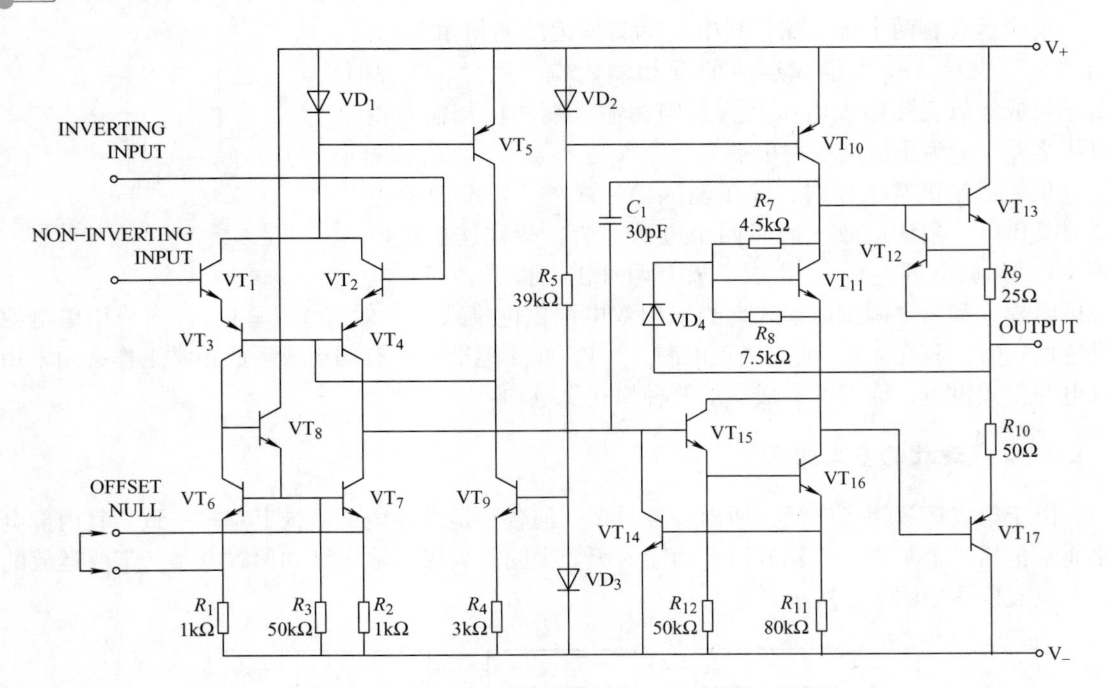

图 3-3　集成运放 LM741 内部结构

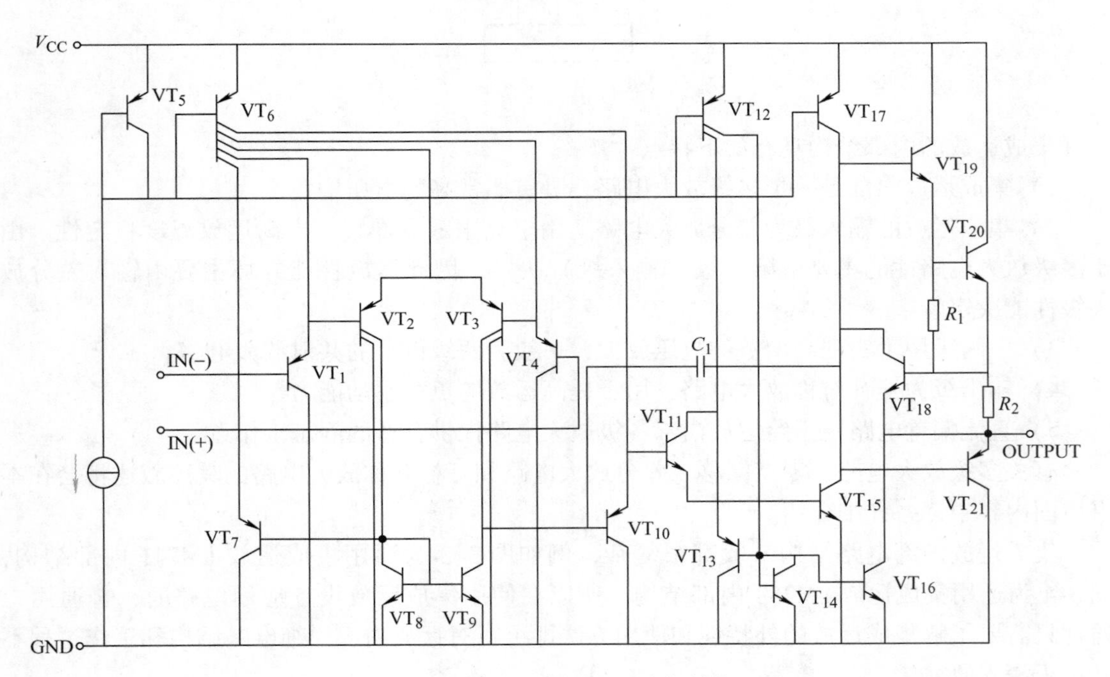

图 3-4　集成运放 LM358 内部结构

到集成电路中，所以电路中需要大电容时，通常在集成电路外部连接。

3）目前的半导体制作工艺还不能在集成电路内部制作电感元件，所以当需要电感元件时必须在集成电路外部连接。

4. 典型集成运放封装及引脚识别

集成电路封装是指安装集成电路内核即半导体芯片用的外壳。它起着安装、固定、密封、保护芯片的作用，同时通过芯片上的引线连接到集成电路封装外壳的引脚上。集成电路常用的封装材料包括塑料、树脂、陶瓷和金属等。图 3-5 给出了几种典型的集成运放封装形式。

图 3-5　典型集成运放封装形式

不同型号的集成运放，其芯片内部可能会集成 1、2、4 个完全相同的功能单元，这样的集成运放分别被称为单运放、双运放和四运放。如图 3-6 所示，LM741 和 OP07 为单运放芯片；LM358 为双运放，其中的两个运放模块各自可以独立连接芯片外的电路，但这两个运放模块共用电源端；LM324 为四运放，内部集成了四个运放单元，这四个运放模块共用电源端。

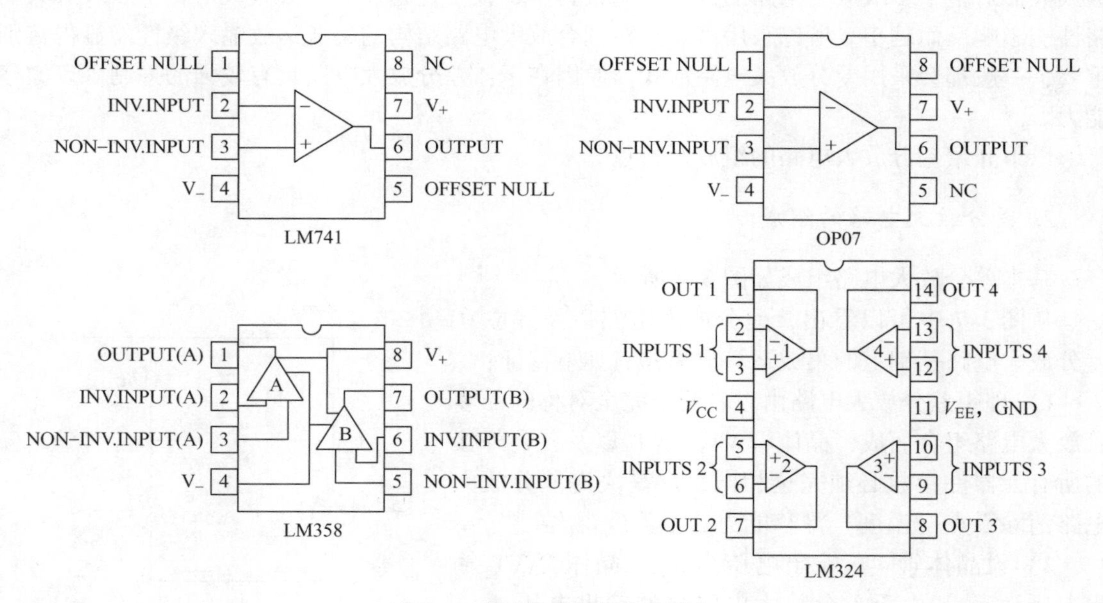

图 3-6　典型集成运放内部模块

3.1.2　差分放大电路的组成及特点

由于集成运放性能好坏主要由输入级（第一级）差分放大电路决定。因此该差分电路性能非常重要，以下介绍差分放大电路的相关概念。

1. 零点漂移的概念

集成运放内部的输入级是一个差分放大电路，与前面介绍的晶体管共发射极放大电路不同，差分放大电路有两个输入端，所以建立在差分放大电路基础上的集成运放也有两个输入端。集成运放的同相输入端和反相输入端其实就是内部差分放大电路的这两个输入端。

之所以集成运放输入级采用差分放大电路这种形式，原因在于集成运放内部是一个直接耦合的晶体管多级放大电路（参见图 3-3 和图 3-4），如果不采用差分放大电路形式，多级直接耦合放大电路会产生严重的零点漂移现象。

所谓零点漂移，是指放大电路在没有输入信号时，由于温度改变、电源电压波动等原因使晶体管参数发生变化，从而导致放大器静态工作点位置发生偏移，因此与静态工作点位置改变前相比，在放大器输出端会形成一个电压变化量，这个电压变化量会被误认为是本级放大电路的输出信号，直接耦合传递到下一级放大器输入端加以放大，然后逐级放大、传送直到多级放大电路的输出端。这样，尽管没有外加输入信号，但多级直接耦合放大电路仍然会因为温度变化、电源电压波动等因素而产生输出电压，这种现象被称为放大器的零点漂移。

由于零点漂移受温度影响最为严重，因此零点漂移也称为温度漂移、温漂。

零点漂移现象的存在严重影响到直接耦合多级放大电路的稳定性和其他性能指标，使直接耦合多级放大电路最终输出电压偏离其理论值。需要特别指出的是多级放大电路中，第一级放大器对整个多级放大电路的性能影响最为严重，位置越往后的放大级对整个多级放大电路性能影响反而越小。所以采用多级直接耦合放大电路结构的集成运放输入级性能显得特别重要，一般都会采用差分放大电路形式。原因在于：差分放大电路具有较强的抑制零点漂移能力。

以下介绍差分放大电路的组成及特点。

2. 差分放大电路的组成

基本差分放大电路组成如图 3-7 所示。

从图 3-7 中可以看出，差分放大电路以及建立在差分放大电路基础上的集成运算放大器有如下特征：

1）理想差分放大电路由左右两个完全对称的晶体管放大电路组合而成，晶体管 VT_1、VT_2 以及各自外接的所有元器件参数必须完全相同，这是决定差分放大电路消除零点（温度）漂移能力的至关重要之处。

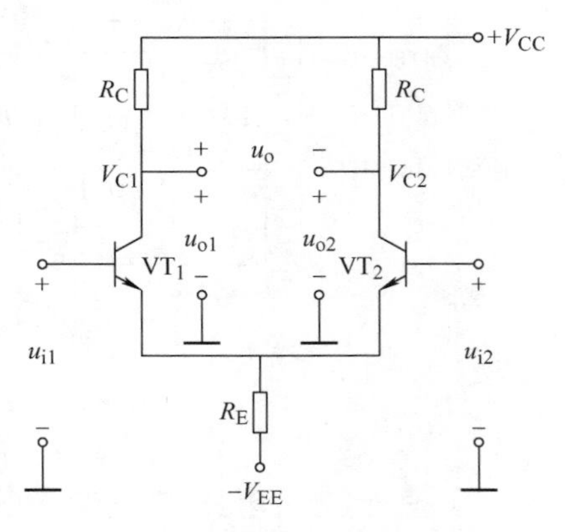

图 3-7　基本差分放大电路

2）设晶体管 VT_1 输出电压为 u_{o1}，晶体管 VT_2 输出电压为 u_{o2}，由于差分放大电路总的输出电压 $u_o = u_{o1} - u_{o2}$，当温度改变时，若左右两边晶体管放大器参数完全对称，则 u_{o1} 与 u_{o2} 会产生相同的变化量，这个变化量被称为共模信号，在差分放大电路输出端 u_o 处两者相减而完全相互抵消，从而消除了零点漂移。因此理想的差分放大电路左右两边参数必须完全对称以消除零点漂移。

3）但是实际运放中的差分输入级不可能做到参数完全对称，因此差分放大电路输出端

$u_o = u_{o1} - u_{o2}$无法将左右两边温度改变引起的温漂完全相互抵消，所以有的集成运放会在芯片上设置独立的调零端，让用户在运放应用电路中手动调节电路参数（一般是电位器）使运放输入级差分放大电路左右两边（运放同相输入端和反相输入端）参数对称以消除温度漂移。例如LM741的1脚和5脚之间，可以通过外接调零电位器来实现反相和同相输入端参数的对称。有的集成运放内部具有自动调零功能，通电时能够自动完成调零的工作。

4）差分放大电路和集成运算放大器一般采用双电源供电模式（部分运放也可采用单电源供电，此时V_{EE}接地）。

3. 差分放大电路的输入和输出信号

（1）差模信号和共模信号

首先定义差模信号和共模信号的概念。若两个信号大小和极性都完全相同，称为共模信号，用u_{ic}表示。若两个信号大小相同但极性相反，则称为差模信号，用u_{id}表示。

之所以提出差模信号和共模信号的概念基于以下原因：在差分放大电路工作时，放大器的输出信号往往包括两个部分，一是输入信号经差分放大器放大后产生的输出信号，这部分输出信号往往属于差模信号，对于差分放大电路而言，这是有用的输出信号；二是温度漂移产生的输出信号，如前所述，这部分输出信号称为共模信号，属于有害的输出信号。值得注意的是，送到差分放大器输入端进行放大的微弱信号往往会伴随着许多来自电路外部的干扰信号，这些干扰信号会同时串入差分放大电路的两个输入端，对这两个输入端产生相同强度和极性的干扰，因此也被视为共模信号。所以差分放大电路和集成运放要求对差模信号要有较强的放大能力，因为差模信号是有用信号；而对共模信号要有较强的抑制能力，因为共模信号往往是由温漂和外部干扰形成的，属于有害信号。

设差分放大电路两个输入信号分别为u_{i1}和u_{i2}，这两个输入信号通常既包括有用信号，也包括温漂和外部干扰。差分放大电路输入信号的差模部分和共模部分分别为

$$u_{id} = u_{i1} - u_{i2} \tag{3-1}$$

$$u_{ic} = \frac{u_{i1} + u_{i2}}{2} \tag{3-2}$$

所以有

$$u_{i1} = u_{ic} + \frac{1}{2}u_{id} \tag{3-3}$$

$$u_{i2} = u_{ic} - \frac{1}{2}u_{id} \tag{3-4}$$

因此差分放大电路任何一组输入信号都可以分解为一对差模信号$\pm\frac{1}{2}u_{id}$和一对共模信号u_{ic}之和，即u_{i1}和u_{i2}都是由差模输入信号和共模输入信号组合而成的。

（2）差分放大电路的输出

差模输入信号和共模输入信号都会被差分放大电路放大，根据叠加定理，差分放大电路总的输出电压为

$$u_o = A_{ud}u_{id} + A_{uc}u_{ic} \tag{3-5}$$

式中，A_{ud}为差模增益；$A_{ud}u_{id}$为差模输出电压；A_{uc}为共模增益；$A_{uc}u_{ic}$为共模输出电压。

理想差分放大电路左右两边参数完全对称，由图3-7可知，假设u_{i1}和u_{i2}为共模信号，即$u_{i1}=u_{i2}$，由于差分放大电路两边放大器电压增益完全相同，因此$u_{o1}=u_{o2}$，差分放大电路总的输出电压$u_o=u_{o1}-u_{o2}=0$，所以得出以下结论：

理想差分放大电路共模增益$A_{uc}=0$，温漂和外部干扰引起的共模信号会被完全被抑制。理想差分放大电路输出电压为

$$u_o=A_{ud}u_{id}=A_{ud}(u_{i1}-u_{i2}) \tag{3-6}$$

其实这也是理想运放的输出电压计算公式。但是理想差分放大电路不可能实现，所以共模增益A_{uc}越小，则表明差分放大电路性能越接近理想状态，其对称性越好，抑制温漂和外部干扰能力越强。

同时，差分放大电路的差模电压增益A_{ud}越大，则差分放大电路放大有用信号的能力越强。

综上所述，性能优越的差分放大电路和集成运放差模增益应该越大越好，而共模增益则越小越好。由此引入差分放大电路共模抑制比的概念。

（3）差分放大电路的共模抑制比K_{CMR}

共模抑制比是差分放大电路重要的性能指标，定义为

$$K_{CMR}=\left|\frac{A_{ud}}{A_{uc}}\right| \tag{3-7}$$

共模抑制比用于衡量差分放大电路放大差模信号、抑制共模信号的能力。共模抑制比越大，差分放大电路抑制温漂和外部干扰能力越强，性能越好。

差分放大电路的共模抑制比通常很大，一般都用分贝表示。

$$K_{CMR}(dB)=20\lg\left|\frac{A_{ud}}{A_{uc}}\right| \tag{3-8}$$

（4）理想差分放大电路特点

1）理想差分放大电路左右两边放大器完全对称。

2）共模电压增益$A_{uc}=0$，没有共模信号输出。

3）共模抑制比$K_{CMR}=\infty$，温度漂移和共模干扰完全被抑制。

4）输出电压$u_o=A_{ud}u_{id}=A_{ud}(u_{i1}-u_{i2})$。

当然实际差分放大电路由于左右两边电路不可能完全对称，因此$A_{uc}\neq 0$，$K_{CMR}\neq\infty$。

【例3-1】 已知差分放大电路$A_{ud}=100$，$A_{uc}=0.01$，$u_{i1}=5mV$，$u_{i2}=3mV$，求共模抑制比K_{CMR}、差分放大电路输出电压u_o。

解： 共模抑制比$K_{CMR}=20\lg\left|\frac{A_{ud}}{A_{uc}}\right|=20\lg 10^4dB=80dB$

差模输入电压$u_{id}=u_{i1}-u_{i2}=5mV-3mV=2mV$

共模输入电压$u_{ic}=\frac{u_{i1}+u_{i2}}{2}=\frac{5+3}{2}mV=4mV$

输出电压$u_o=A_{ud}u_{id}+A_{uc}u_{ic}=100\times 2mV+0.01\times 4mV=200.04mV$

从以上结果可以看出，差分放大电路的输出电压主要由差模输入信号和差模电压增益决定。

如前所述，集成运放内部是一个多级直接耦合放大电路，作为输入级的差分放大电路对

集成运放整体性能影响最为重要。集成运放的部分性能指标其实就是由其输入级差分放大电路决定的。以下介绍集成运放的主要性能指标。

3.1.3 集成运放的主要性能指标

1. 共模抑制比 K_{CMR}

共模抑制比反映了集成运放对共模信号的抑制能力，其定义与差分放大电路的共模抑制比相同，一般都以分贝形式表示。共模抑制比 K_{CMR} 越大，集成运放抑制温度漂移和外部干扰信号的能力越强。集成运放的共模抑制比是由其输入级差分放大电路的共模抑制比决定的。

2. 开环差模电压放大倍数 A_{od}

开环差模电压放大倍数 A_{od} 是指当集成运放处于开环（无反馈）状态时的差模电压增益，由于运放通常都具有非常高的共模抑制比，一般可以忽略共模输出，所以集成运放可以使用如下公式计算输出电压：

$$u_o = A_{od}u_{Id} = A_{od}(u_{I1} - u_{I2}) \tag{3-9}$$

有关反馈的概念在本书项目 4 中将有详细介绍。u_{I1} 和 u_{I2} 其实就是集成运放同相输入端电压 u_P 和反相输入端电压 u_N，所以集成运放的实际输入电压是其同相输入端和反相输入端电压之差。

3. 差模输入电阻 R_{id}

基于集成运放的放大电路同样可以用本书前面介绍的放大器通用模型来描述，所以由集成运放构成的放大电路输入电阻和输出电阻的概念与晶体管共发射极放大电路相同。

差模输入电阻指集成运放处于开环状态时同相输入端和反相输入端之间的交流等效电阻，也可以直接称为集成运放的输入电阻，用 R_{id} 表示。R_{id} 越大，运放输入端从信号源索取的电流越小，所以集成运放通常 R_{id} 越大越好。对于集成运放这样的多级放大电路，R_{id} 的大小主要是由集成运放输入级的输入电阻决定的。

4. 输出电阻 R_o

集成运放输出端对于负载而言，等效为一个实际电压源，该电压源内阻即为输出电阻 R_o。输出电阻越小，集成运放带负载能力越强。对于集成运放这样的多级放大电路，输出电阻的大小主要由其输出级决定的。

5. 输入失调电压 U_{IO}

理想运放输入电压为零时输出电压也应该为零，但由于实际运放输入级差分放大电路左右两边电路参数不可能完全对称，这就导致输入为零时运放的实际输出并不为零。因此，如果要让运放输出电压为零就必须在运放输入端加上一个反向的补偿电压，该反向补偿电压被称为输入失调电压 U_{IO}，其大小反映了运放输入级差分放大电路左右不对称的程度。显然，输入失调电压越小，运放输入级差分放大电路对称性越好。

任务 3.2 信号线性运算电路分析与设计

主要教学内容

1. 理想运放的特点。
2. 集成运放的两个工作区域。
3. 理想运放线性状态下电路分析的依据。
4. 典型信号线性运算电路的分析与计算。
5. 信号线性运算电路设计。

3.2.1 集成运放的基本特性

集成运算放大器最早用于信号的运算，它可以完成信号的加法、减法、微分、积分、指数、对数等常见运算，因此被命名为运算放大器。

目前集成运放的应用范围早已超出了数学运算本身，被广泛应用于信号放大、信号处理、信号变换以及信号发生，在测量和控制等领域使用非常广泛。集成运放的工作状态可以分为线性状态和非线性状态两种。这一点与晶体管的线性状态（放大状态）和非线性状态（开关状态）非常类似。

集成运放工作在线性状态时，同时满足“虚短”和“虚断”两个特征（详见本节介绍），能完成信号的不失真放大，可实现比例、加法、减法等信号运算；而工作在非线性状态时，只满足“虚断”，不满足“虚短”，其输出电压只有高电平和低电平两种状态（开关状态），可构成电压比较器。本节介绍运放的线性应用，下一节介绍运放的非线性应用。

由于集成运放品牌、型号众多，每种运放性能都有一定的差异，但总体特征基本相同，因此为了简化分析，可将各种不同型号的集成运放统一为相同的电路模型，这就是理想运放模型。尽管不同型号的运放由于元器件固有特性和制造工艺水平的限制，其真实性能均达不到理想运放的要求，但用理想运放模型替代实际运放进行电路参数分析计算所带来的误差其实非常小。因此为了简化电路分析过程，在进行集成运放应用电路分析和计算时一般都采用理想运放模型来进行。

1. 理想运放的特点

（1）差模输入电阻 R_{id} 为无穷大

集成运放的输入电阻主要由其内部输入级差分放大电路决定，差分放大电路往往都具有非常高的输入电阻，所以理想运放差模输入电阻 R_{id} 被视为无穷大，即 $R_{id}=\infty$。

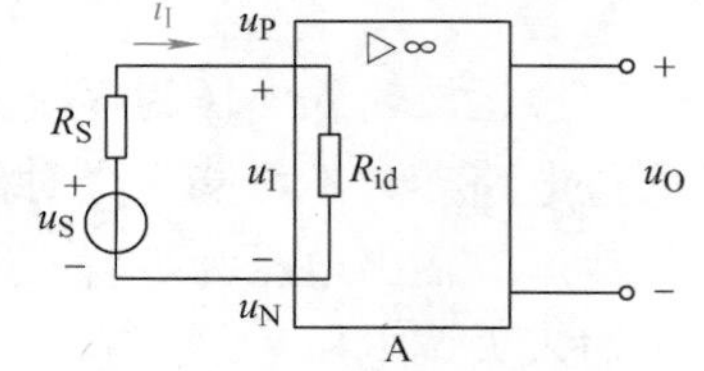

图 3-8 理想运放输入电阻示意图

如图 3-8 所示，理想运放由于输入电阻 $R_{id}=\infty$，所以同相输入端和反相输入端电流均为零，即 $i_I=0$，这种现象被称为“虚断”。

由于 $i_I=0$，所以理想运放的实际输入电压 $u_I=u_S$。

"虚断"是集成运放应用电路分析计算的主要依据之一。

对于理想运放而言，无论其处于线性还是非线性状态，同相输入端和反相输入端均满足"虚断"。如前所述，实际运放利用"虚断"概念进行电路分析计算带来的误差其实非常小，可以忽略不计。

（2）输出电阻 R_o 为零

与晶体管放大电路类似，输出电阻越小，集成运放带负载能力越强。多级放大电路的输出电阻主要由其末级（输出级）决定的。集成运放的输出级往往都是由共集电极放大电路组成的互补对称电路，所以其输出电阻 R_o 非常小（共集电极放大电路和互补对称电路在本书项目 4 中将会进行详细介绍）。因此理想运放输出电阻 $R_o=0$，实际运放输出电阻也近似为零。

理想运放输出电阻如图 3-9 所示。

从图 3-9 中可以看出，由于理想运放输出电阻 $R_O=0$，所以 $u_O=u_O'$，由此可以得出如下重要结论：理想运放输出电压与负载阻值大小无关。这一点与晶体管共射放大电路区别很大，因为晶体管共射放大电路的负载阻值越小，电压增益越低，输出电压也越低。

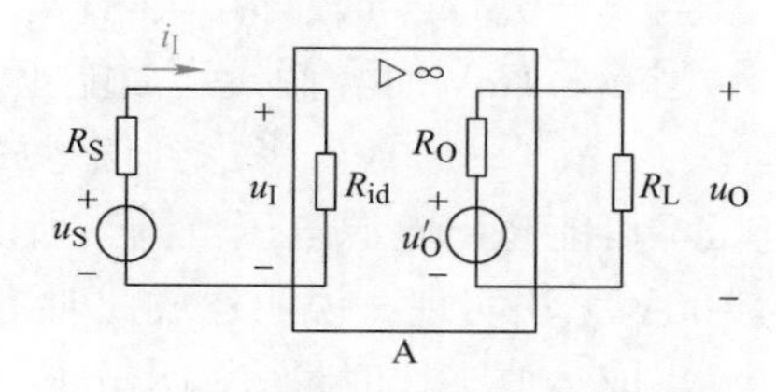

图 3-9　理想运放输出电阻示意图

（3）开环差模电压放大倍数 A_{od} 为无穷大

由于运放内部是一个多级放大电路，所以一般都具有非常高的电压增益。因此理想运放开环差模电压放大倍数 $A_{od}=\infty$。

实际运放开环差模电压放大倍数按照无穷大进行分析计算带来的误差也可以忽略不计。

（4）共模电压放大倍数 A_{uc} 为零

理想运放其输入级的差分放大电路左右两路完全对称，所以其共模电压放大倍数 $A_{uc}=0$。

根据差分放大电路相关结论可以得出集成运放输出电压计算公式为

$$u_o=A_{od}u_{id}+A_{uc}u_{ic} \tag{3-10}$$

由于理想运放的共模电压增益 $A_{uc}=0$，所以理想运放的输出电压计算公式为

$$u_o=A_{od}u_{id}=A_{od}u_I=A_{od}(u_P-u_N) \tag{3-11}$$

这说明集成运放有两个输入端，真正被集成运放放大的输入信号其实是同相输入端和反相输入端电压之差。

（5）共模抑制比 K_{CMR} 为无穷大

集成运放共模抑制比的计算公式为

$$K_{CMR}=\left|\frac{A_{od}}{A_{uc}}\right| \tag{3-12}$$

$$K_{CMR}(\text{dB})=20\lg\left|\frac{A_{od}}{A_{uc}}\right| \tag{3-13}$$

共模抑制比一般用分贝表示。由于 $A_{uc}=0$，所以理想运放 K_{CMR} 为无穷大，即理想运放可以完全抑制温漂和电路外部的共模干扰。

实际运放的共模抑制比当然不可能是无穷大，共模抑制比是衡量实际运放性能最关键的性能指标之一。

(6) 输入失调电压为零

理想运放输入级差分放大电路两边完全对称，输入为零时输出也为零，所以其输入失调电压为零。

2. 集成运放的两个工作区

与晶体管类似，集成运放也有两个工作区：线性区和非线性区。以下通过一个实例了解集成运放线性区和非线性区的差别。

【例3-2】 设集成运放 $A_{od}=100\text{dB}$，该运放使用 ±12V 电源供电，分别求当输入电压 $u_I=u_P-u_N=0.01\text{mV}$、0.1mV、1mV 和 10mV 时运放输出电压。

解：当 $u_I=u_P-u_N=0.01\text{mV}$ 时，$u_O=A_{od}u_I=A_{od}(u_P-u_N)=1\text{V}$

当 $u_I=0.1\text{mV}$ 时，$u_O=A_{od}(u_P-u_N)=10\text{V}$

当 $u_I=1\text{mV}$ 时，假设运放能正常进行信号线性放大，则此时该运放的输出电压为 $u_O=A_{od}(u_P-u_N)=100\text{V}$。考虑到该运放使用的电源电压为 ±12V，理论上集成运放工作时输出电压不可能超出电源电压范围，所以此时运放最大输出电压不能超过 ±12V，因此输出电压为 100V 无法实现，说明运放此时不能工作在线性放大状态。

集成运放工作时最大输出电压由电源电压决定，常见运放线性最大输出电压往往比电源电压低 0.5~2V，型号不同的运放该参数也不同，默认取典型值 2V。例如采用 ±12V 供电的集成运放，其输出电压范围一般可以视作 $-10\text{V}\leqslant u_O\leqslant +10\text{V}$。运放工作时能达到的最大输出电压值称为正饱和电压，记为 $+U_{OH}$，运放工作时能达到的最低输出电压值称为负饱和电压，记为 $-U_{OL}$。所以运放实际输出电压范围为 $-U_{OL}\leqslant u_O\leqslant +U_{OH}$。

一般情况下运放使用双电源供电时正负电源电压大小相等极性相反，此时正负饱和电压也是大小相等极性相反。

所以在本例中，当 $u_I=1\text{mV}$ 时，该集成运放的输出电压并非 100V 而只能达到最大值 10V 左右；当 $u_I=10\text{mV}$ 时，该运放的输出电压并非 1000V 而仍然为 10V 左右。此时运放工作在非线性状态。

现介绍集成运放的电压传输特性曲线和两种典型的使用方法。

(1) 实际集成运放的电压传输特性曲线

实际集成运放的电压传输特性曲线如图 3-10 所示。

在图 3-10 中可以看出，运放有两个工作区。

当集成运放的输入电压非常小时，根据 $u_O=A_{od}u_I=A_{od}(u_P-u_N)$ 计算得到的输出电压没有超出运放正负饱和电压范围（$-U_{OL}\leqslant u_O\leqslant +U_{OH}$）时，运放工作在线性状态。线性区对应图 3-10 中 A 点和 B 点之间的线段，运放线性区类似晶体管的放大区。

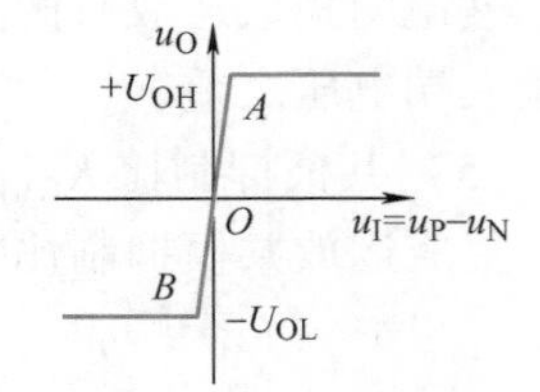

图 3-10 实际集成运放的电压传输特性曲线

当运放输入电压逐渐加大时，运放输出电压随之变大。一旦输出电压达到饱和电压 $+U_{OH}$ 或 $-U_{OL}$ 值时，运放将进入非线性状态，此时无论输入电压如何增加，输出电压都不会再随之变大，而是维持在饱和电压值不变。非线性区在图 3-10 中指 A 点右边和 B 点左边的水平线。由此可见，运放非线性区类似晶体管的饱和区和截止区。

集成运放电压传输特性总结如下：

1）双电源供电时，集成运放输出电压范围为 $-U_{OL} \leqslant u_O \leqslant +U_{OH}$，一般 U_{OL} 和 U_{OH} 比电源电压低 0.5～2V。

2）单电源供电时，由于运放只有正电源供电，因此无法输出负电压，集成运放输出电压范围为 $0 \leqslant u_O \leqslant +U_{OH}$。此时若运放输入纯交流信号，则运放输出将会产生非常严重的波形失真，导致输出交流信号的负半周被削平，如图 3-11 所示。此时若想要避免非线性失真的产生必须在电路结构上进行调整，可以改为采用双电源供电，如果仍然采用单电源供电则必须在输入信号中叠加直流电压以抬高输入信号电平，这种方法类似晶体管共射放大电路中的静态工作点设置。

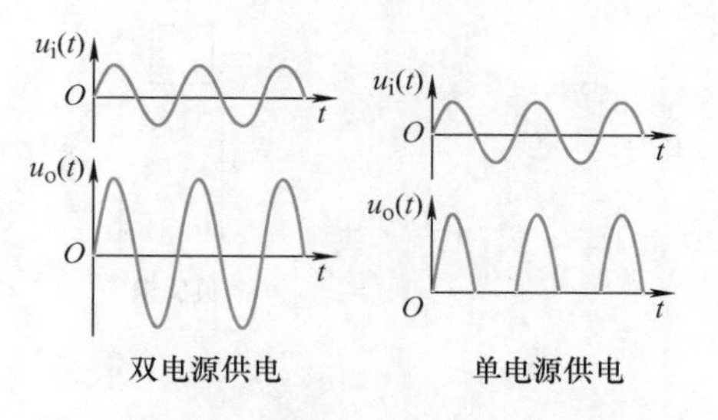

图 3-11　单电源供电的非线性失真现象

3）当输入电压非常小，运放输出电压满足 $-U_{OL} < u_O < +U_{OH}$ 时，运放处于线性区，此时 $u_O = A_{od}(u_P - u_N)$，运放能实现信号的不失真放大。

4）当输入电压较大，导致运放输出电压达到 $-U_{OL}$ 或 $+U_{OH}$ 时，运放将进入非线性区，此时满足：

采用双电源供电时，若 $u_P > u_N$，则 $u_O = +U_{OH}$，若 $u_P < u_N$，则 $u_O = -U_{OL}$；

采用单电源供电时，若 $u_P > u_N$，则 $u_O = +U_{OH}$，若 $u_P < u_N$，则 $u_O = 0$。

此时的集成运放构成电压比较器，输出信号为开关量，其作用是比较同相输入端和反相输入端电压的大小，从而决定输出电压电平的高低。

（2）集成运放的两种典型的使用方法

集成运放有线性和非线性两种使用方法。

当运放的输入电压非常小，集成运放用作线性放大器。

由于运放开环差模电压放大倍数 A_{od} 一般都非常大（接近无穷大），从运放输出电压 $u_O = A_{od}(u_P - u_N)$ 可以看出，运放实际输入电压 $u_I = u_P - u_N$ 必须非常小，小到接近零才能满足线性条件，从而避免输出信号幅度过高，超出 $-U_{OL} < u_O < +U_{OH}$ 的线性范围，具体分析参见例 3-2。但是处于开环状态的集成运放一般很难保证 u_I 小到接近零这一条件。因此可以这样认为，集成运放处于线性状态的必要条件是：给集成运放施加负反馈。

反馈的具体分析和说明在本书项目 4 中会进行详细介绍，在这里先简要说明一下反馈的基本概念。

将放大器输出信号以某种方式接回到放大器的输入端称为反馈。反馈分为正反馈和负反馈两种。

在集成运放的负反馈中，反馈信号从集成运放的输出端接回到运放的反相输入端。负反馈可以削弱输入，使放大器实际输入信号变得非常小，小到接近零，从而让运放的输出幅度变小，满足线性状态 $-U_{OL} < u_O < +U_{OH}$ 的要求。

在集成运放的正反馈中，反馈信号从放大器输出端接回到运放同相输入端。正反馈可以增强输入，使放大器实际输入信号变大，从而使放大器最终输出幅度变得更大。由此可见，施加了正反馈的运放输出电压幅度过高，无法满足线性状态 $-U_{OL} < u_O < +U_{OH}$ 的要求，将

会工作在非线性状态。

施加了反馈的放大器称处于闭环状态，没有施加反馈的放大器称处于开环状态。反馈类型示意图如图 3-12 所示，负反馈电路示意图如图 3-13 所示。

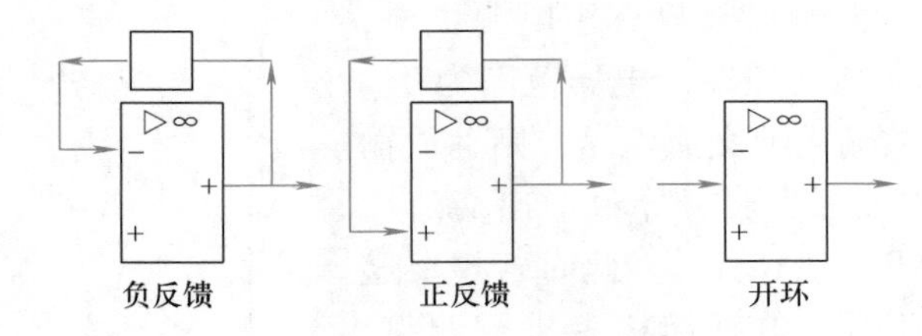

图 3-12 运放反馈类型的示意图

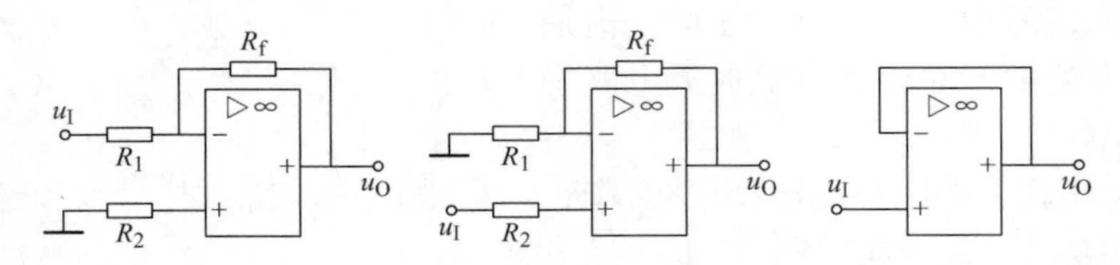

图 3-13 负反馈电路示意图

需要指出，集成运放处于开环状态时，由于其开环差模电压增益 A_{od} 非常大（接近无穷大），因此运放实际工作时一般也将处于非线性状态。

综上所述，只有施加了负反馈的集成运放才能工作在线性状态，实现信号不失真放大。处于开环或者正反馈状态下的运放通常工作在非线性状态，此时运放被用作电压比较器，其输出只有高电平和低电平两种状态。

电压比较器的具体内容在本书后面将会进行详细介绍。

3. 理想运放线性状态下电路分析的依据

本节只介绍运放处于线性状态（即放大状态）电路的分析方法。理想运放工作在线性状态的条件是电路施加负反馈。线性状态的运放同时满足“虚短”和“虚断”两个特征。“虚短”和“虚断”是运放线性应用电路分析和计算的基本依据。

（1）虚断

由于理想运放差模输入电阻 R_{id} 为无穷大，因此理想运放同相输入端和反相输入端的电流均为零，即 $i_I=0$，这种现象被称为“虚断”。

之所以称为“虚断”是因为实际运放差模输入电阻 R_{id} 尽管非常大，但不可能大到无穷大，所以实际上集成运放工作时其输入端仍然会有微弱的电流存在，只是幅度太小而被忽略，因此只能被称为“虚断”。

（2）虚短

理想运放开环差模电压放大倍数 $A_{od}=\infty$，所以根据 $u_O=A_{od}(u_P-u_N)$，要让运放工作在线性放大状态，其输入电压 $u_I=u_P-u_N$ 必须趋近于零才能保证运放输出电压符合 $-U_{OL}<u_O<+U_{OH}$，也就是说运放处于线性状态时可以近似认为 $u_P=u_N$，这种现象被称为“虚短”。

之所以称为“虚短”是因为实际运放同相输入端和反相输入端电压仍会有非常微弱的电压差以保证运放产生有效（非零）的输出。

运放工作在线性状态时，同时满足“虚短”和“虚断”两个特点，而工作在非线性状态时，只满足“虚断”，不满足“虚短”。

【例 3-3】　运放电路如图 3-14 所示，分析输出电压 u_O 与输入电压 u_I 的关系。

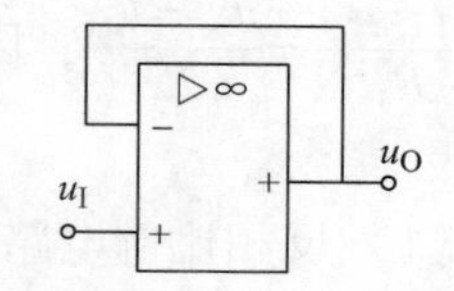

图 3-14　例 3-3 电路

解：首先判断运放的状态是线性还是非线性，判断的方法是看运放是否施加了负反馈。

因为运放施加了负反馈，所以工作在线性状态下，因此满足“虚短”。

“虚短”使运放 $u_P = u_N$，而 $u_I = u_P$，$u_O = u_N$，所以 $u_O = u_I$。

【例 3-4】　运放电路如图 3-15 所示，分析输出电压 u_O 与输入电压 u_I 的关系。

解：因为运放施加了负反馈，所以工作在线性状态下，因此满足“虚短”和“虚断”。

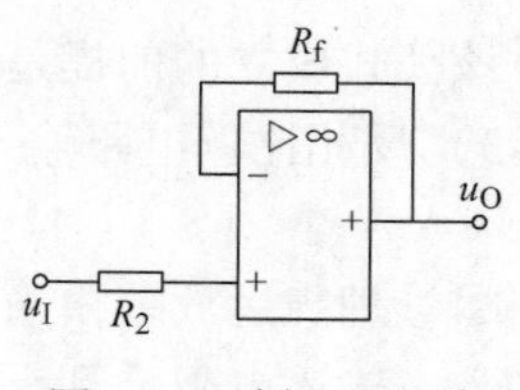

图 3-15　例 3-4 电路

因为运放满足“虚断”，所以 R_2 上电流为 0，从而 $u_P = u_I$。

因为运放满足“虚短”，因此 $u_N = u_P$。

因为运放满足“虚断”，R_f 上电流为 0，因此 $u_O = u_N$。

所以 $u_O = u_I$。

由于 $u_O = u_I$，例 3-3 和例 3-4 所示电路均被称为电压跟随器，电压跟随器电路是一种常见的模拟单元电路。

3.2.2　典型信号线性运算电路分析

以下介绍几种集成运放的典型线性应用电路。为了使集成运放工作于线性状态，要求电路必须施加负反馈。在进行电路分析时，要综合运用“虚短”和“虚断”概念、基尔霍夫定律和欧姆定律进行求解。

集成运放有两个输入端，其信号输入方式有三种，分别是反相输入、同相输入和差动输入。当输入信号加在运放反相输入端时称为反相输入，当输入信号加在运放同相输入端时称为同相输入，当输入信号同时加在运放反相输入端和同相输入端称为差动输入。

1. 反相比例电路

反相是指该电路输出信号与输入信号的相位相反，即该电路的电压增益为负。反相比例电路也称为反相放大器。

（1）电路组成

反相比例电路如图 3-16 所示。输入信号 u_I 加载到集成运放的反相输入端，同相输入端通过电阻 R_2 接地。

（2）工作原理分析

电阻 R_f 将输出信号接回运放反相输入端，符合负反馈原则，所以运放工作于线性状态，满足“虚短”和“虚断”。

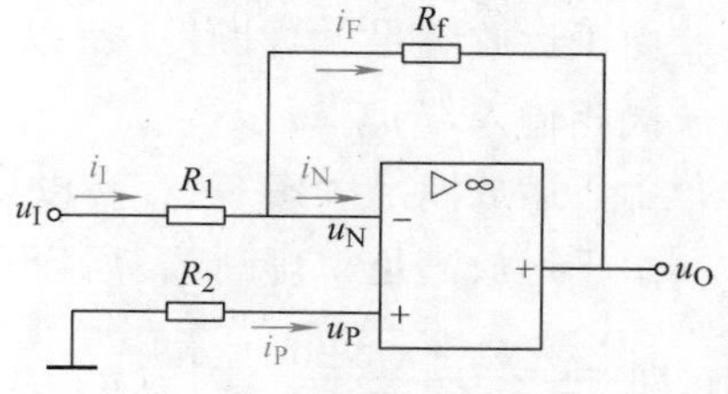

图 3-16　反相比例电路

由于运放满足“虚断”，所以电阻 R_2 上电流为零，运放同相输入端 $u_P = 0$。

由于运放满足“虚短”，所以 $u_N = u_P = 0$。

由于运放满足“虚断”，所以反相输入端电流 $i_N = 0$，根据基尔霍夫电流定律有 $i_I = i_F$，即$\frac{u_I - u_N}{R_1} = \frac{u_N - u_O}{R_f}$，因为 $u_N = 0$，所以有 $u_O = -\frac{R_f}{R_1}u_I$。

结论：

1）反相比例电路输出电压与输入电压相位相反，电压增益为

$$A_u = -\frac{R_f}{R_1} \tag{3-14}$$

2）反相比例电路输出电压为

$$u_O = -\frac{R_f}{R_1}u_I \tag{3-15}$$

该公式成立的前提是输出信号满足 $-U_{OL} < u_O < +U_{OH}$，以确保运放工作于线性区。

3）反相比例电路输入电阻为

$$R_i = R_1 \tag{3-16}$$

尽管理想运放差模输入电阻 R_{id} 为无穷大，但是在反相比例电路中由于运放外围元器件的加入，输入电阻受到影响，并非无穷大。

4）反相比例电路输出电阻为

$$R_o = 0 \tag{3-17}$$

5）由于运放本身输入级是差分放大器，为保证其对称性，同相输入端和反相输入端外部等效电阻尽量也要一致，因此运放同相输入端增加一个平衡电阻 R_2，要求尽量满足

$$R_2 = R_1 /\!/ R_f \tag{3-18}$$

2. 同相比例电路

同相是指该电路输出信号与输入信号相位相同，该电路的电压增益为正。同相比例电路也称为同相放大器。

（1）电路组成

同相比例电路如图 3-17 所示。输入信号 u_I 加载到集成运放的同相输入端，反相输入端通过电阻 R_1 接地。

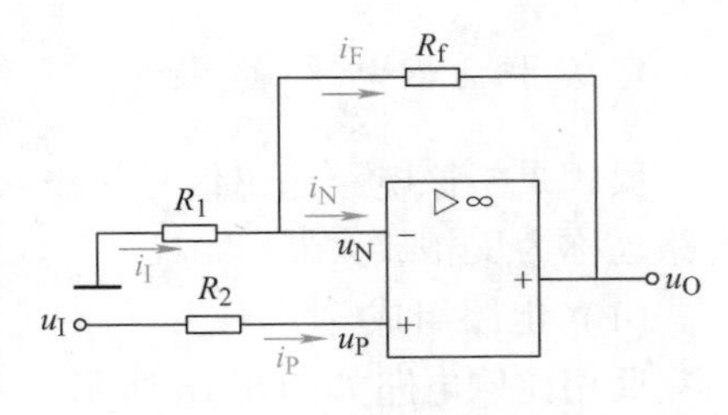

图 3-17　同相比例电路

（2）工作原理分析

分析方法类似反相比例电路。

电阻 R_f 将输出信号接回运放反相输入端，符合负反馈原则，所以运放工作于线性状态，满足“虚短”和“虚断”。

由于运放满足“虚断”，所以电阻 R_2 上电流为零，运放同相输入端 $u_P = u_I$。

由于运放满足“虚短”，所以 $u_N = u_P = u_I$。

由于运放满足“虚断”，所以反相输入端电流 $i_N = 0$，根据基尔霍夫电流定律有，$i_I = i_F$，即$\frac{0 - u_N}{R_1} = \frac{u_N - u_O}{R_f}$，因为 $u_N = u_I$，所以有 $u_O = \left(1 + \frac{R_f}{R_1}\right)u_I$。

结论：

1）同相比例电路输出与输入相位相同，电压增益为

$$A_u = 1 + \frac{R_f}{R_1} \tag{3-19}$$

2）同相比例电路输出电压为

$$u_O = \left(1 + \frac{R_f}{R_1}\right)u_I \tag{3-20}$$

该公式成立的前提是输出信号满足 $-U_{OL} < u_O < +U_{OH}$，以确保运放工作于线性区。

3）同相比例电路输入电阻为

$$R_i = \infty \tag{3-21}$$

4）同相比例电路输出电阻为

$$R_o = 0 \tag{3-22}$$

5）同相比例电路要求运放同相输入端增加一个平衡电阻 R_2，要求尽量满足

$$R_2 = R_1 /\!/ R_f \tag{3-23}$$

（3）电压跟随器的概念

电压跟随器其实是一种特殊的同相比例电路。若同相比例电路的电压增益 $A_u = 1$，此时的电路称为电压跟随器。由集成运放组成的电压跟随器电路如图 3-18 所示，图中所示三种电路结构都属于电压跟随器。

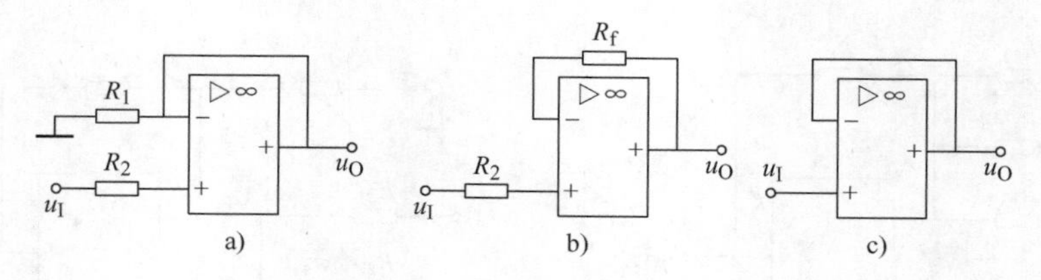

图 3-18　运放组成的电压跟随器电路

与图 3-17 的同相比例电路相比，图 3-18a 是一个电阻 $R_f = 0$ 的同相比例电路，图 3-18b 是一个电阻 $R_1 = \infty$ 的同相比例电路，图 3-18c 是一个 $R_f = 0$、$R_1 = \infty$ 的同相比例电路。由此可见，这三个同相比例电路电压增益均为 $A_u = 1$，$u_O = u_I$，因此都被称为电压跟随器电路，满足输出电压等于输入电压。

电压跟随器电路有如下特点：

1）电压跟随器电压增益 $A_u = 1$，没有电压放大能力，但有电流放大能力。

2）电压跟随器输入电阻 $R_i = \infty$，所以输入电阻特别高，对信号源影响小；输出电阻 $R_o = 0$，所以输出电阻特别低，驱动负载能力强，因此输出与输入隔离效果好。

【例 3-5】　理想集成运放构成的应用电路如图 3-19 所示，已知 $R_1 = 1\text{k}\Omega$，$R_3 = 3\text{k}\Omega$，$R_4 = 1\text{k}\Omega$，$R_6 = 2\text{k}\Omega$。集成运放 A_1 和 A_2 分别构成哪种电路？若 $u_I = 0.1\text{V}$，则 u_{O1} 和 u_O 分别是多少？

解：运放 A_1 构成同相比例电路，运放 A_2 构成反相比例电路。

$$u_{O1}=\left(1+\frac{R_3}{R_1}\right)u_I=\left(1+\frac{3}{1}\right)\times 0.1\text{V}=0.4\text{V}$$

$$u_O=-\frac{R_6}{R_4}u_{O1}=-\frac{2}{1}\times 0.4\text{V}=-0.8\text{V}$$

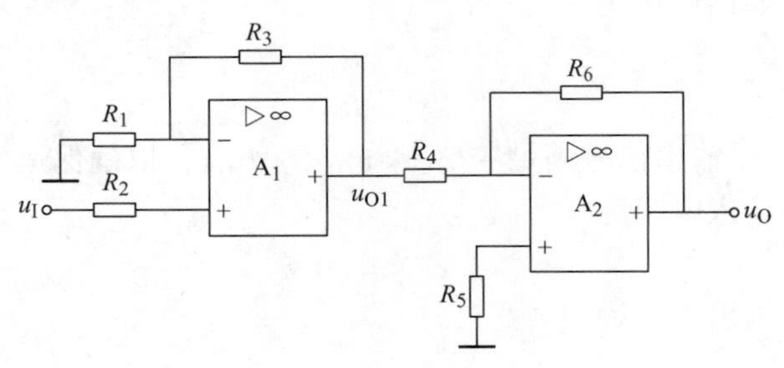

图 3-19　例 3-5 图

3. 反相加法电路

加法电路也称为求和电路，用于实现两个以上输入信号的按比例求和运算。

加法电路分为同相加法电路和反相加法电路两类，两种加法电路组成分别如图 3-20 和图 3-21 所示，在实际应用时可以根据需要增减输入信号个数。由于同相加法电路输出与输入关系复杂，调节困难，在实际电路中很少应用，所以此处只介绍反相加法电路。

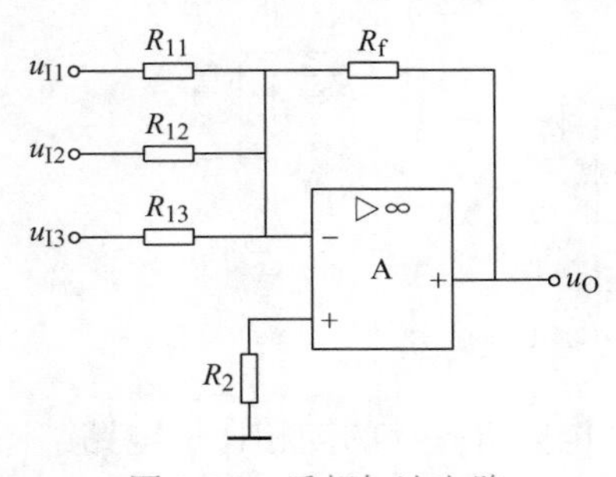

图 3-20　反相加法电路

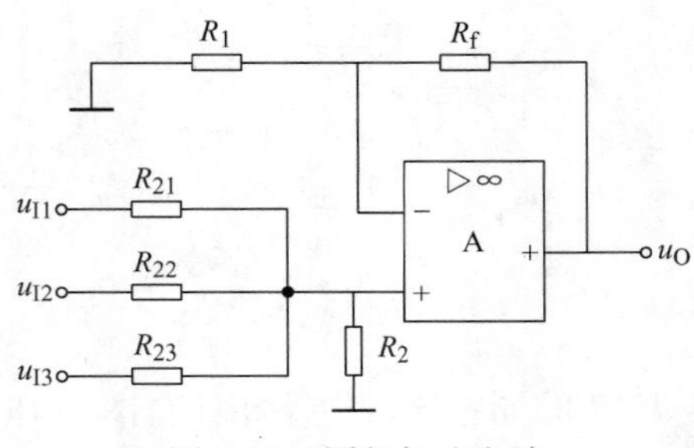

图 3-21　同相加法电路

（1）电路组成

三输入反相加法电路如图 3-20 所示。所有输入信号都加载到集成运放的反相输入端，同相输入端接地。

（2）工作原理分析

电阻 R_f 将输出信号接回运放反相输入端，符合负反馈原则，所以运放工作于线性状态，满足“虚短”和“虚断”。

由于集成运放工作在线性状态，线性电路可以运用叠加定理分析多输入信号时的电路输出。

当输入信号只有 u_{I1} 时，此时运放构成反相比例电路，所以电路对应的输出信号为 $u_{O1}=-\frac{R_f}{R_{11}}u_{I1}$。

同理，仅在 u_{I2} 作用下输出信号为 $u_{O2}=-\frac{R_f}{R_{12}}u_{I2}$。

仅在 u_{I3} 作用下电路输出信号为 $u_{O3}=-\frac{R_f}{R_{13}}u_{I3}$。

所以当运放的实际输入信号为 u_{I1}、u_{I2} 和 u_{I3} 同时存在时，该电路的输出电压为 $u_O=u_{O1}+u_{O2}+u_{O3}$，即

$$u_O=-\left(\frac{R_f}{R_{11}}u_{I1}+\frac{R_f}{R_{12}}u_{I2}+\frac{R_f}{R_{13}}u_{I3}\right) \tag{3-24}$$

说明：

1）运放构成的反相加法电路可实现多个输入信号按比例的求和运算，如果电阻 $R_{11}=R_{12}=R_{13}=R_1$，则可以实现简单的算术相加，即

$$u_O=-\frac{R_f}{R_1}(u_{I1}+u_{I2}+u_{I3}) \tag{3-25}$$

2）由于运放本身输入级是差分放大器，为保证其对称性以提高共模抑制比，要求运放同相输入端和反相输入端外部等效电阻的阻值要相同，因此运放同相输入端增加一个平衡电阻 R_2，要求尽量满足：

$$R_2=R_{11}/\!/R_{12}/\!/R_{13}/\!/R_f \tag{3-26}$$

4. 差分运算电路

差分运算电路用于实现两个输入信号的按比例减法运算，由于其共模抑制比较高，抑制温漂和外部干扰能力强，因此在信号测量领域中获得了广泛的应用。差分运算电路又称为减法电路。

（1）电路组成

差分运算电路如图 3-22 所示。两个输入信号分别加在运放的同相输入端和反相输入端。

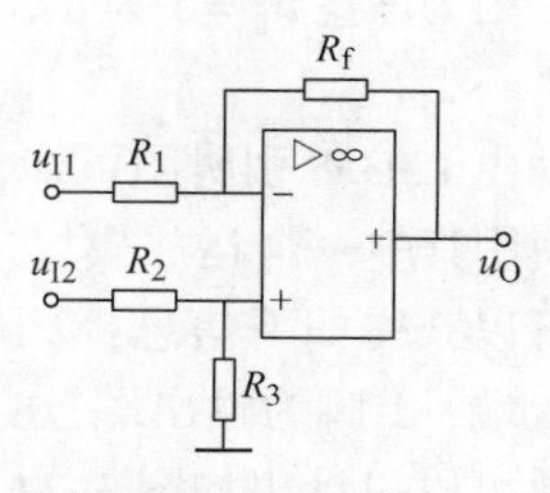

图 3-22　差分运算电路

（2）工作原理分析

电阻 R_f 将输出信号接回运放反相输入端，符合负反馈原则，所以运放工作于线性状态，满足“虚短”和“虚断”。

由于运放工作在线性状态，线性电路可以运用叠加定理分析多输入信号时的输出。

当输入信号仅有 u_{I1} 时，此时运放构成反相比例电路，所以电路对应的输出信号为 $u_{O1}=-\frac{R_f}{R_1}u_{I1}$。

同理，当输入信号仅有 u_{I2} 时，此时运放构成同相比例电路，对应电路输出为 $u_{O2}=\left(1+\frac{R_f}{R_1}\right)\frac{R_3}{R_2+R_3}u_{I2}$。

所以当输入信号 u_{I1} 和 u_{I2} 同时存在时，电路输出 $u_O=u_{O1}+u_{O2}$，因此有

$$u_O=\left(1+\frac{R_f}{R_1}\right)\frac{R_3}{R_2+R_3}u_{I2}-\frac{R_f}{R_1}u_{I1} \tag{3-27}$$

因此该电路能够实现两个输入信号按比例的减法运算。

说明：

1）若 $R_1=R_2$，$R_f=R_3$，则输出电压为

$$u_O=\left(1+\frac{R_f}{R_1}\right)\frac{R_3}{R_2+R_3}u_{I2}-\frac{R_f}{R_1}u_{I1}=\frac{R_f}{R_1}(u_{I2}-u_{I1}) \tag{3-28}$$

从而实现简单的算术相减。

2）为保证运放同相输入端和反相输入端外部等效电阻一致，因此要求

$$R_1 /\!/ R_f=R_2 /\!/ R_3 \tag{3-29}$$

【例 3-6】 按电路增益要求设计由集成运放 LM358 组成的放大电路。输入信号 $u_i(t)=1\sin 2\pi\times10^3 t\text{V}$，$A_u=5$。

解：1）查阅 LM358 相关资料。

经查阅资料可知 LM358 引脚分布如图 3-23 所示。该集成运放内部有两个运放模块，双电源或单电源供电均可。单电源供电时电源电压范围 3～30V，双电源供电时电源电压范围 ±1.5～±15V。

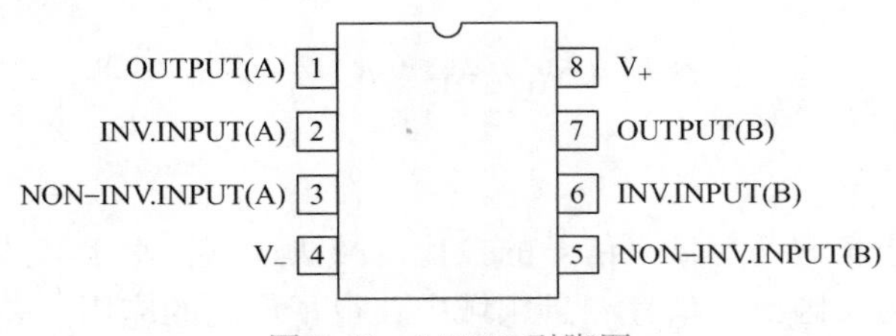

图 3-23 LM358 引脚图

2）确定电路结构。

因为增益 $A_u=5$ 为正，所以采用同相比例电路。因为要放大交流信号，所以采用双电源供电。

由 LM358 引脚图可知，LM358 为双运放，本电路只需使用其中一个运放模块，选择运放模块 A。从图 3-23 中可以获得如下信息：2 脚为反相输入端，3 脚为同相输入端，1 脚为输出端，8 脚接正电源，4 脚接负电源。因此可以设计出如图 3-24 所示的电路原理图。

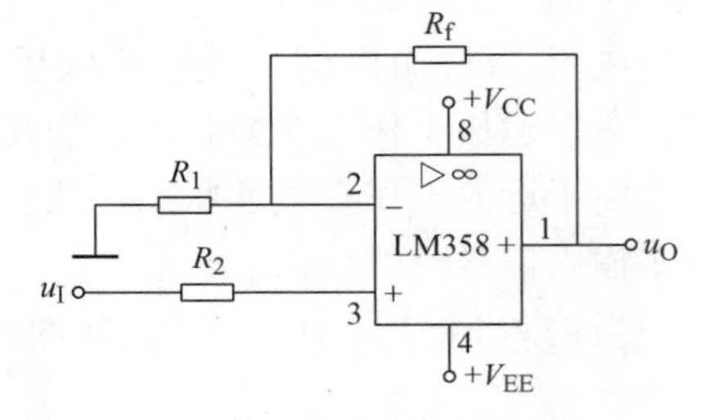

图 3-24 例 3-6 图

3）确定电阻阻值。

电阻 R_1、R_2 和 R_f 的阻值需要确定。

在集成运放应用电路设计时一般应该尽量选取 kΩ 级别的电阻，阻值过低或者阻值过高均会影响电路性能。阻值太小会导致运放输入电阻偏低，电流及功耗偏大，而阻值太大会增加电路噪声（电阻热噪声），因此选择 $R_1=10\text{k}\Omega$。

因为 $A_u=1+\dfrac{R_f}{R_1}=5$，所以计算得到 $R_f=40\text{k}\Omega$。

但是需要注意的是电阻器的标称阻值是有标准的，国标 GB/T 2471—1995《电阻器和电

容器优先数系》规定了电阻、电容标称值的有效数字，具体参见本书附录 B。在这当中以 E24 系列最为常见。

E24 系列电阻器的标准有效数字如下：

1.0　1.1　1.2　1.3　1.5　1.6　1.8　2.0　2.2　2.4　2.7
3.0　3.3　3.6　3.9　4.3　4.7　5.1　5.6　6.2　6.8　7.5
8.2　9.1

因此 40kΩ 并非标准阻值电阻。可以考虑如下三种方案解决：

①可以选择最接近的阻值，令 $R_f = 39k\Omega$。

②使用两个 20kΩ 电阻串联获得 40kΩ。

③可以使用 50kΩ 电位器进行精确调节获得 40kΩ。

此处采取方案①，令 $R_f = 39k\Omega$。

经计算，平衡电阻 $R_2 = R_1 /\!/ R_f = 8k\Omega$，8kΩ 也不是标准电阻，可以令 $R_2 = 8.2k\Omega$ 即可，因为运放平衡电阻的阻值精度要求不高。

4）确定电源电压。

从 LM358 资料中可以获知，LM358 要求电源电压比电路实际最大输出电压高 1.5V 以上。

由于该电路最大输出电压为 5V，所以电源电压应该大于 6.5V，否则输出交流波形会产生非线性失真。但是过高的电源电压会给芯片带来额外的功耗，因此本电路可以选择 ±9V 作为电源电压。

注意：电源电压低于 6.5V 或采用单电源供电将产生严重的非线性失真。

【例 3-7】　理想运放电路如图 3-25 所示。设 $u_{I1} = u_{I2} = 0.1V$，求 u_O。

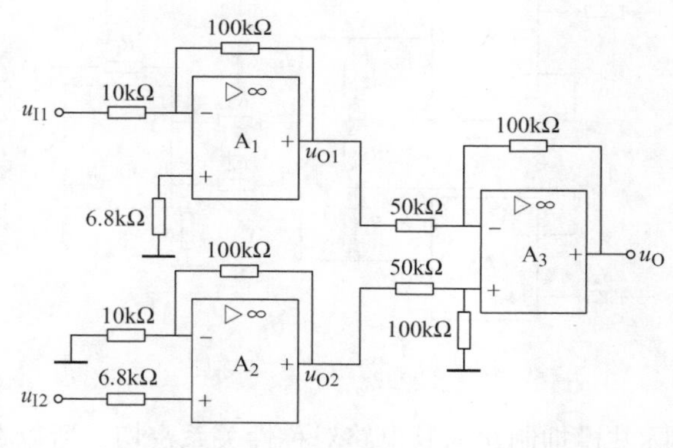

图 3-25　例 3-7 图

解：1）运放 A_1 构成反相比例电路，所以 $A_{u1} = -10$，$u_{O1} = -1V$。

2）运放 A_2 构成同相比例电路，所以 $A_{u2} = 11$，$u_{O2} = 1.1V$。

3）运放 A_3 构成减法电路，所以 $u_O = 2(u_{O2} - u_{O1}) = 4.2V$。

5. 仪表放大器电路

(1) 仪表放大器的基本要求

仪表放大器又称仪用放大器，主要用于精密测量领域实现微弱信号的不失真放大。仪表放大器除了要具有一定的电压增益之外，对高输入电阻、高共模抑制比和低噪声的要求特别高。

1）高输入电阻。

放大器输入电阻越高，从信号源吸收的电流越小，对信号源影响越小。在精密测量领域，作为仪表放大器信号源的被测量信号往往非常微弱，所以仪表放大器通常都必须具备非常高的输入电阻。

2）高共模抑制比。

在精密测量领域，被测量信号往往会伴随着较强的外部干扰，这种干扰一般都是以共模信号的形式存在，所以仪表放大器要求具有较高的共模抑制比以抑制外部干扰。同时共模抑制比高的仪表放大器也具有较强的抑制温漂的能力。

3）低噪声。

在电路中，噪声总是伴随着有用信号而共存。在精密测量领域，被测量信号一般都非常微弱，若噪声过高，信号可能会被噪声淹没而无法采集，因此要求放大电路本身噪声必须非常低。

实际测量仪器中的放大器往往是由多级放大电路构成的，仪表放大器一般处于输入级位置。对于多级放大电路而言，电路整体噪声性能主要取决于输入级，所以仪表放大器中的元器件无论运放还是电阻都应该尽量选用低噪声元器件。

（2）仪表放大器的电路组成

仪表放大器的具体电路有多种，比较常见的是同相并联三运放差分电路结构。具体电路如图 3-26 所示。

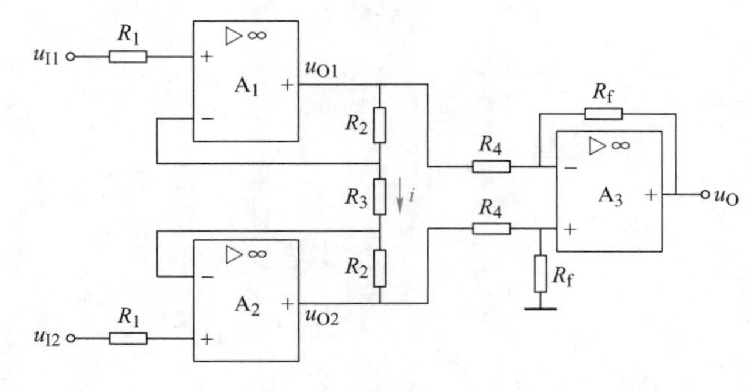

图 3-26　仪表放大器电路

由于差分放大器实际共模抑制比与其电路对称性关系密切，所以在图 3-26 所示电路中，要求运放 A_1 和 A_2 参数对称，运放 A_3 同相和反相输入端外接电阻参数也要严格对称。

（3）工作原理分析

在图 3-26 中，运放 A_1 和 A_2 构成仪表放大器的第一级，由于 A_1 和 A_2 都采用了同相比例电路结构，因此具有较高的输入电阻。运放 A_3 构成仪表放大器的第二级，由于 A_3 采用了差分结构，所以共模抑制比非常高。

设仪表放大器差分输入 $u_{id}=u_{I2}-u_{I1}$，运放 A_1 和 A_2 的输出电压分别为 u_{O1} 和 u_{O2}，则第一级放大器输出电压为

$$u_{O2}-u_{O1}=\left(1+\frac{2R_2}{R_3}\right)(u_{I2}-u_{I1}) \tag{3-30}$$

运放 A_3 构成的第二级差分（减法）电路，其输出电压为

$$u_O = \frac{R_f}{R_4}(u_{O2} - u_{O1}) \tag{3-31}$$

所以整个仪表放大器输出电压计算公式为

$$u_O = \left(1 + \frac{2R_2}{R_3}\right)\frac{R_f}{R_4}(u_{I2} - u_{I1}) \tag{3-32}$$

差模电压增益为

$$A_u = \left(1 + \frac{2R_2}{R_3}\right)\frac{R_f}{R_4} \tag{3-33}$$

任务 3.3　有源滤波电路分析

主要教学内容

1. 滤波电路分类。
2. 滤波电路频率特性分析。
3. 低通滤波电路分析。
4. 高通滤波电路分析。
5. 带通和带阻滤波器简介。

3.3.1　滤波器的频率特性

1. 滤波电路分类

(1) 滤波电路的作用

滤波电路也称滤波器，是通信、测量等领域常见的一种信号处理电路。滤波器的主要作用是“选频”，即允许某个特定频率范围内的信号（视为有用信号）顺利通过，而将其他频率范围内的信号（视为无用或有害信号）过滤（抑制、衰减）掉。

之所以在各类通信设备和电子产品中广泛使用滤波电路，其主要原因是有用信号在传输、处理的过程中会由于各种原因自身产生或者从外部叠加上一些无用信号，这些无用信号的频率往往不同于有用信号，它们的存在会使得有用信号的波形产生失真，对信号的传输、处理造成有害影响。如图 3-27 所示，图 3-27a 为有用信号，图 3-27b 为无用的干扰信号，图 3-27c 为叠加了干扰之后的信号。而滤波器能够将这些无用频率的信号从图 3-27c 所示信号中滤除，从而恢复出原始的有用信号本身。根据无用信号频率和有用信号频率的高低对比不同可以将滤波器分为多种类型。

例如在前面介绍的直流稳压电源电路中，整流电路输出波形为脉动直流电，但脉动直流电中除了直流分量之外，还包含了大量的交流谐波成分（称为纹波）。其中直流分量频率为 0Hz，而交流谐波频率为整数倍 50Hz。在大多数情况下脉动直流电无法直接作为直流电源给电子设备供电，所以必须利用滤波电路滤除脉动直流电中的交流谐波成分，以便获得纯净、

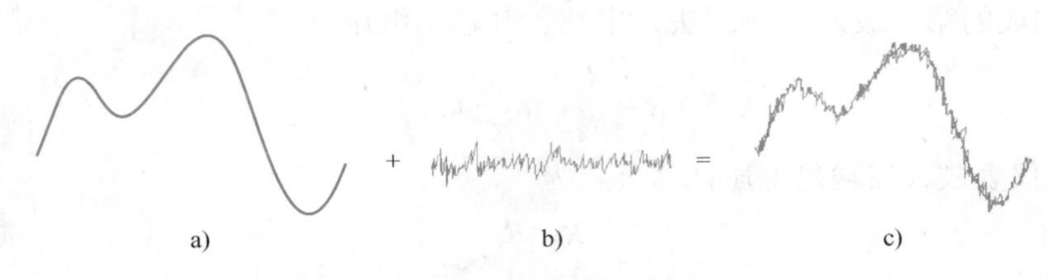

图 3-27　受到干扰的信号

平滑的直流电输出，相关内容在本书项目 1 中已有详细介绍。

（2）滤波电路的四种类别

滤波电路种类繁多。按照是否需要直流电源给滤波器供电可以分为无源滤波器和有源滤波器两类。无源滤波器是指由电感、电容、电阻、陶瓷、石英晶体、声表面波滤波器等无源元器件组成的滤波电路，无源滤波器工作时不需要直流电源为其供电。有源滤波器是指滤波器中除了电感、电容、电阻等无源元件外还包含放大电路，放大电路工作时需要外接直流电源为其供电。与无源滤波器相比，有源滤波器由于放大环节的加入，使得增益高，带负载能力强。

按照频率特性的不同，滤波器可以分为低通滤波器（Low Pass Filter，LPF）、高通滤波器（High Pass Filter，HPF）、带通滤波器（Band Pass Filter，BPF）和带阻滤波器（Band Elimination Filter，BEF）四种。

2. 滤波器的频率特性

（1）低通滤波器

低通滤波器的作用：允许低频信号通过，将高频信号衰减。即保留低频信号，滤除高频信号。

低通滤波器符号如图 3-28a 所示，频率特性如图 3-28b、c 所示。其中图 3-28b 为理想低通滤波器频率特性曲线，f_H称为低通滤波器上限截止频率。当加到低通滤波器上的信号频率低于f_H时信号能顺利通过滤波器送到输出端，当信号频率高于f_H时则被低通滤波器彻底滤除。但是理想低通滤波器理论上不可能实现。

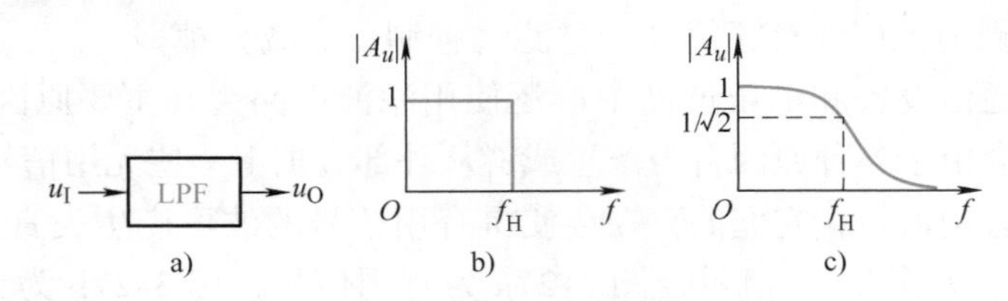

图 3-28　低通滤波器符号和频率特性

能够实现的实际低通滤波器频率特性曲线如图 3-28c 所示。从图可以看出，随着加到低通滤波器上输入信号频率逐渐增大，滤波器衰减作用越来越强，输出信号幅度越来越小，当滤波器输出信号幅度下降到只有最大输出值的 $1/\sqrt{2}$ 时所对应的频率即为低通滤波器上限截止频率f_H。因此频率高于f_H的信号被低通滤波器衰减，但不可能被彻底滤除。直流稳压电源中的滤波电路就属于低通滤波器，因为被滤除的交流谐波频率高于被保留的 0Hz 的直流分量频率。从图 1-19 中可以看出，正是由于低通滤波器对高频谐波滤波不彻底造成了输出波形并非理想的直线波形。

（2）高通滤波器

高通滤波器的作用：允许高频信号通过，将低频信号衰减。即保留高频信号，滤除低频信号。高通滤波器的作用与低通滤波器完全相反。

高通滤波器符号如图3-29a所示，频率特性如图3-29b、c所示。其中图3-29b为理想高通滤波器频率特性曲线，f_L称为高通滤波器下限截止频率。当加到高通滤波器上信号频率高于f_L时被允许通过，当信号频率低于f_L时则被滤波器彻底滤除。但是理想高通滤波器也不可能实现。

能够实现的实际高通滤波器频率特性如图3-29c所示。从图中可以看出，随着加到高通滤波器上信号频率从高到低逐渐下降，滤波器衰减作用越来越强，输出信号幅度越来越小，当输出下降到只有最大输出值的$1/\sqrt{2}$时所对应的频率即为高通滤波器下限截止频率f_L。因此频率低于f_L的信号被衰减，但不可能被彻底滤除。在前面介绍的晶体管共射放大电路中，晶体管输入、输出端的耦合电容起隔直流、通交流的作用，从滤波器角度来看其实可将其看作高通滤波器。因为相对于直流量而言，交流输入输出信号均为高频信号。

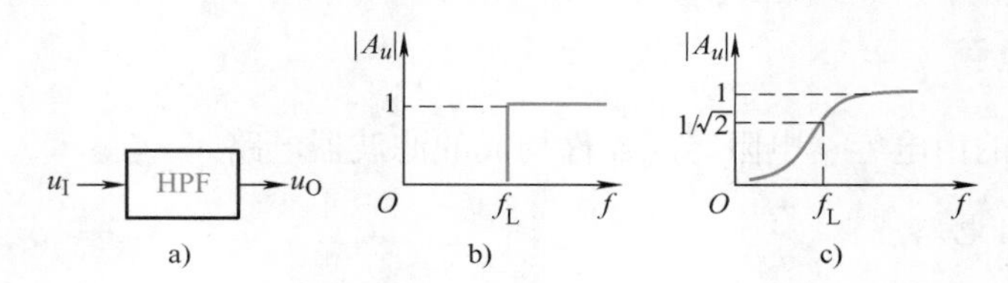

图3-29　高通滤波器符号和频率特性

（3）带通滤波器

带通滤波器的作用：允许某一特定频带范围内的信号通过，将低于此频带和高于此频带范围之外的信号全部衰减。

带通滤波器符号如图3-30a所示，频率特性如图3-30b、c所示。其中图3-30b为理想带通滤波器频率特性曲线，呈矩形滤波特性。f_L称为带通滤波器下限截止频率，f_H称为带通滤波器上限截止频率。当加到带通滤波器上信号频率$f_L < f < f_H$时允许通过，当信号频率低于f_L或者高于f_H时则被滤波器彻底滤除。但是理想的带通滤波器不可能实现。

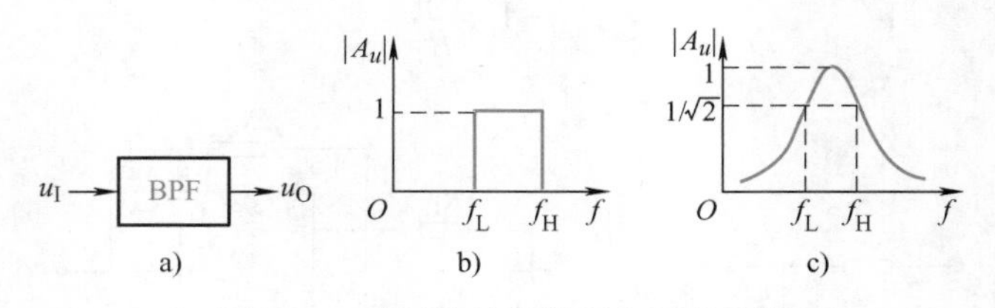

图3-30　带通滤波器符号和频率特性

能够实现的实际带通滤波器频率特性如图3-30c所示。从图中可以看出，频率低于f_L或者高于f_H的信号被衰减，但不可能被彻底滤除。在无线电通信领域，当无线电接收机要从众多的无线电信号中提取某个特定频段电磁波信号时，往往需要使用带通滤波器进行选频。

（4）带阻滤波器

带阻滤波器的作用：允许某一频带范围之外的信号通过，而将此频带范围之内的信号衰减。带阻滤波器的作用与带通滤波器相反。

带阻滤波器符号如图3-31a所示，频率特性如图3-31b、c所示。其中图3-31b为理想带阻滤波器频率特性曲线，f_L称为带阻滤波器下限截止频率，f_H称为带阻滤波器上限截止频率。当加到带阻滤波器上信号频率低于f_L或者高于f_H时允许通过，而当信号频率处于$f_L<f<f_H$则被滤波器彻底滤除。但是理想的带阻滤波器也不可能实现。

能够实现的实际带阻滤波器频率特性如图3-31c所示。从图中可以看出，频率介于$f_L<f<f_H$的信号被衰减，但不可能被彻底滤除。在无线电通信中，带阻滤波器一般用来有针对性地滤除某个特定频段内的干扰信号。

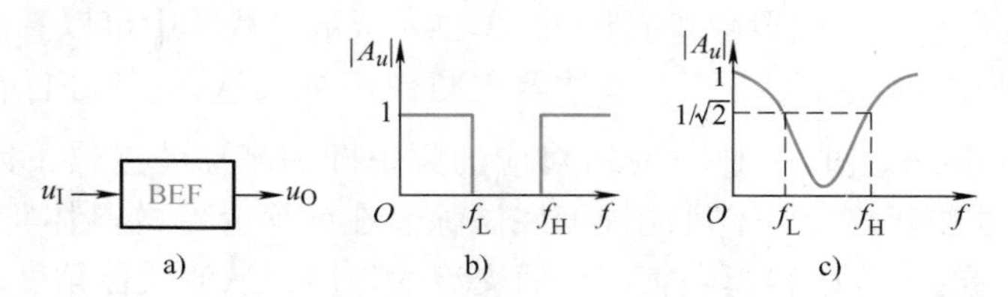

图3-31　带阻滤波器符号和频率特性

3.3.2　滤波器电路

以下介绍常见的由电容、电阻等元器件构成的滤波器电路。

1. 低通滤波器电路

（1）一阶低通滤波器电路组成

低通滤波器（LPF）按照是否需要直流电源供电可以分为无源低通滤波器和有源低通滤波器两类。在无源低通滤波器基础上增加放大器即可构成有源低通滤波器。

低通滤波器电路组成必须符合以下原则：滤波电容与负载并联，滤波电感与负载串联。低通滤波器中可以只有电容或电感，也可以两者皆有。

图3-32a所示为无源一阶低通滤波器电路，图3-32b所示为有源一阶低通滤波器电路。与无源低通滤波器相比，有源低通滤波器中增加的放大器可以提供电压增益，带负载能力更强。图3-32b有源低通滤波器的电压增益为

$$A_u=1+\frac{R_f}{R_1} \tag{3-34}$$

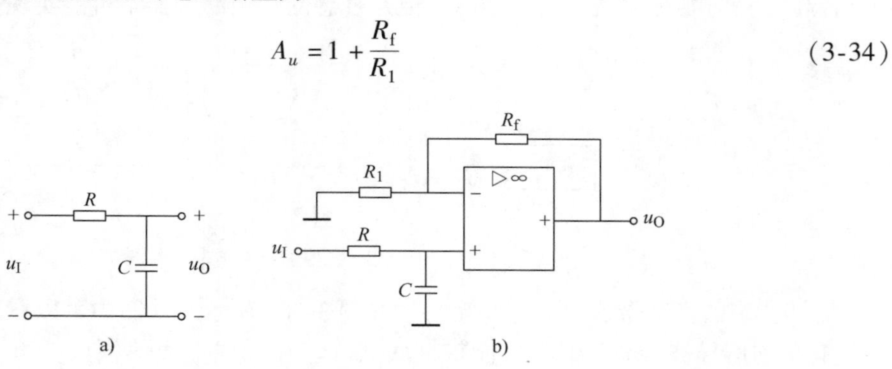

图3-32　一阶低通滤波器电路

（2）低通滤波器截止频率

一阶低通滤波器频率特性符合图3-28c所示，其截止频率为

$$f_{\mathrm{H}}=\frac{1}{2\pi RC} \tag{3-35}$$

（3）二阶有源低通滤波器电路

一阶低通滤波器频率特性与理想低通滤波器相差较大，使用二阶低通滤波器可以改善其滤波特性，使之更加接近理想低通滤波特性。常见的二阶低通滤波器电路如图3-33所示。

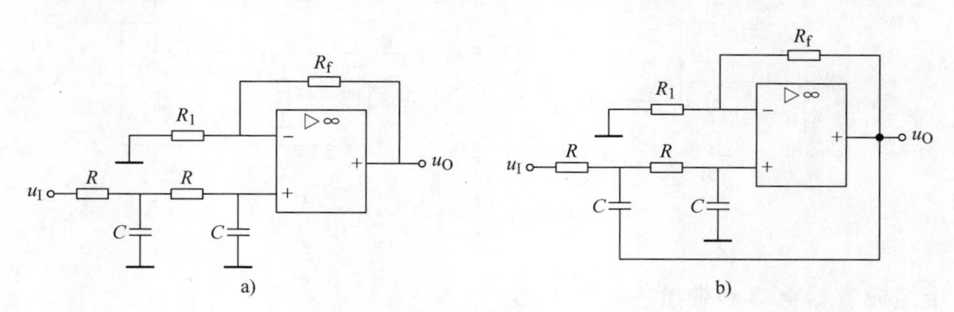

图3-33　二阶低通滤波器电路

2. 高通滤波器电路

（1）一阶高通滤波器电路组成

高通滤波器（HPF）按照是否需要直流电源供电也可以分为无源高通滤波器和有源高通滤波器两类。

高通滤波器电路组成符合以下原则：高通滤波器中的滤波电容与负载串联，滤波电感与负载并联。高通滤波器电路结构与低通滤波器相反。

图3-34a所示为无源一阶高通滤波器电路，图3-34b所示为有源一阶高通滤波器电路。与无源高通滤波器相比，有源高通滤波器可以提供电压增益，带负载能力更强。图3-34b有源一阶高通滤波器电路的电压增益为

$$A_u=1+\frac{R_{\mathrm{f}}}{R_1} \tag{3-36}$$

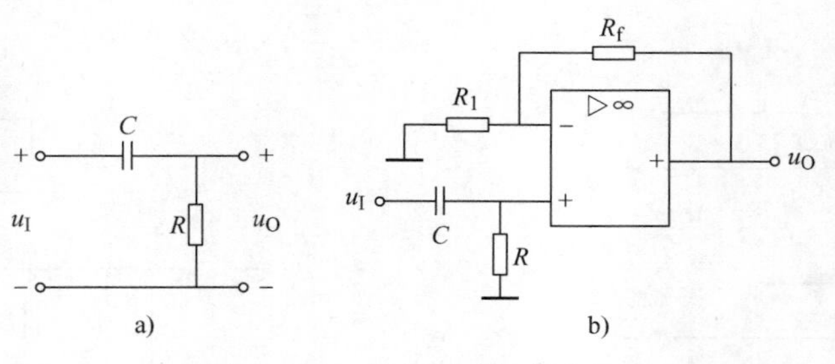

图3-34　一阶高通滤波器电路

（2）高通滤波器截止频率

一阶高通滤波器频率特性符合图3-29c所示，其截止频率为

$$f_{\mathrm{L}}=\frac{1}{2\pi RC} \tag{3-37}$$

（3）二阶有源高通滤波器电路

一阶高通滤波器频率特性与理想高通滤波器相差较大，使用二阶高通滤波器可以改善其滤波特性，使之更加接近理想滤波特性。二阶高通滤波器电路如图 3-35 所示。

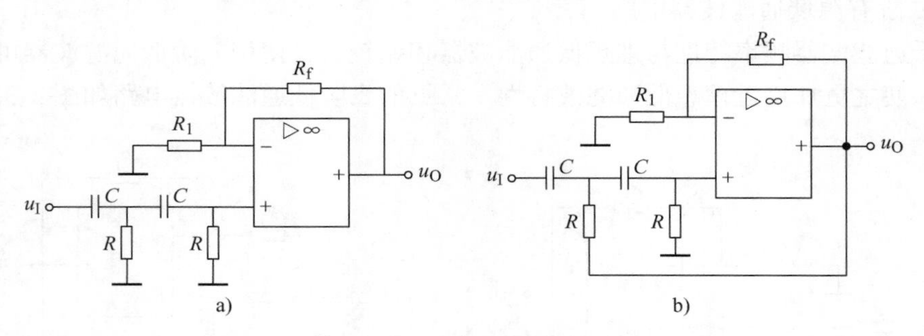

图 3-35　二阶高通滤波器电路

3. 带通滤波器电路和带阻滤波器电路

（1）带通滤波器电路

带通滤波器电路可以看作是由一个低通滤波器和一个高通滤波器串联组成的滤波器电路。带通滤波器结构和频率特性如图 3-36 所示。

在带通滤波器中，低通滤波器首先滤除频率 $f>f_H$ 的信号，在此基础上高通滤波器再滤除 $f<f_L$ 的信号，因此两者综合后只有 $f_L<f<f_H$ 的信号被送到输出端，其余频率的信号被滤除，显然这符合带通滤波器的频率特性。

典型的带通滤波器电路如图 3-37 所示。滤波电路部分由 *RC* 低通滤波器和 *RC* 高通滤波器串联组成。

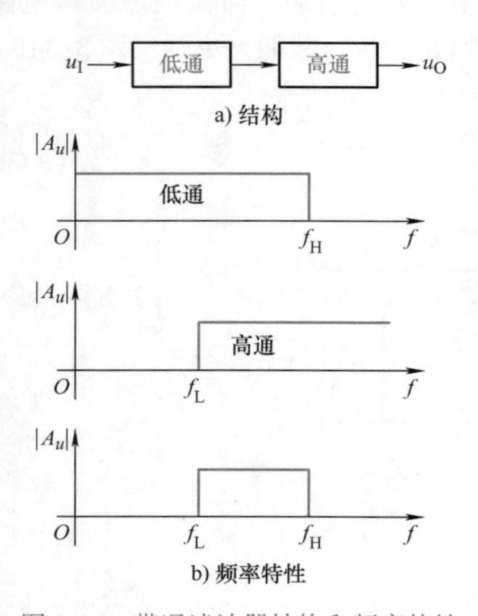

图 3-36　带通滤波器结构和频率特性

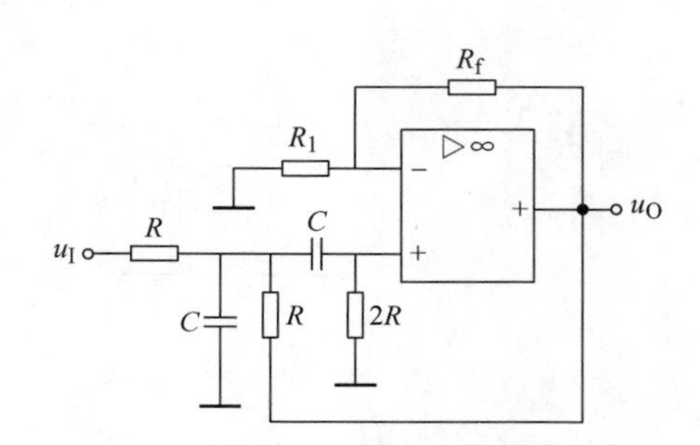

图 3-37　典型带通滤波器电路

（2）带阻滤波器电路

带阻滤波器电路可以看作是由一个低通滤波器和一个高通滤波器并联组成的滤波器电

路。带阻滤波器结构和频率特性如图 3-38 所示。

在带阻滤波器中，输入信号中频率 $f<f_L$ 的部分由低通滤波器支路送至电路输出端，输入信号中频率 $f>f_H$ 的部分由高通滤波器支路送至电路输出端，因此只有 $f_L<f<f_H$ 的这部分信号无法被送至滤波器输出端而被滤除，显然这符合带阻滤波器频率特性。

典型的带阻滤波器电路如图 3-39 所示。滤波部分由 *RC* 低通滤波器和 *RC* 高通滤波器并联组成。

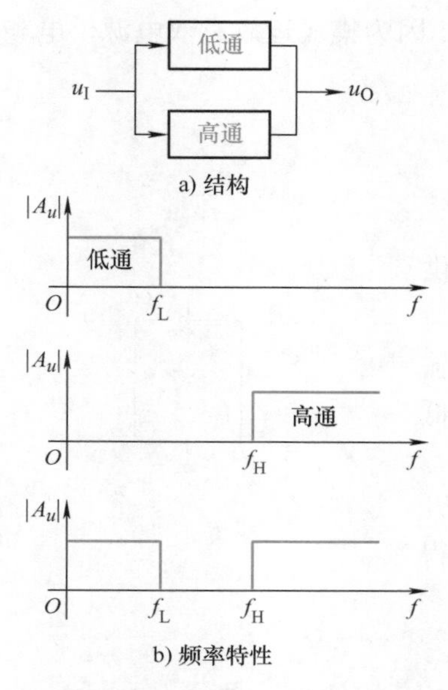

图 3-38　带阻滤波器结构和频率特性

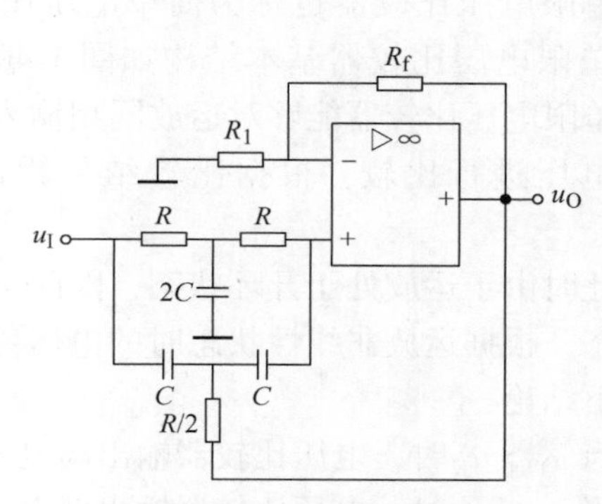

图 3-39　典型带阻滤波器电路

任务 3.4　电压比较器电路分析

主要教学内容

1. 双电源供电的单限电压比较器电路分析。
2. 单电源供电的单限电压比较器电路分析。
3. 具有抗干扰能力的滞回比较器电路分析。

集成运放的工作状态有线性和非线性两种。前面已经介绍了集成运放的线性应用，以下介绍集成运放的非线性应用。当集成运放施加负反馈时一般工作于线性状态。当集成运放开环或者施加正反馈时一般工作在非线性状态，此时运放只满足“虚断”，不满足“虚短”，其输出只有高电平和低电平两种状态，非线性状态下的集成运放可用于电压比较器的实现。

电压比较器在检测和自动控制系统中使用广泛，可实现开关量信号检测、越界报警、模-数转换、波形变换、非正弦波信号发生等功能。其基本功能是比较两个模拟信号电压的高低，并将比较结果在输出端用高电平或低电平表达出来。由于电压比较器的输出为开关量，所以可以作为模拟电路和数字电路的接口。

电压比较器功能的实现有多种方法。例如有专门的集成电压比较器芯片如 LM393、LM339 等，用通用集成运放同样可以实现电压比较器功能。

按照功能划分，电压比较器电路分为单限（简单）电压比较器和滞回（迟滞）比较器两类。

3.4.1 单限电压比较器电路分析

首先介绍通用集成运放构成的单限电压比较器电路。因为集成运放有双电源供电和单电源供电两种模式，以下分别进行介绍。

1. 双电源供电的单限电压比较器电路分析

（1）电路基本结构

单限电压比较器也称为简单电压比较器。双电源供电的单限电压比较器基本结构如图 3-40 所示。

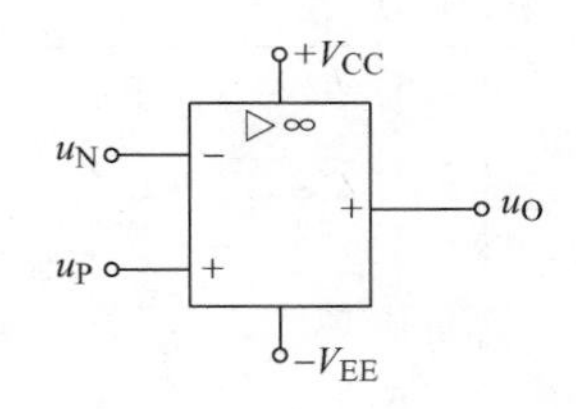

图 3-40　双电源供电的单限电压比较器基本结构

单限电压比较器能够对运放同相输入端电压和反相输入端电压进行比较，根据比较结果输出高电平或者低电平。

此时由于运放处于开环状态，因此工作于非线性的开关状态。根据运放非线性状态时的电压传输特性，可以得出如下结论：

当 $u_P > u_N$ 时，电压比较器输出高电平，$u_O = +U_{OH}$。

当 $u_P < u_N$ 时，电压比较器输出低电平，$u_O = -U_{OL}$。

其中 $+U_{OH}$ 为运放正饱和电压，比电源电压 $+V_{CC}$ 低 0.5 ~ 2V。$-U_{OL}$ 为运放负饱和电压，同样比 $-V_{EE}$ 低 0.5 ~ 2V。由于运放电源电压通常设置为 $V_{CC} = V_{EE}$，此时有 $U_{OH} = U_{OL}$。

【例 3-8】 如图 3-41 所示运放电路，设运放输出饱和电压比电源电压低 2V。若 $U_1 = +3V$，$U_2 = +1V$，则输出电压 U_O 为多少伏？若 $U_1 = +3V$，$U_2 = +5V$，则 U_O 为多少伏？

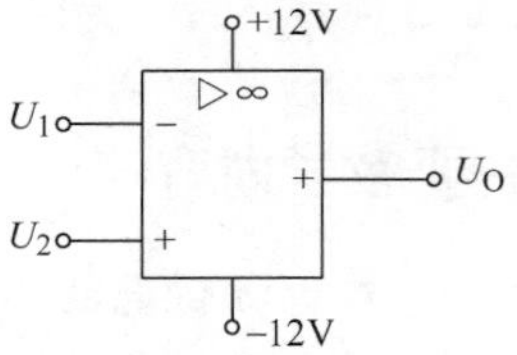

图 3-41　例 3-8 电路

解：由于运放开环，所以工作在非线性状态，构成单限电压比较器。

若 $U_1 = +3V$，$U_2 = +1V$，则 $u_P < u_N$，所以 $U_O = -10V$。

若 $U_1 = +3V$，$U_2 = +5V$，则 $u_P > u_N$，所以 $U_O = +10V$。

（2）电压比较器的电压传输特性

在实际工程应用中，电压比较器常用作电压门限的检测，也就是检测输入信号电压与某个标准的参考电压相比偏大还是偏小。此时运放的一个输入端加上作为比较基准的参考直流电压 U_{REF}，另一个输入端加上输入信号 u_I。根据输入信号 u_I 加载的位置是运放同相输入端还是反相输入端，单限电压比较器又分为同相电压比较器和反相电压比较器两种。

1）同相电压比较器的电压传输特性。

同相电压比较器的电压传输特性如图 3-42 所示。

让电压比较器输出电平发生跳变的输入电压值称为电压比较器的门限电压或阈值电压，

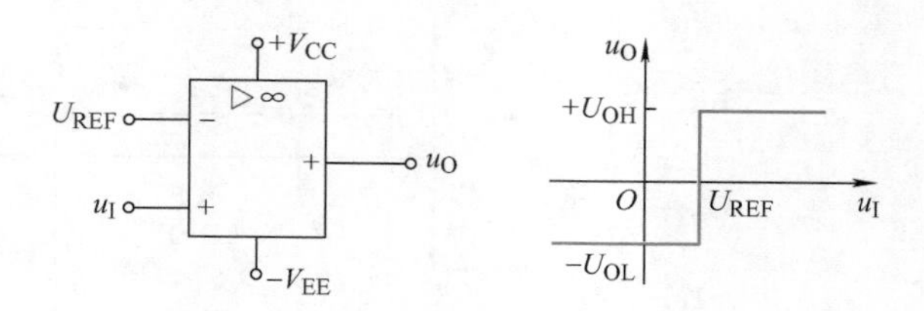

图 3-42　同相电压比较器电压传输特性

记作 U_{TH}，该电压比较器的门限电压 $U_{TH}=U_{REF}$。结论如下：

当 $u_I>U_{REF}$时，电压比较器输出 $u_O=+U_{OH}$。

当 $u_I<U_{REF}$时，电压比较器输出 $u_O=-U_{OL}$。

在输入电压由低逐渐升高的过程中，当 $u_I<U_{REF}$时，输出 $u_O=-U_{OL}$。一旦输入电压超过门限电压 U_{REF}，则输出电压会立刻跳变为高电平 $+U_{OH}$。

2）反相电压比较器的电压传输特性。

反相电压比较器的电压传输特性如图 3-43 所示。

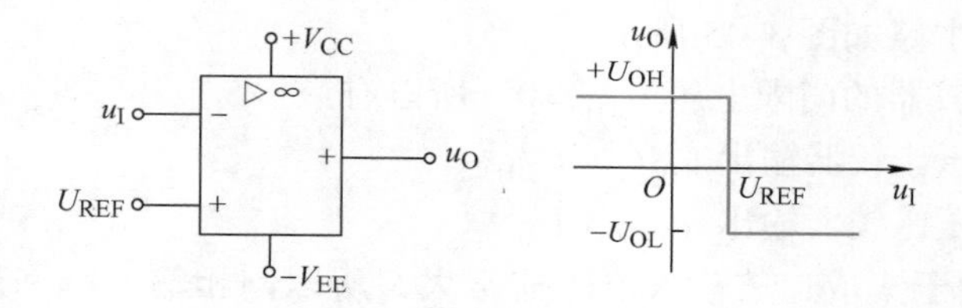

图 3-43　反相电压比较器电压传输特性

该电压比较器的门限电压 $U_{TH}=U_{REF}$。结论如下：

当 $u_I>U_{REF}$时，电压比较器输出 $u_O=-U_{OL}$。

当 $u_I<U_{REF}$时，电压比较器输出 $u_O=+U_{OH}$。

由此可见，反相电压比较器的电压传输特性与同相电压比较器相反。在输入电压由低逐渐升高的过程中，当 $u_I<U_{REF}$时，输出 $u_O=+U_{OH}$。一旦输入电压超过门限电压 U_{REF}，则输出电压会立刻跳变为低电平 $-U_{OL}$。

【例 3-9】　已知反相电压比较器的参考电压 $U_{REF}=2V$，设集成运放输出饱和电压为 $U_{OH}=U_{OL}=5V$，根据输入波形画出电路输出电压波形。电路如图 3-44a 所示。

解：由于该电路为反相电压比较器，所以有

当 $u_I>+2V$ 时，电压比较器输出 $u_O=-U_{OL}=-5V$。

当 $u_I<-2V$ 时，电压比较器输出 $u_O=+U_{OH}=+5V$。

根据以上结论可以画出输出电压波形，如图 3-44b 所示。从波形图可以看出，该电压比较器可以将三角波转化为矩形波。调整门限电压 U_{REF}的大小，可以改变输出矩形波的占空比。若降低门限电压，则输出矩形波占空比下降；若提高门限电压，则占空比上升。若输入波形不是三角波而是正弦波等其他周期信号，也可以在电路输出端产生矩形波信号，分析过程类似。因此电压比较器可以实现波形变换和整形功能。

（3）过零比较器电路

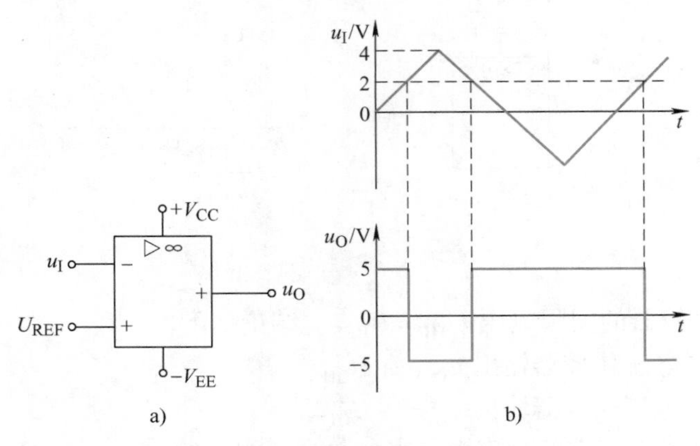

图 3-44　例 3-9 电路及波形图

若单限电压比较器的参考电压 $U_{REF}=0$，即门限电压 $U_{TH}=0$，此时的电压比较器被称为过零比较器。过零比较器也可以分为同相过零比较器和反相过零比较器两种。

1）同相过零比较器电路。

同相过零比较器电路如图 3-45 所示。

由于同相过零比较器的门限电压 $U_{TH}=0$，所以有

当 $u_I>0$ 时，电压比较器输出 $u_O=+U_{OH}$。

当 $u_I<0$ 时，电压比较器输出 $u_O=-U_{OL}$。

在图 3-45 中，由于集成运放输入电阻非常大，所以同相输入端和反相输入端的电阻 R 也可以不接。

2）反相过零比较器电路。

反相过零比较器电路如图 3-46 所示。其电压传输特性与同相过零比较器完全相反。

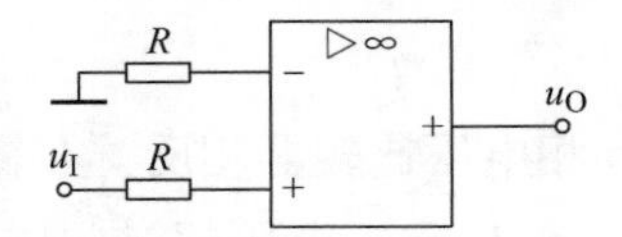

图 3-45　同相过零比较器电路

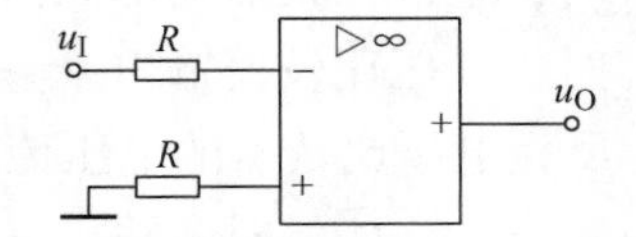

图 3-46　反相过零比较器电路

当 $u_I>0$ 时，电压比较器输出 $u_O=-U_{OL}$。

当 $u_I<0$ 时，电压比较器输出 $u_O=+U_{OH}$。

综上所述，过零比较器具有电压极性检测功能，能够判断输入信号的极性是正还是负，在输出端以高电平或低电平加以区分。

【例 3-10】　同相过零比较器如图 3-47a 所示，运放输出饱和电压 $U_{OH}=U_{OL}=9V$，稳压二极管导通电压 $U_{on}=0.7V$，稳定电压 $U_Z=4.7V$，根据输入波形画出输出电压波形。

解：电压比较器的电压传输特性如下：

当 $u_I>0$ 时，电压比较器输出 $u_{O1}=+U_{OH}=+9V$。

当 $u_I<0$ 时，电压比较器输出 $u_{O1}=-U_{OL}=-9V$。

由于稳压二极管的限幅功能，所以有

当 $u_{O1}=+9V$ 时，VZ_1 正向导通，VZ_2 反向击穿，$u_O=U_{on}+U_Z=+5.4V$。

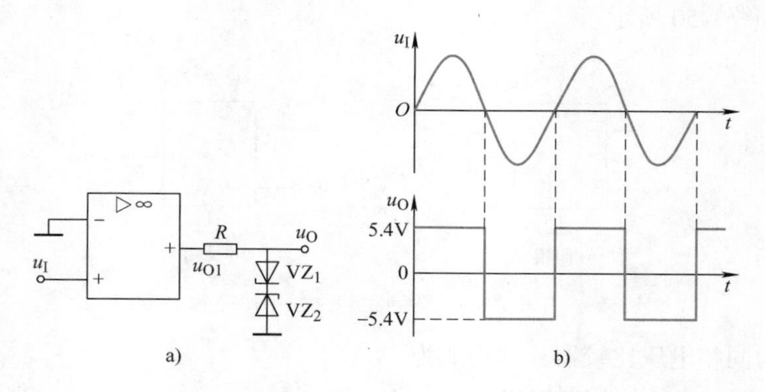

图 3-47　例 3-10 电路及波形图

当 $u_{O1}=-9V$ 时，VZ_1反向击穿，VZ_2正向导通，$u_O=-(U_{on}+U_Z)=-5.4V$。

因此该电路功能如下：

当 $u_I>0$ 时，$u_O=+5.4V$。

当 $u_I<0$ 时，$u_O=-5.4V$。

所以输出波形如图 3-47b 所示。由此可见过零比较器具有波形变换功能，在例 3-10 中，过零比较器将正弦波变换为方波。通过改变稳压二极管的稳定电压 U_Z，可以设置输出方波的幅度。

2. 单电源供电的单限电压比较器电路分析

部分集成运放在使用时允许用单电源供电，以下介绍单电源供电的电压比较器电路分析。

单电源供电的电压比较器电路结构如图 3-48 所示。

与双电源供电相比，单电源供电的电压比较器由于运放只有正电源供电，所以其最低输出电压为零，不可能输出负电压。即当 $u_P<u_N$时，电压比较器输出为零，有如下结论：

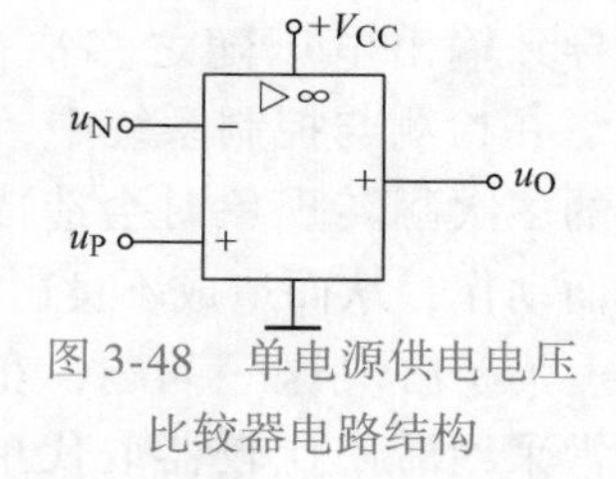

图 3-48　单电源供电电压比较器电路结构

当 $u_P>u_N$时，电压比较器输出高电平，$u_O=+U_{OH}$。

当 $u_P<u_N$时，电压比较器输出低电平，$u_O=0V$。

【例 3-11】　如图 3-49 所示运放电路，设运放输出饱和电压比电源电压低 2V。若 $U_1=+3V$，$U_2=+1V$，则输出电压 U_O为多少伏？若 $U_1=+3V$，$U_2=+5V$，则 U_O为多少伏？

解：由运放构成单电源供电的单限电压比较器。

若 $U_1=+3V$，$U_2=+1V$，则 $u_P<u_N$，所以 $U_O=0V$。

若 $U_1=+3V$，$U_2=+5V$，则 $u_P>u_N$，所以 $U_O=+10V$。

在实际工程应用中，由于电压比较器常用作电压门限的检测，此时运放的一个输入端加上参考直流电压 U_{REF} 作为比较门限，另一个输入端加上输入信号 u_I。根据输入信号 u_I加载的位置是运放同相输入端还是反相输入端，单电源供电的单限电压比较器同样可以分为同相电压比较器和反相电压比较器。单电源供电的同相和反

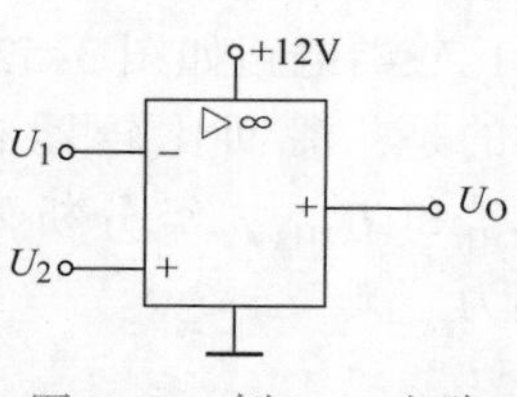

图 3-49　例 3-11 电路

相电压比较器如图 3-50 所示。

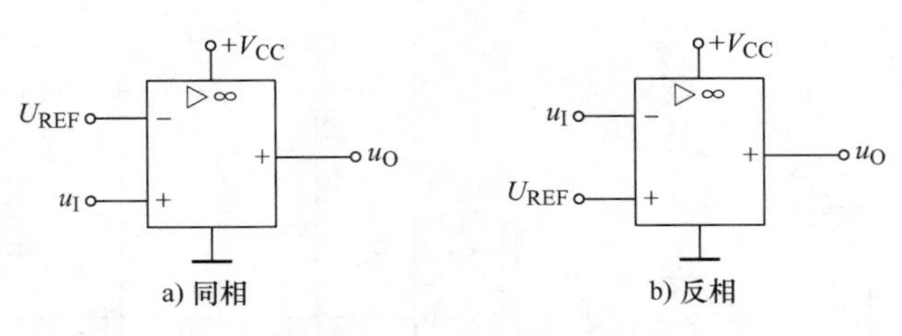

图 3-50　单电源供电的同相和反相电压比较器电路

图 3-50 a 为同相电压比较器，其功能为

当 $u_I > U_{REF}$时，电压比较器输出 $u_O = +U_{OH}$。

当 $u_I < U_{REF}$时，电压比较器输出 $u_O = 0V$。

图 3-50b 为反相电压比较器，其功能为

当 $u_I > U_{REF}$时，电压比较器输出 $u_O = 0V$。

当 $u_I < U_{REF}$时，电压比较器输出 $u_O = +U_{OH}$。

3.4.2　具有抗干扰功能的滞回比较器电路分析

1. 单限电压比较器的缺点

单限电压比较器电路结构简单，灵敏度高，但是抗干扰能力很差。在输入电压处于门限电压 U_{TH}值附近时，若受到干扰或噪声影响会使得输入电压在门限电压 U_{TH}上下多次起伏波动，从而导致输出电压随之多次翻转，如图 3-51 所示。在检测与控制系统中，当出现如图 3-51 所示的多次翻转现象时会造成控制系统多次被激发而动作，从而造成不良影响。

为了解决这一问题，在检测与控制系统中常常采用滞回比较器取代单限比较器以提高系统的抗干扰能力和可靠性。

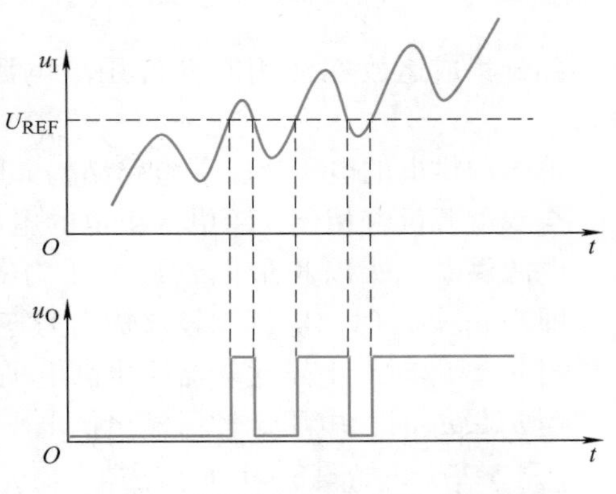

图 3-51　单限电压比较器的多次翻转

2. 滞回比较器电路分析

(1) 同相滞回比较器电路结构

滞回比较器也有同相和反相之分，功能相同。以下仅介绍同相滞回比较器电路。同相滞回比较器电路如图 3-52 所示。与单限电压比较器不同的是，滞回比较器有两个门限电压，分别记作 U_{TH1}和 U_{TH2}。经分析两个门限电压的计算公式分别为

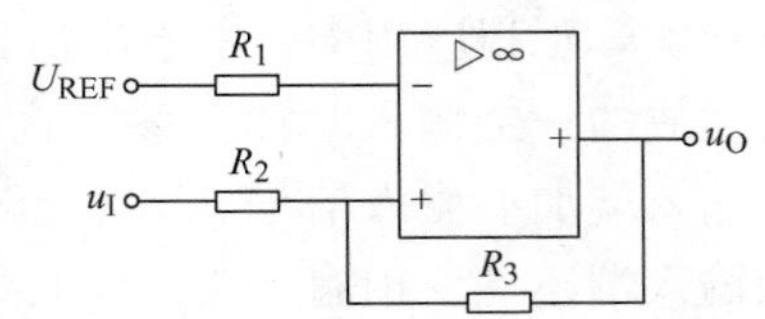

图 3-52　同相滞回比较器电路

$$U_{TH1}=\left(1+\frac{R_2}{R_3}\right)U_{REF}+\frac{R_2}{R_3}U_{OL} \tag{3-38}$$

$$U_{TH2}=\left(1+\frac{R_2}{R_3}\right)U_{REF}-\frac{R_2}{R_3}U_{OH} \tag{3-39}$$

（2）同相滞回比较器电压传输特性分析

滞回比较器的电压传输特性比单限电压比较器复杂。

1）当u_I增大时，其电压传输特性如图3-53a所示。功能为

当$u_I<U_{TH1}$时，$u_O=-U_{OL}$。

当$u_I>U_{TH1}$时，$u_O=+U_{OH}$。

结论：当$u_I>U_{TH1}$时，u_O翻转，输出从低电平变为高电平。

2）当u_I减小时，其电压传输特性如图3-53b所示。功能为

当$u_I>U_{TH2}$时，$u_O=+U_{OH}$。

当$u_I<U_{TH2}$时，$u_O=-U_{OL}$。

结论：当$u_I<U_{TH2}$时，u_O翻转，输出从高电平变为低电平。

注意：在滞回比较器中为了功能的正常实现，要求$U_{TH1}\neq U_{TH2}$，且$U_{TH1}>U_{TH2}$。

综上所述，同相滞回比较器完整的电压传输特性如图3-54所示。

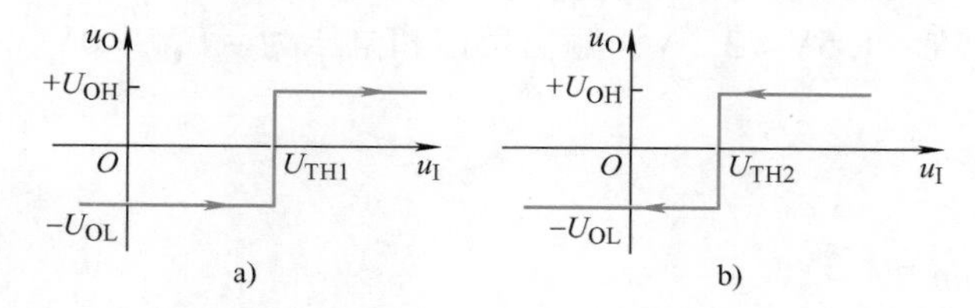

图3-53　同相滞回比较器电压传输特性分解

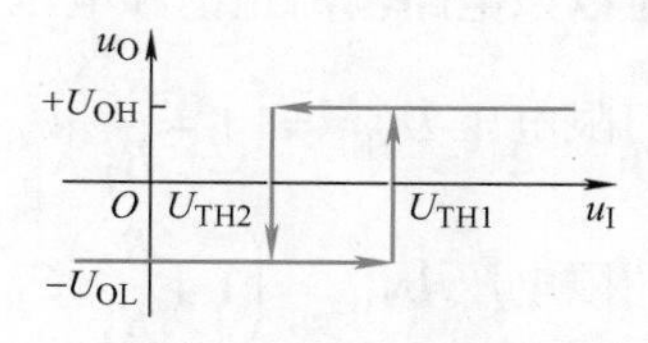

图3-54　同相滞回比较器电压传输特性

完整的电压传输特性为

当$u_I>U_{TH1}$时，$u_O=+U_{OH}$。

当$u_I<U_{TH2}$时，$u_O=-U_{OL}$。

当$U_{TH2}<u_I<U_{TH1}$时，u_O保持不变。

同相滞回比较器一般按照上面给出的结论进行电路分析。

【例3-12】　已知滞回比较器两个门限电压分别为$U_{TH1}=+3V$，$U_{TH2}=+1V$，运放输出饱和电压$U_{OH}=U_{OL}=5V$，电路如图3-55a所示，根据输入波形画出输出电压波形。

解：1）当u_I从零开始增大时。

最初当$u_I<1V$时，由于$u_I<U_{TH2}$，所以$u_O=-U_{OL}=-5V$。

随着u_I增大，处于$1V<u_I<3V$，即$U_{TH2}<u_I<U_{TH1}$时，u_O保持不变，仍为$u_O=-5V$。

继续增大u_I，直至$u_I>U_{TH1}$，即$u_I>3V$时，输出翻转，变为$u_O=+U_{OH}=+5V$。

2）当u_I从最大值逐渐减小时。

首先由于$u_I>U_{TH1}$，即$u_I>3V$，所以$u_O=+U_{OH}=+5V$。

随着u_I减小，处于$1V<u_I<3V$，即$U_{TH2}<u_I<U_{TH1}$时，u_O保持不变，仍为$u_O=+5V$。

继续减小u_I，直至$u_I<U_{TH2}$，即$u_I<1V$时输出翻转，变为$u_O=-U_{OL}=-5V$。

根据以上结论画出输出波形如图3-55b所示。

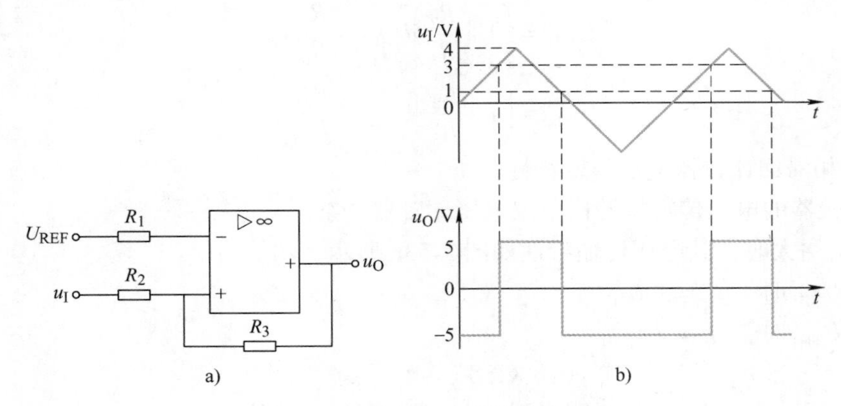

图 3-55　例 3-12 电路及波形图

该电路中，改变门限电压值可以调节输出矩形波的占空比。

【例 3-13】　已知电压比较器如图 3-56 所示，画出该电路电压传输特性曲线。

解：滞回比较器参考电压 $U_{REF}=\dfrac{R_4}{R_1+R_4}\times 5V=2.5V$。

当使用 +5V 单电源供电时，运放 LM358 输出正饱和电压 U_{OH}，比电源电压低 1.5V 左右，所以该电路输出正饱和电压 $+U_{OH}=5V-1.5V=3.5V$，输出负饱和电压为 $-U_{OL}=0V$。

门限电压 $U_{TH1}=\left(1+\dfrac{R_2}{R_3}\right)U_{REF}+\dfrac{R_2}{R_3}U_{OL}=3V$

门限电压 $U_{TH2}=\left(1+\dfrac{R_2}{R_3}\right)U_{REF}-\dfrac{R_2}{R_3}U_{OH}=2.3V$

该电路电压传输特性曲线如图 3-57 所示。

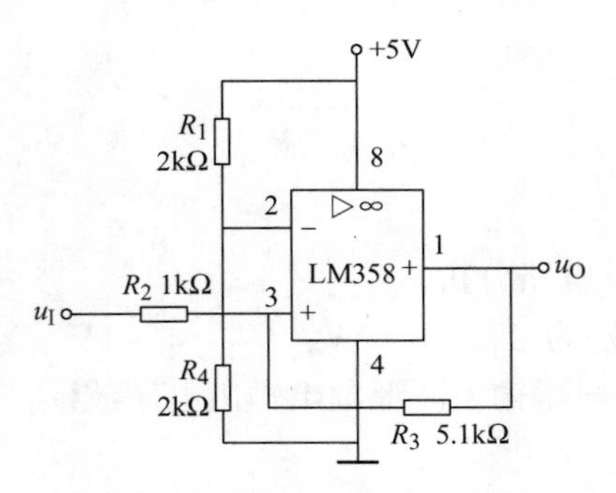

图 3-56　例 3-13 电路原理图

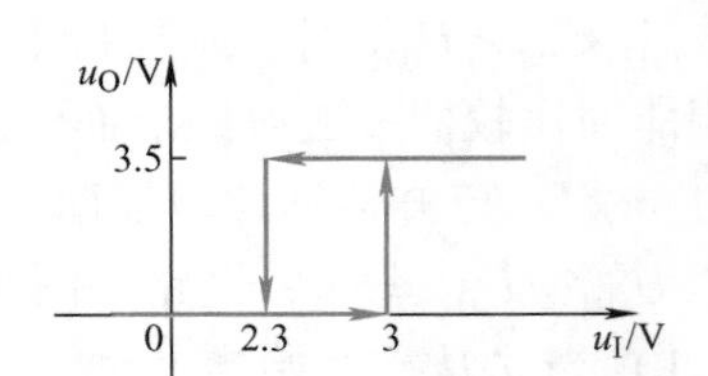

图 3-57　例 3-13 电压传输特性

结论：滞回比较器与简单电压比较器相比，抗干扰能力强，可以有效避免在开关门限附近干扰信号导致电压比较器输出发生多次翻转的现象。

定义 $\Delta U_{TH}=U_{TH1}-U_{TH2}$ 为滞回比较器的回差电压。回差电压越大，滞回比较器抗干扰性能越好。但值得注意的是回差电压越大，电压比较器灵敏度也会变得越差。

例 3-13 中的滞回比较器抗干扰示意图如图 3-58 所示，输入电压为 2.3 ~ 3V 时，输出电压保持不变，从而有效地避免了输出电压的多次翻转现象。

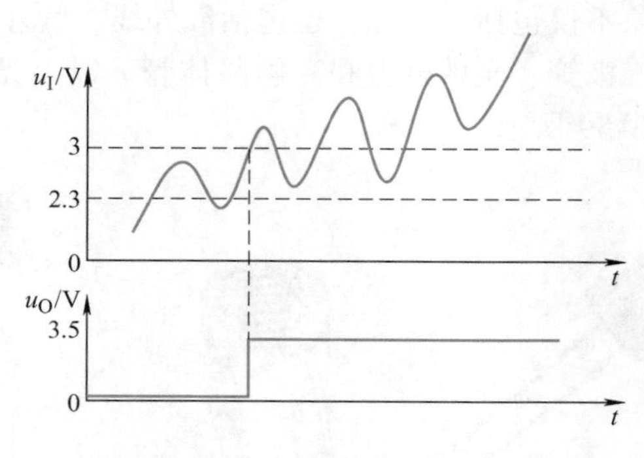

图 3-58　滞回比较器抗干扰示意图

任务 3.5　光控开关电路分析与设计

主要教学内容

1. 光强度检测电路分析。
2. 光控开关电路中的电压比较器电路分析与设计。
3. 由继电器控制的开关电路分析。
4. 基于光敏电阻和 LM393 的光控开关电路分析与设计。
5. 基于光敏晶体管和 LM358 的光控开关电路分析与设计。

本单元的主要学习任务是分析、设计基于光敏电阻或光敏晶体管的光控开关电路。该电路的具体功能如下：判断当前光照强度的明暗，如果光线较强，开关断开；如果光线较弱，则开关闭合。光控开关电路包括光强度检测电路、电压比较器电路、晶体管驱动电路和继电器动作电路等部分。

3.5.1　光强度检测电路分析

光强度检测电路用于检测工作环境的光线强度，并将光信号转化为电信号以便进一步进行分析和处理。

1. 常见光敏元器件介绍

在光通信、安防监控、摄像、夜视、自动控制、产品质量检验等领域，经常要对光强度进行检测，这项工作的完成需要使用半导体光敏元器件。光敏元器件一般都具有体积小、重量轻、灵敏度高、功耗低的优点。

光敏元器件是基于半导体光电效应的一类光电转换传感器，又称光电敏感器，它能够把光信号转换为电信号，从而将光信号的测量转换为电信号的测量。半导体光敏元器件按照光电效应的不同类型可分为光导型和光伏型两类。光敏电阻属于光导型，基于光电导效应工作。光敏二极管、光敏晶体管、光电池和光控可控硅等属于光伏型，它们都基于光生伏特效应工作。

光敏元器件检测的对象不仅包括可见光，还包括红外线、紫外线等。

下面介绍常见的光敏二极管、光敏电阻和光敏晶体管。以上光敏元器件都有很多型号，外观各异，常见外形如图 3-59 所示。

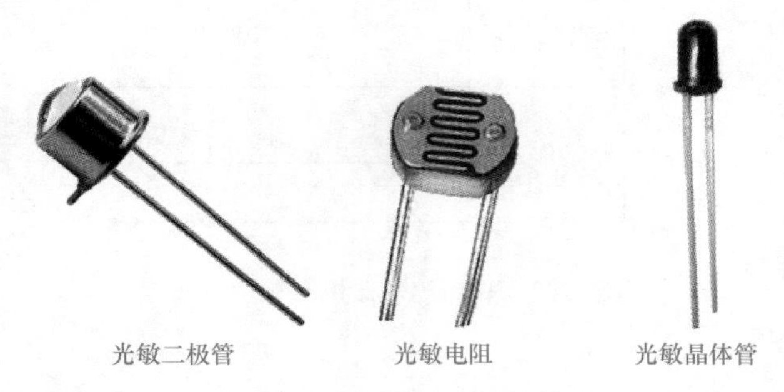

图 3-59　常见光敏元器件外形

需要说明的是，不少常见类型的光敏晶体管往往具有与光敏二极管相似的外观，即只有两个引脚，使用时必须注意区分。

2. 光敏二极管光强度检测电路分析

（1）光敏二极管的用途

光敏二极管一般用于光强度检测、光纤通信、安防等领域。光敏二极管具有响应速度快、测量线性度高的优点，缺点是输出电流较小。

（2）符号

光敏二极管的符号如图 3-60 所示。注意光敏二极管和发光二极管符号的区别。两者在电路中的作用完全相反，光敏二极管用于将光信号转化为电信号，而发光二极管用于将电信号转化为光信号。

（3）光敏二极管的伏安特性曲线

光敏二极管的伏安特性曲线如图 3-61 所示。

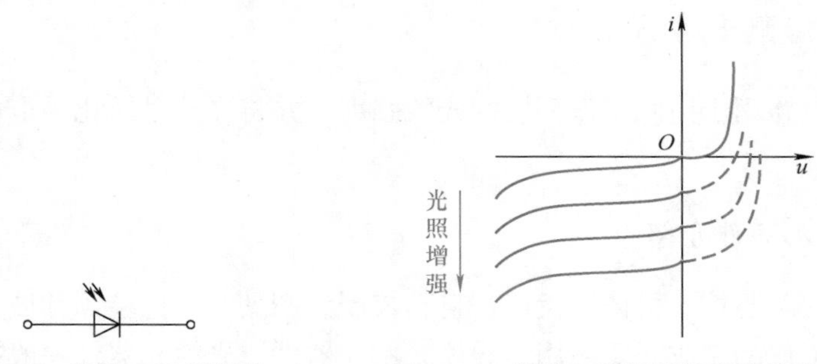

图 3-60　光敏二极管符号　　图 3-61　光敏二极管的伏安特性曲线

从图中可以看出，光敏二极管的正向特性与普通二极管相同，在光敏二极管两端加上足够大的正向电压时光敏二极管正向导通。加反向电压时光敏二极管截止，但是会存在微弱的反向饱和电流。因此光敏二极管也具有普通二极管的单向导电性。

在光敏二极管的伏安特性中，反向特性体现出了半导体材料的光敏特性：光照越强，光敏二极管的反向饱和电流越大。光敏二极管正是利用这个特征将光信号转换为电信号的。所以光敏二极管的外壳必须具有透光性，以便于接收光线（一般为可见光或者红外线）照射；在测量光强度时必须加反向直流电压，使光敏二极管处于反向截止状态，通过测量反向饱和电流的大小来确定光强度。

（4）光敏二极管光强度检测电路

最基本的光敏二极管光强度检测电路如图3-62所示。其中U_S为直流电源，保证光敏二极管加反向电压处于截止状态。在使用时必须让光敏二极管的受光面对着光源的方向以提高测量灵敏度。

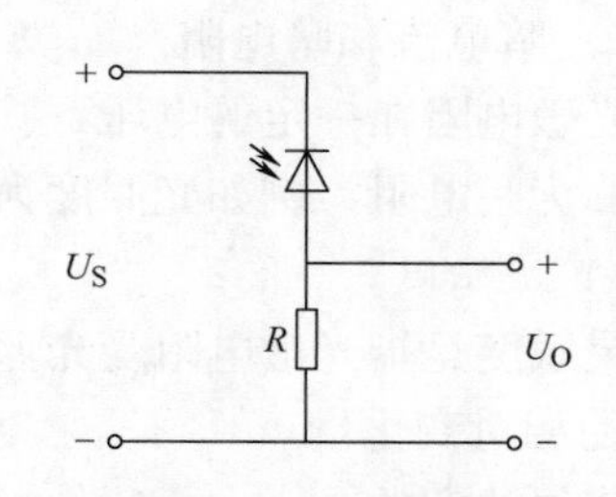

图3-62　光敏二极管光强度检测电路

有光线照射到光敏二极管上时，光敏二极管反向饱和电流相对较大，该电流为亮电流，此时电阻R上的输出电压U_O较大。

无光线照射到光敏二极管上时，光敏二极管反向饱和电流非常小，该电流为暗电流，此时电阻R上的输出电压U_O较小。

3. 光敏电阻光强度检测电路分析

（1）光敏电阻的特点及用途

不同于光敏二极管，光敏电阻的工作原理不是基于光生伏特效应，而是基于光电导效应。

光敏电阻是一种特殊的半导体材料电阻器，对光线照射十分敏感，它的阻值能随着外界光照强弱变化而改变。它在无光线照射时，呈高阻状态；当有光线照射时，其电阻值会随着光强度增加而迅速减小。

光敏电阻对光的敏感性（光谱特性）与人眼对可见光（0.4～0.76μm）的响应很接近，只要人眼可感受的光，都会引起它的阻值变化。所以光敏电阻可用于自动照明控制、相机自动曝光控制、显示设备自动亮度调节等领域。

（2）光敏电阻的结构及符号

光敏电阻的结构和符号如图3-63所示。用于制造光敏电阻的材料主要是金属硫化物、硒化物和碲化物等半导体物质。通常采用涂敷、喷涂、烧结等方法在绝缘衬底上制作很薄的光敏电阻体以及梳状电极，然后接出两根引线，最后将其封装在具有透光性的密封树脂外壳内，以免光敏电阻受潮影响其测量灵敏度。

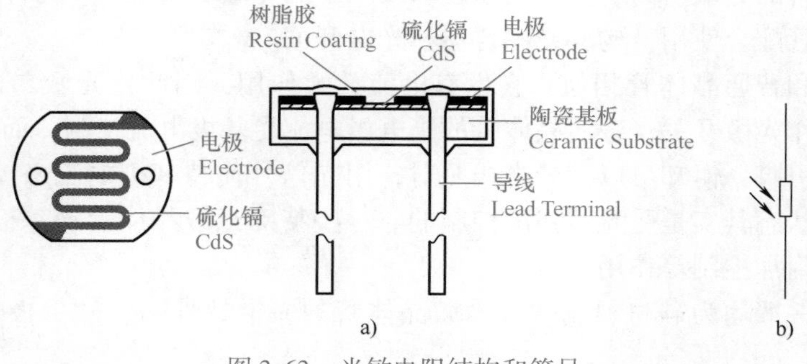

图3-63　光敏电阻结构和符号

注意光敏电阻和普通电阻符号的区别。

（3）光敏电阻主要参数

1）光电流和亮电阻。

光敏电阻在一定的电压下，当有光照射时流过的电流称为光电流，外加电压与光电流之比称为亮电阻。例如光照度为100lx时，常用的光敏电阻GM5528亮电阻为10～20kΩ。

2）暗电流和暗电阻。

光敏电阻在一定的电压下，当没有光照射时流过的电流称为暗电流。外加电压与暗电流之比称为暗电阻。例如光照度为0lx时，常用的光敏电阻GM5528暗电阻约为1MΩ。

3）灵敏度。

灵敏度是指光敏电阻受光照射时的电阻值（亮电阻）与不受光照射时的电阻值（暗电阻）的相对变化量。

值得注意的是，在一定外加电压下，光敏电阻的光电流和光通量之间的关系即光照特性曲线均呈非线性。因此光敏电阻不宜用作精确的光强度定量检测元件，这是光敏电阻的不足之处。

同时，当光敏电阻受到脉冲光照射时，光电流要经过一段时间才能达到稳定值，而在停止光照后，光电流也不会立刻降为零而是有一定时间的延迟，这就是光敏电阻的时延特性。由于不同材料的光敏电阻时延特性不同，所以它们的频率特性也不同，但多数光敏电阻的时延都比较大，所以光敏电阻通常不能用在要求快速响应的场合中（例如光纤通信）。

（4）光敏电阻光强度检测电路

最基本的光敏电阻光强度检测电路如图3-64所示。在使用时必须让光敏电阻受光面对着光源的方向。

无光线照射时，光敏电阻阻值变大，所以U_O较大。

有光线照射时，光敏电阻阻值变小，所以U_O较小。

光敏电阻光强度检测电路的缺点：

1）对温度敏感，温度上升光敏电阻阻值变小。

2）具有延时特性，响应时间长，为1～10ms。

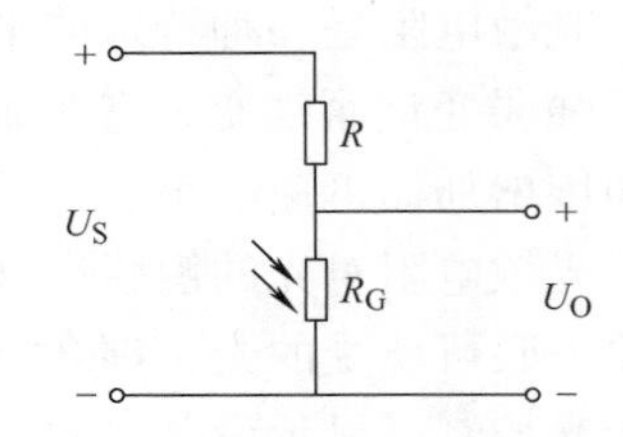

图3-64　光敏电阻光强度检测电路

4. 光敏晶体管光强度检测电路分析

光敏二极管光电转换速度快，线性度高，但是输出电流小，灵敏度低。所以在灵敏度要求较高的光强度开关量控制系统中往往采用光敏晶体管作为光电转换传感器。与光敏二极管相比，光敏晶体管的灵敏度高，但响应速度和线性度比光敏二极管差。另外，光敏晶体管还可以和发光二极管配合使用，构成光耦合器和光电开关。

光敏晶体管和普通晶体管相似，它也有电流放大作用，因此比光敏二极管灵敏度高许多，非常适合用作光敏开关。普通晶体管的集电极电流受基极电流控制，而常见的光敏晶体管基极通常没有引脚，但却可以接受光线照射，用光信号代替基极电流来控制集电极电流，所以光敏晶体管状态其实是受光照强度控制的。一些特殊光敏晶体管的基极也有引脚引出，用于温度补偿和附加控制等作用。

光敏晶体管一般均为硅材料制作。光敏晶体管的光谱特性与光敏二极管类似，光照越强，光电流越大。

（1）光敏晶体管的外形和符号

光敏晶体管也分为PNP和NPN两类。基极没有引脚的NPN型光敏晶体管外形和符号如图3-65所示，只有集电极和发射极有引脚，且集电极引脚相对较短。

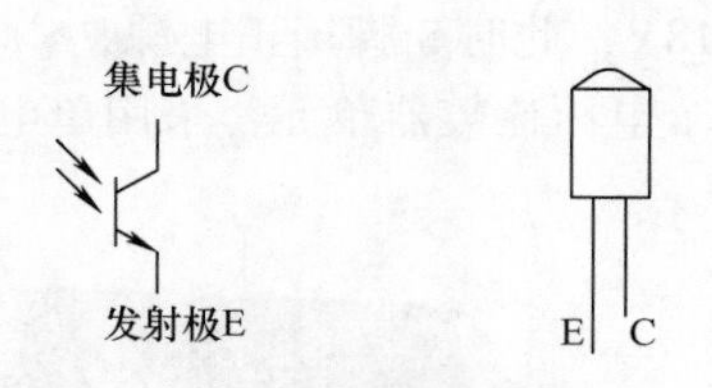

图3-65　光敏晶体管外形和符号

光敏晶体管和光敏二极管外形基本相同，因此从外观上很难区分，可借助万用表二极管档位或者电阻档位进行测量。无光照时，光敏二极管具有单向导电性，加正向电压导通，加反向电压截止。而光敏晶体管不具备该特性，无光照时，集电极和发射极之间无论加正向电压还是反向电压均截止。

（2）光敏晶体管的光敏特性

与普通晶体管电路类似，光敏晶体管用于光强度检测控制时，必须给集电极和发射极之间加上正确的直流偏置电压。以NPN型光敏晶体管为例，有如下结论：

1）当 $V_C > V_E$ 时。有光线照射时，光敏晶体管集电极和发射极之间处于导通状态，电阻非常小，近似短路。

无光线照射时，光敏晶体管集电极和发射极之间处于截止状态，电阻非常大，近似开路。

2）当 $V_C < V_E$ 时。无论有无光线照射，光敏晶体管集电极和发射极之间的电阻都非常大，处于截止状态。

由此可见，NPN型光敏晶体管在用作光控开关时，其集电极电位必须高于发射极电位。

（3）光敏晶体管光强度检测电路

光敏晶体管光强度检测电路如图3-66所示。其中 U_S 为直流电源，以确保光敏晶体管集电极电位高于发射极电位。在使用时必须让光敏晶体管受光面对着光源的方向。

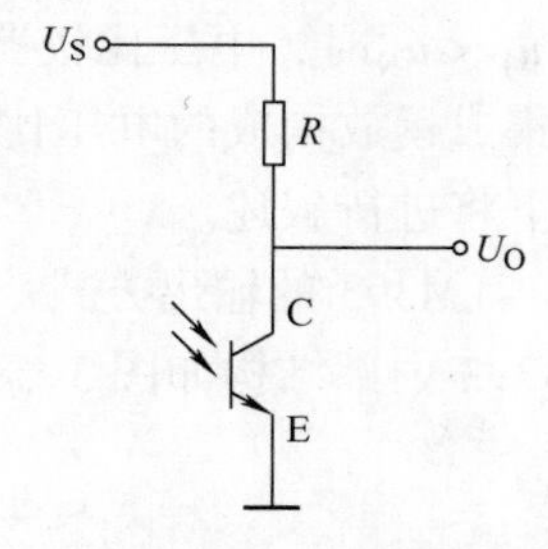

图3-66　光敏晶体管光强度检测电路

有光线照射时，光敏晶体管电阻小，近似短路，因此 $U_O \approx 0V$。

无光线照射时，光敏晶体管电阻大，近似开路，因此 $U_O \approx U_S$。

光控开关下一环节是利用电压比较器判断由光信号转化得到的电压信号是否达到开关动作的门限电压。电压比较器可以采用前面介绍的单限（简单）电压比较器或者滞回比较器来实现。电压比较器除了可以利用通用集成运放实现之外，还有专门的集成电压比较器芯片可供选择，例如LM393。

3.5.2　光控开关中的电压比较器电路分析与设计

1. 集成电压比较器LM393简介

（1）LM393引脚分布

光控开关电路中的电压比较器可以选用LM393，该芯片为双电压比较器集成电路，外观和引脚图如图3-67所示。LM393电源电压范围较宽，且单电源、双电源供电均可正常工作。

单电源供电范围为 +2～+36V，此时 8 脚接电源，4 脚接地；双电源供电范围为 ±1～±18V，此时 8 脚接正电源，4 脚接负电源。在本项目所设计的光控开关中只需使用其中的一个电压比较器单元，采用单电源（+5V）供电模式即可。

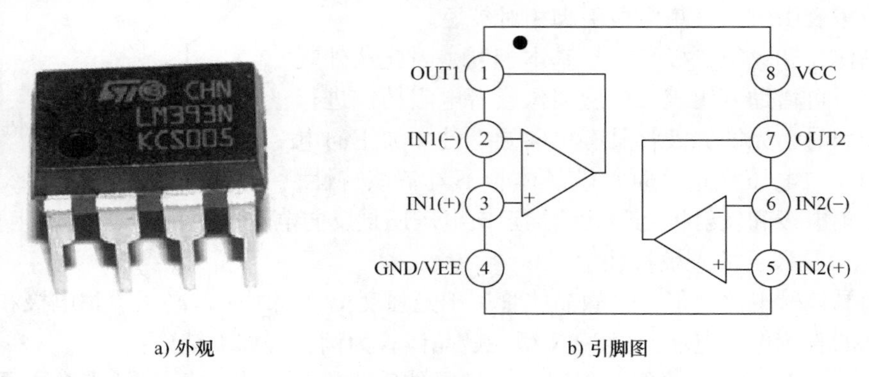

图 3-67　LM393 外观和引脚图

（2）LM393 功能

集成电压比较器 LM393 与通用运放（例如 LM358）构成的电压比较器功能类似，能够对其同相输入端电压和反相输入端电压进行比较，根据比较结果输出高电平或者低电平。不同之处在于集成电压比较器只能工作在非线性的开关状态，而集成运放不仅可以工作在非线性开关状态，还能工作在线性放大状态。

LM393 的电压传输特性如下：

当 $u_P > u_N$ 时，电压比较器输出 $u_O = +U_{OH}$。

当 $u_P < u_N$ 时，电压比较器输出 $u_O = -U_{OL}$。

与集成运放构成的电压比较器不同，LM393 的输出高低电平值并非由芯片电源电压决定，以下将进行叙述。

（3）LM393 的输出方式

LM393 内部结构如图 3-68 所示。

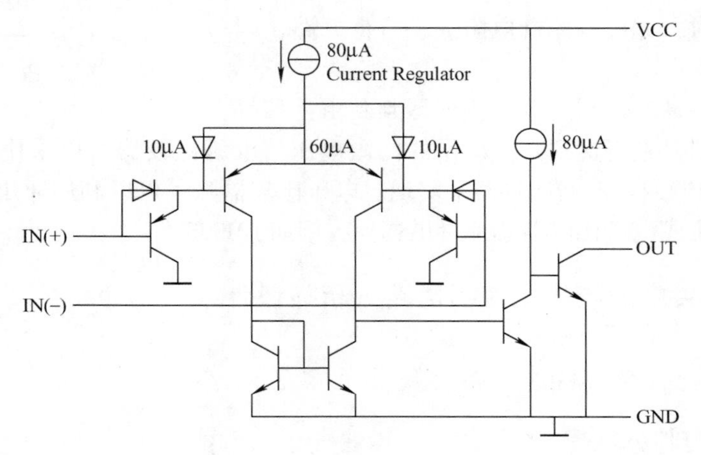

图 3-68　LM393 内部结构

不同于通用集成运放，LM393 的输出级采用了集电极开路（OC）结构，具体参见图 3-68。因此必须外接直流电源和上拉电阻（相当于集电极电阻 R_C）才能正常工作，而且只能输出高电平（高阻）或者低电平两种状态。

LM393 的输出方式如图 3-69 所示。

LM393 输出端的集电极开路结构使芯片的输出高电平与芯片电源电压 V_{CC}无关，只由上拉电阻 R 外接电源电压 U_S决定，因此 LM393 具有不同电平的转换功能，例如当 $V_{CC}=+5V$、$U_S=+12V$ 时，电路输出高电平就从 +5V 变为 +12V；同时，当 LM393 输出高电平时其输出端处于高阻状态，芯片外接负载其实是由 U_S提供电流（能量）的，这就极大地提高了 LM393 的负载驱动能力。这种集电极开路（OC）结构的设计思路在许多集成电路中都被采用。

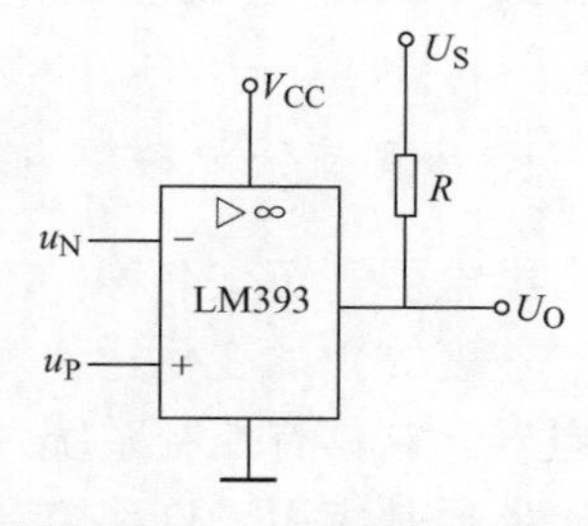

图 3-69　LM393 的输出方式

图 3-69 所示电压比较器电路的电压传输特性为

当 $u_P > u_N$时，电压比较器输出 $u_O = +U_S$。

当 $u_P < u_N$时，电压比较器输出 $u_O = 0V$。

2. LM393 电压比较器电路分析与设计

将基于光敏电阻的光强度检测电路输出作为 LM393 输入信号，可以设计出如图 3-70 所示的电压比较器电路。

从图 3-70 中可以看出，集成电压比较器 LM393 构成了反相电压比较器电路。电阻 R_3、电位器 R_P、电阻 R_4支路产生电压比较器同相输入端所需直流参考电压 U_{REF}，调节电位器 R_P可以改变电压比较器比较门限 U_{REF}（即光强度门限）。由于上拉电阻 R_5直接与系统 +5V 电源相连，所以电压比较器输出高电平约为 +5V。

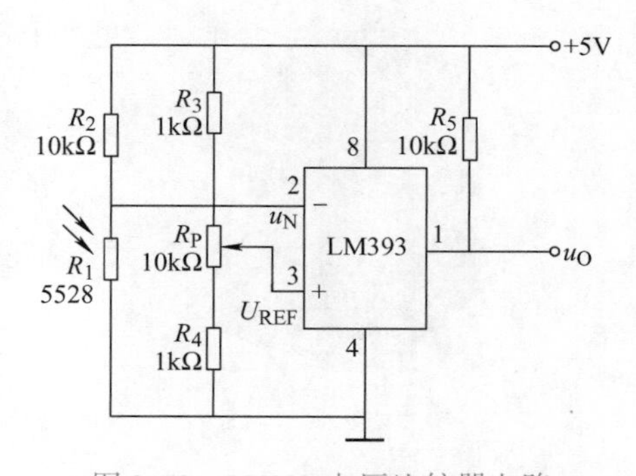

图 3-70　LM393 电压比较器电路

当光线较强时，光敏电阻 5528 的阻值很小，近似短路，所以光敏电阻光强度检测电路产生的待检测电压 $u_N < U_{REF}$，此时电压比较器输出高电平，即 $u_O = +5V$。

当光线较弱时，光敏电阻阻值变大，来自光敏电阻光强度检测电路产生的待检测电压 $u_N > U_{REF}$，电压比较器输出低电平，即 $u_O = 0V$。

光控开关的作用是根据光强度变化自动断开或者闭合照明电路等控制对象的开关，这一开关动作的执行一般是通过继电器触头的吸合、释放来完成的。而继电器的动作需要较大的电流来驱动，由 LM393 构成的电压比较器尽管可以完成开关电压的产生，但是输出电流相对较小，不足以直接驱动需要大电流的继电器动作，所以在继电器动作电路的前面，必须加上晶体管开关电路作为驱动电路，利用晶体管的电流放大作用提供继电器动作所需的较大电流。晶体管开关电路的输入和输出电压均为开关量信号，有高电平和低电平两种状态，所以可以和电压比较器电路直接相连。

晶体管开关电路的构成和分析在本书项目 2 中已有详细介绍。以下介绍继电器电路的应用。

3.5.3 由继电器控制的开关电路分析

1. 小型直流电磁继电器

继电器（英文名称：Relay）是一种当输入量（也称为激励量，一般是电压、电流、温度、速度等）的变化达到规定要求时，在电气输出电路中使被控量发生预定的开关量变化的电器，它具有控制系统（即输入回路）和被控制系统（即输出回路）之间的互动关系。继电器通常应用于自动控制、自动测量等领域中。

继电器种类有很多种，主要包括电磁继电器、固体继电器、舌簧继电器、时间继电器、热继电器等。以下介绍本项目中用到的电磁继电器。

（1）电磁继电器的功能

电磁继电器是利用输入电路在电磁铁铁心与衔铁之间产生的吸力作用工作的一种电气继电器。电磁继电器通常利用低压、小电流去控制高压、大电流回路的开关切换，是一种电子开关，在电路中起着状态自动切换、自动调节、安全保护和逻辑转换等作用。

常见小型电磁继电器如图 3-71 所示。

图 3-71 常见小型电磁继电器

（2）小型直流电磁继电器结构和符号

小型直流电磁继电器一般由铁心、线圈、衔铁、触头簧片等部分构成，其内部结构和符号如图 3-72 所示。

不同型号继电器触头组的数量不尽相同，可以既有常闭触头同时又有常开触头，也可以只有其中一种触头。继电器在电路原理图中的图形符号包括两个部分：长方形框表示线圈；一组触头符号表示触头开关组合。

（3）小型直流电磁继电器的工作原理

如图 3-72 所示，当线圈中无电流时，继电器触头处于释放状态，衔铁上的动触头 3 与常开触头 5 之间形成断开的开关，同时动触头 3 与常闭触头 4 之间形成闭合的开关。

如果在继电器线圈两端加上一定的电压，此时线圈中形成电流，从而产生电磁效应，衔铁就会在电磁力吸引作用下向下运动，带动衔铁上的动触头 3 与常开触头 5 吸合形成闭合的

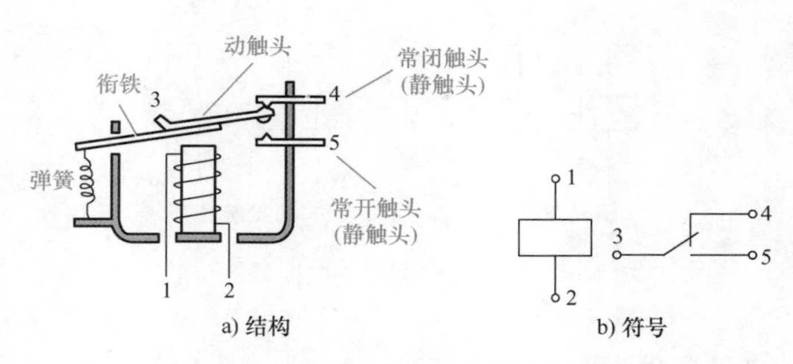

图 3-72　小型直流电磁继电器结构和符号

开关，同时动触头 3 与常闭触头 4 之间形成断开的开关，此时继电器触头处于吸合状态。

当线圈断电后，电磁吸力也随之消失，衔铁就会在弹簧的拉力作用下向上返回原来释放状态时的位置，使动触头释放。

因此通过控制继电器线圈中有无电流就能够改变输出回路中触头的吸合、释放，从而达到了由继电器触头形成的电子开关在电路中闭合、断开的目的。

如前所述，为了形成足够强的电磁力使衔铁发生动作，加在继电器线圈中的电流必须要足够大，若线圈上的电流不足时可以通过晶体管开关电路加大开关量的电流，以驱动继电器衔铁动作。

线圈通上直流电后呈现电阻特性，每个继电器线圈都有额定电压值，直流继电器一般吸合电压为额定工作电压的 80% 左右，释放电压是额定电压的 10% 左右。

典型的直流继电器控制电路如图 3-73 所示。当输入端的低压控制电路开关断开时，继电器线圈中无电流，衔铁不动作，处于释放状态，则被控制端高压回路中负载（例如电机）不工作。当输入端低压控制电路开关闭合，继电器线圈中形成电流，电磁力将使衔铁被吸合向下，衔铁动作，常开触头闭合，则被控制端高压回路中负载得电工作。

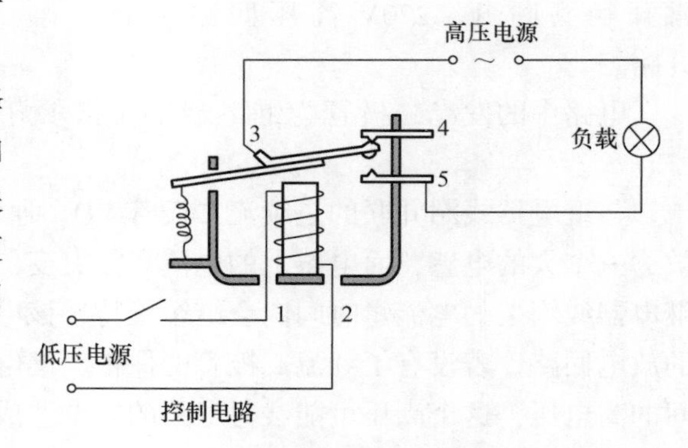

图 3-73　直流继电器控制电路

（4）继电器触头的三种基本形式

1）动合型。

动合型继电器只有常开触头而没有常闭触头。线圈不通电时两触头是断开的，通电后两个触头闭合。动合型继电器符号如图 3-74a 所示。

2）动断型。

动断型继电器只有常闭触头。线圈不通电时两触头是闭合的，通电后衔铁动作，两个触头断开。动断型继电器结构和符号如图 3-74b 所示。

3）转换型。

转换型继电器常开和常闭触头都有。线圈不通电时，动触头和其中一个静触头断开，和另一个闭合，线圈通电后，动触头就移动，使原来断开的触头闭合，原来闭合的触头断开，达到开关转换的目的。图 3-72 所示继电器即为转换型。

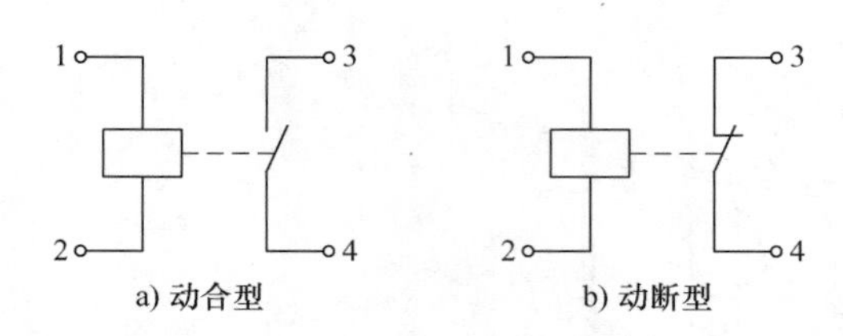

图 3-74 动合型和动断型继电器结构和符号

2. 继电器开关电路分析

由于继电器吸合时线圈所需电流较大，所以实际应用中经常使用晶体管开关电路作为继电器驱动电路，以加大继电器线圈上的电流。

(1) NPN 型晶体管开关电路驱动下的继电器电路分析

电路如图 3-75 所示。

当 $u_I = 5V$ 时，晶体管 VT 导通，继电器线圈上形成电流处于吸合状态，常开触头闭合，220V 高压回路负载得电工作。

当 $u_I = 0V$ 时，晶体管 VT 截止，继电器线圈上电流为零，处于释放状态，常开触头断开，220V 高压回路负载开路。

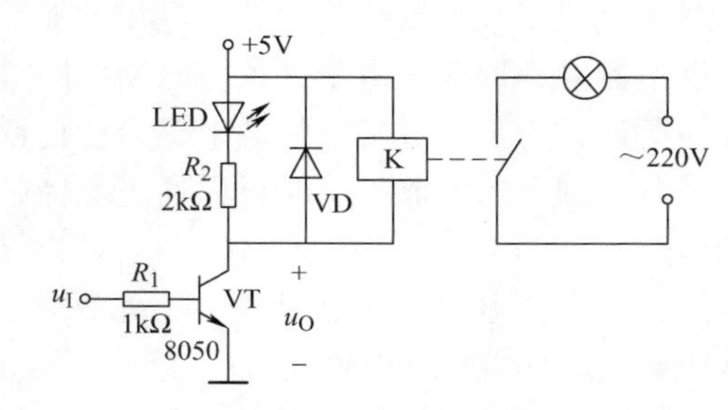

图 3-75 NPN 型晶体管开关电路驱动下的继电器电路

电路中的发光二极管为继电器工作指示灯，当继电器吸合时 LED 亮，继电器释放时 LED 灭。

与继电器线圈并联的是续流二极管 VD，通常选用整流二极管充当。由于继电器线圈等效为一个大的电感，而电感上的电流不能突变，所以当晶体管状态从导通变为截止的瞬间，继电器线圈上的电流短时间内会继续维持，该电流会自下而上流过续流二极管形成一个闭合的放电回路。若没有了续流二极管的保护，继电器线圈上的电流就无法释放，从而会形成瞬间的高电压，这个高压可能会对电路的安全造成危害。

(2) PNP 型晶体管开关电路驱动下的继电器电路分析

电路如图 3-76 所示。

当 $u_I = 5V$ 时，晶体管 VT 截止，继电器线圈上电流为零，处于释放状态，常开触头断开，220V 高压回路负载开路。

当 $u_I = 0V$ 时，晶体管 VT 导通，继电器线圈上形成电流处于吸合状态，常开触头闭合，220V 高压回路负载得电工作。

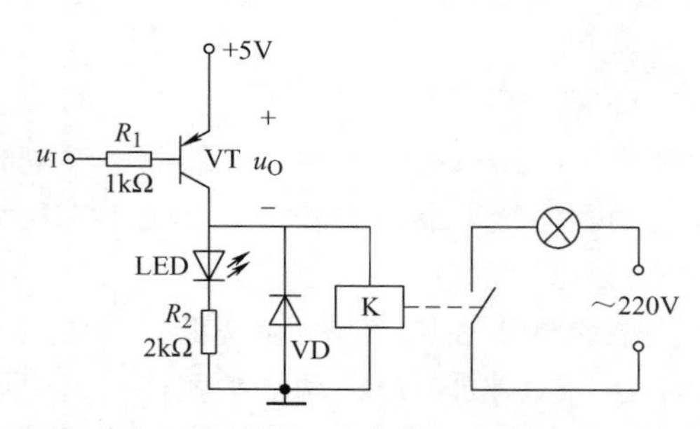

图 3-76 PNP 型晶体管开关电路驱动下的继电器电路

3.5.4 光控开关电路整体分析

将光强度检测电路、电压比较器电路、晶体管开关电路、继电器电路组合在一起就构成了完整的光控开关电路。本项目选用了两种设计方案，方案1采用光敏电阻作为光电转换器，利用集成电压比较器LM393构成单限电压比较器来实现电路功能；方案2采用光敏晶体管作为光电转换器，利用集成运放LM358构成滞回比较器来实现电路功能。以下对这两种设计方案分别进行介绍。

1. 基于光敏电阻和LM393的光控开关电路分析

(1) 电路组成

将前面介绍的光敏电阻光强度检测电路、LM393电压比较器电路、PNP型晶体管开关电路和继电器电路连接，可得完整的基于光敏电阻和LM393的光控开关电路。电路组成如图3-77所示。

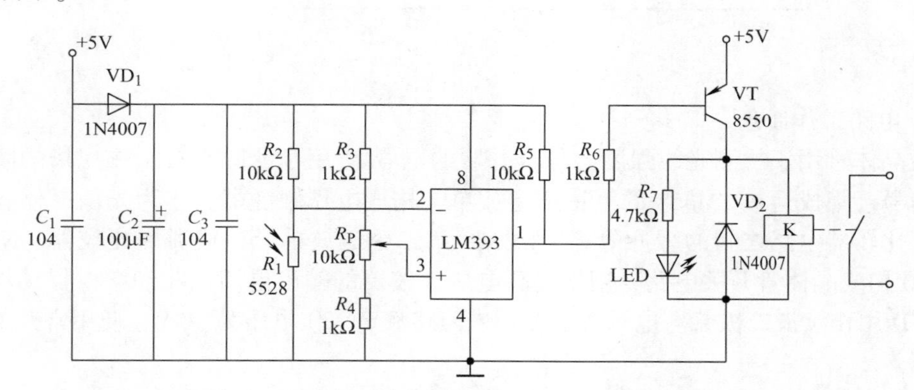

图3-77 基于光敏电阻和LM393的光控开关电路

(2) 电路工作原理分析

光敏电阻5528用于检测光线强度，LM393第一个功能单元构成反相单限电压比较器，电位器R_P用于调节电压比较器同相输入端比较门限电压，输出端电阻R_5为上拉电阻，PNP型晶体管8550构成晶体管开关电路，用于提高电压比较器的输出电流，以驱动继电器动作。整流二极管VD_2用作续流二极管，电磁继电器输入回路额定工作电压为+5V，使用常开触头接入负载回路，以控制负载工作。

当光线较强时，光敏电阻阻值较小，光敏电阻支路输出低电平到LM393的2脚（反相输入端），此时电压比较器同相输入端电压高于反相输入端电压，从而使电压比较器LM393的1脚输出高电平，PNP型晶体管8550截止，继电器触头释放，常开触头所在负载电路被断开。

当光线较弱时，光敏电阻阻值较大，输出高电平到LM393的2脚（反相输入端），此时电压比较器反相输入端电压高于同相输入端电压，电压比较器LM393的1脚输出低电平，晶体管8550导通，继电器触头吸合，常开触头所在负载电路导通，照明设备或者其他负载起动。

2. 基于光敏晶体管和LM358的光控开关电路分析

(1) 电路组成

将光敏晶体管光强度检测电路、由集成运放构成的滞回比较器电路、NPN型晶体管开关电路和继电器电路连接，可得完整的基于光敏晶体管的光控开关电路。电路组成如图 3-78 所示。

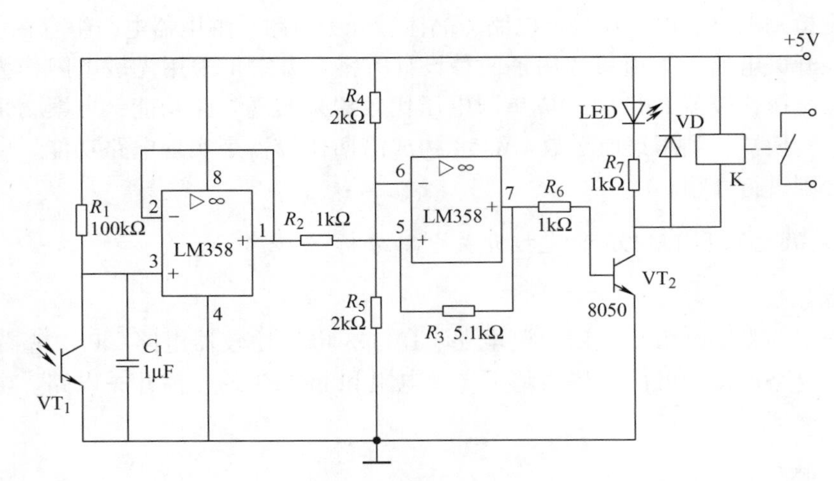

图 3-78　基于光敏晶体管和 LM358 的光控开关电路

（2）电路工作原理

光敏晶体管用于检测光线强度。与其并联的电容 C_1 用于滤除来自工作现场的瞬间光脉冲干扰信号。集成运放 LM358 的第一个运放单元构成电压跟随器，作为光敏晶体管开关电路和电压比较器电路之间的缓冲隔离。LM358 第二个运放单元构成滞回比较器。NPN 型晶体管 8050 构成晶体管开关电路，用于提高电压比较器的输出电流以驱动继电器动作。整流二极管 VD 用作续流二极管。电磁继电器输入回路额定工作电压为 +5V，使用常开触头接入负载电路。

当光线较强时，光敏晶体管输出低电平，LM358 的 1 脚（电压跟随器输出）输出也是低电平，LM358 的 7 脚（滞回比较器输出）输出低电平，NPN 型晶体管 8050 截止，继电器触头释放，常开触头所在负载电路被断开。

当光线较弱时，光敏晶体管输出高电平，LM358 的 1 脚输出也是高电平，LM358 的 7 脚输出高电平，晶体管 8050 导通，继电器触头吸合，常开触头所在负载电路导通，照明设备或者其他大功率负载起动。

任务 3.6　光控开关项目测试

3.6.1　反相比例电路装配与测试

1. 测试任务

（1）基于 LM358 的反相比例电路装配。
（2）基于 LM358 的反相比例电路电压增益的测量。
（3）集成运放应用电路非线性失真的分析与测量。

2. 仪器仪表及元器件准备

函数信号发生器、双踪示波器、直流稳压电源、万用表、面包板、面包板连接线、集成运放 LM358、电阻（10kΩ、100kΩ）。

3. 测试步骤

（1）基于 LM358 的反相比例电路装配及增益测量

按照图 3-79 所示电路完成装配，利用函数信号发生器产生幅度 100mV、频率 1kHz 的正弦波信号 $u_I=(100\sin2\pi\times10^3t)$ mV 作为输入信号送至放大器输入端。

利用双踪示波器同时观察并记录放大器输入端和输出端的波形，此时输出信号幅度 $U_{om}=$______ mV，计算该电路电压增益为 $A_u=$______。

判断：此时集成运放工作于______状态（线性、非线性）。

（2）集成运放应用电路非线性失真的分析与测量

1）电路仍然如图 3-79 所示，利用函数信号发生器产生幅度 1V、频率 1kHz 的正弦波信号 $u_I=1\sin2\pi\times10^3t$V 作为电路输入信号。利用示波器观察并记录输入、输出信号波形，此时输出信号幅度 $U_{om}=$______ V。

判断：此时运放产生______，进入______状态。之所以输出波形出现这种状况，原因在于______________________。

2）使用单电源给电路供电。按照图 3-80 所示电路进行装配，利用函数信号发生器产生幅度 100mV、频率 1kHz 的正弦波信号 $u_I=100\sin2\pi\times10^3t$mV 作为输入信号送至放大器输入端。

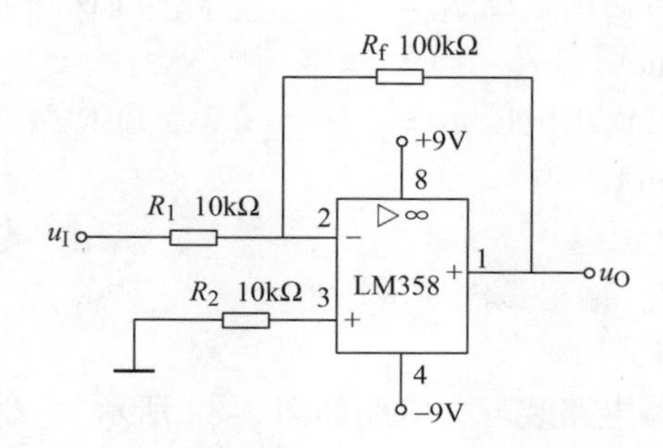

图 3-79 由运放构成的反相比例电路

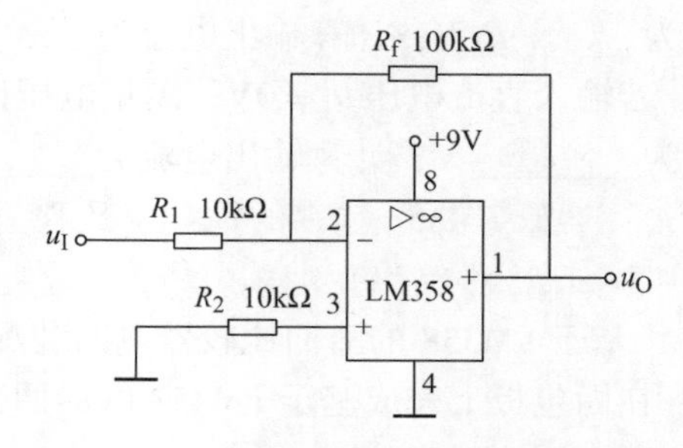

图 3-80 单电源供电下的反相比例电路

利用双踪示波器同时观察并记录放大器输入端和输出端的波形，此时运放输出信号幅度 $U_{om}=$______ mV。

判断：此时运放产生______，进入______状态。之所以输出波形出现这种状况，原因在于______。

结论：

双电源供电时，该电路输出电压范围为______。

单电源供电时，该电路输出电压范围为______。

4. 思考题

(1) 图3-79所示反相比例电路中，电阻R_2的作用是什么？若去掉电阻R_2，对放大器增益有无明显影响？

(2) 图3-79所示反相比例电路中，若运放输出端连接阻值为10kΩ的负载，对放大器输出电压有无明显影响？

3.6.2 基于LM358的电压比较器电路装配与测试

1. 测试任务

(1) 基于LM358的单限电压比较器电路装配与测试。

(2) 基于LM358的滞回比较器电路装配与测试。

2. 仪器仪表及元器件准备

直流稳压电源、万用表、面包板、面包板连接线、运放LM358、发光二极管、电阻(2kΩ、5.1kΩ)。

3. 测试步骤

(1) 基于LM358的单限电压比较器电路装配与测试

1) 在面包板上完成基于LM358的单电源供电的单限电压比较器电路装配，电路如图3-81所示。

2) 计算运放2脚电压U_{REF} = ________V，实际测量检验该计算结果是否正确。

3) 若输入直流电压u_I = 5V，测量电压比较器输出电压u_O = ________V，LED两端电压测量值为________V，计算输出电流为________mA。

4) 若输入直流电压u_I = 0V，测量电压比较器输出电压u_O = ________V，LED两端电压测量值为________V，计算输出电流为________mA。

结论：运放LM358输出的饱和电压比直流电源电压大约低________V，使用单电源+5V供电时，LM358输出正饱和电压为________V，输出负饱和电压为________V。

(2) 基于LM358的滞回比较器电路装配与测试

1) 在面包板上完成基于LM358的滞回比较器电路装配，电路如图3-82所示。

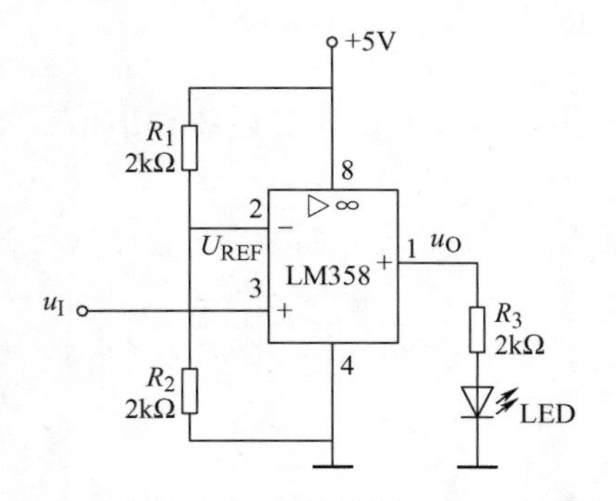

图3-81 基于LM358的单限电压比较器电路

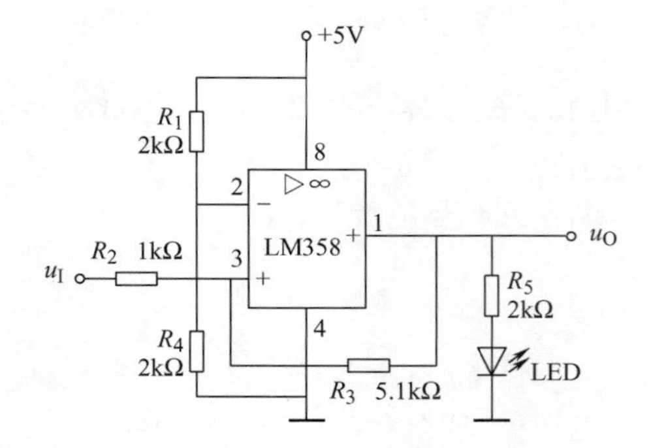

图3-82 基于LM358的滞回比较器电路

2）电压传输特性测量。

先令 $u_I=0V$，测量此时电压比较器输出电压 $u_O=$________V，逐渐加大 u_I，直至 u_O 跳变为高电平。测量 u_O 发生跳变时对应的 $u_I=$________，该值即为门限电压 U_{TH1}。

再令 $u_I=5V$，此时 $u_O=$________V，逐渐减小 u_I，直至 u_O 发生跳变。测量 u_O 发生跳变时对应的 $u_I=$________，该值即为门限电压 U_{TH2}。

将测量得到的这两个门限电压值与本书例 3-13 理论计算值进行比较并分析。

4. 思考题

（1）画出图 3-82 所示滞回比较器的电压传输特性。
（2）回差电压与滞回比较器抗干扰能力有何关系？

3.6.3　基于光敏电阻的光强度检测电路装配与测试

1. 测试任务

（1）光敏电阻亮电阻和暗电阻的测量。
（2）完成光敏电阻光强度检测电路装配与测试。

2. 仪器仪表及元器件准备

直流稳压电源、万用表、面包板、面包板连接线、光敏电阻 5528、电阻 10kΩ。

3. 测试步骤

（1）使用万用表测量光敏电阻的亮电阻和暗电阻
有光线照射时，用万用表测得光敏电阻 5528 的亮电阻为________。
无光线照射时，用万用表测得光敏电阻 5528 的暗电阻为________。
（2）光敏电阻光强度检测电路装配与测试
测试电路如图 3-83 所示。

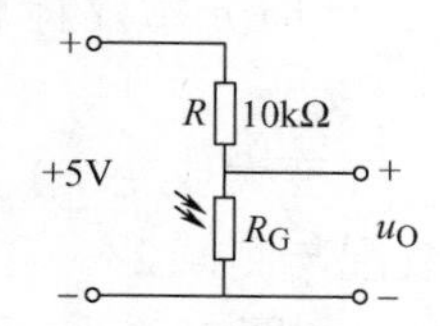

图 3-83　光敏电阻光强度检测电路

有光线照射时，测得输出电压 $u_O=$________。
无光线照射时，测得输出电压 $u_O=$________。
总结：光敏电阻光强度检测电路能够将光照强度转化为电压的变化，随着光线逐渐变暗，电路输出电压逐渐变________。

4. 思考题

查阅资料确定光敏电阻 5528 的亮电阻、暗电阻和响应时间分别是多少？

3.6.4 基于光敏晶体管的光强度检测电路装配与测试

1. 测试任务

(1) 根据外观判断光敏晶体管极性。

(2) 完成 NPN 型光敏晶体管光强度检测电路装配与测试。

2. 仪器仪表及元器件准备

直流稳压电源、47 型万用表、面包板、面包板连接线、NPN 型光敏晶体管、电阻 100kΩ。

3. 测试步骤

(1) 从外观直接判断 NPN 型光敏晶体管的极性

根据引脚长短进行判断。

引脚较长的为光敏晶体管________极。

引脚较短的为光敏晶体管________极。

(2) 无光线照射时使用万用表电阻档位检测光敏晶体管特性

将光敏晶体管集电极接万用表红表棒，发射极接黑表棒，测得阻值为________。

将光敏晶体管集电极接万用表黑表棒，发射极接红表棒，测得阻值为________。

(3) 有光线照射时使用万用表电阻档位检测光敏晶体管特性

将光敏晶体管集电极接万用表红表棒，发射极接黑表棒，测得阻值为________。

将光敏晶体管集电极接万用表黑表棒，发射极接红表棒，测得阻值为________。

结论：若利用光敏晶体管进行光强度测量，________极必须接高电位，________极必须接低电位。

(4) 光敏晶体管光强度检测电路装配与测试 1

检测电路如图 3-84 所示。

1) 有光线照射时，u_O =________，此时光敏晶体管________（导通、截止），光敏晶体管电流为________。

2) 无光线照射时，u_O =________，此时光敏晶体管________（导通、截止），光敏晶体管电流为________。

光照逐渐减弱时，u_o 逐渐________（变大或变小）。

(5) 光敏晶体管光强度检测电路装配与测试 2

将光敏晶体管发射极和集电极对调，如图 3-85 所示，再次进行测试。

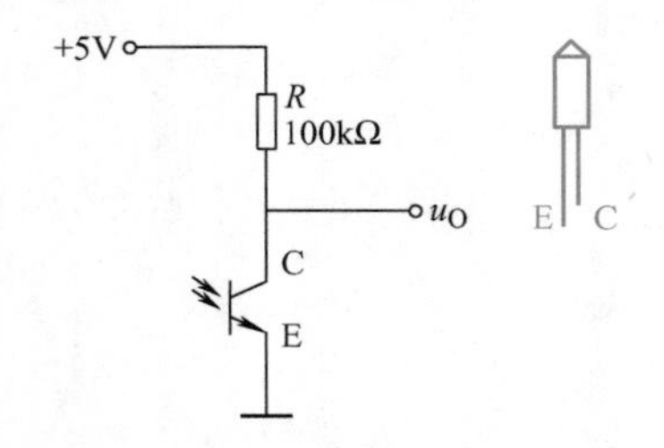

图 3-84 光敏晶体管光强度检测电路 1

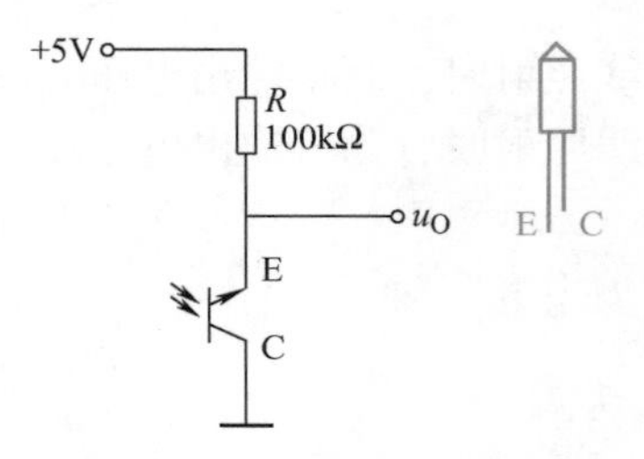

图 3-85 光敏晶体管光强度检测电路 2

1）有光线照射时，u_O =________，此时光敏晶体管________（导通、截止）。
2）无光线照射时，u_O =________，此时光敏晶体管________（导通、截止）。
总结：光敏晶体管光强度检测电路能够将光照强度转化为________的变化，随着光线逐渐变暗，输出电压逐渐变________。

4. 思考题

光敏晶体管与光敏二极管性能的区别有哪些？

3.6.5　基于光敏电阻和LM393的光控开关电路装配与测试

1. 测试任务

基于光敏电阻和LM393的光控开关电路的装配与测试。

2. 仪器仪表及元器件准备

万用表、基于光敏电阻的光控开关元器件一套、电路手工焊接装配工具。
元器件清单见表3-1。

表3-1　基于光敏电阻和LM393光控开关电路元器件清单

编　号	名　称	规　格	数　量
R_1	光敏电阻	5528	1
R_P	电位器	10kΩ	1
C_1、C_3	瓷片电容	104	2
C_2	电解电容	100μF	1
R_2、R_5	电阻	10kΩ	2
R_3、R_4、R_6	电阻	1kΩ	3
R_7	电阻	4.7kΩ	1
VD_1、VD_2	整流二极管	1N4007	2
LED	发光二极管	红色	1
VT	晶体管	S8550	1
K	继电器	HK4100F - DC5V	1
	插座	2芯	1
	插座	3芯	1
	IC插座	DIP8	1
	跳线		3
	排针		2

3. 测试步骤

电路原理图如图3-77所示。具体工作原理详见本书项目3中3.5.4光控开关电路整体分析部分的叙述。
（1）光敏电阻光强度检测电路部分装配与测试
无光照时，光敏电阻阻值________，测得光强度检测电路输出电压为________。

有光照时，光敏电阻阻值________，测得光强度检测电路输出电压为________。

（2）基于LM393的电压比较器电路部分装配与测试

无光照时，电压比较器输出电压为________。

有光照时，电压比较器输出电压为________。

（3）继电器开关电路装配与测试

无光照时，晶体管________，继电器________，发光二极管________，晶体管输出电压为________。

有光照时，晶体管________，继电器________，发光二极管________，晶体管输出电压为________。

4. 思考题

（1）图3-77中二极管VD_2的作用是什么？

（2）图3-77中电阻R_5的作用是什么？

（3）瓷片电容104的容量是多少？

3.6.6 基于光敏晶体管和LM358的光控开关电路装配与测试

1. 测试任务

基于光敏晶体管和LM358的光控开关电路的装配与测试。

2. 仪器仪表及元器件准备

万用表、基于光敏晶体管的光控开关元器件一套、电路手工焊接装配工具。

元器件清单见表3-2。

表3-2 基于光敏晶体管和LM358的光控开关元器件清单

编　号	名　称	规　格	数　量
VT_1	光敏晶体管	$\phi5$	1
VT_2	晶体管	S8050	1
C_1	独石电容	105	1
K	继电器	LZC－32F	1
	集成运放	LM358	1
	IC插座	DIP8	1
LED	发光二极管	红色	1
VD	整流二极管	1N4007	1
R_1	电阻	100kΩ	1
R_2、R_6、R_7	电阻	1kΩ	3
R_3	电阻	5.1kΩ	1
R_4、R_5	电阻	2kΩ	2
	插座	2芯	1
	插座	3芯	1

3. 测试步骤

电路原理图如图3-78所示。具体工作原理详见本书项目3中3.5.4光控开关电路整体分析部分的叙述。

（1）光敏晶体管开关电路装配与测试

无光照时，测得光敏晶体管 U_{CE} = ________。

有光照时，测得光敏晶体管 U_{CE} = ________。

（2）基于LM358的滞回比较器电路装配与测试

无光照时，测得滞回比较器输出电压 U = ________。

有光照时，测得滞回比较器输出电压 U = ________。

（3）继电器开关电路装配与测试

无光照时，晶体管 VT_2________，继电器________，发光二极管________，晶体管输出电压 U_{CE} = ________。

有光照时，晶体管 VT_2________，继电器________，发光二极管________，晶体管输出电压 U_{CE} = ________。

结论：

1）光敏晶体管用于光强度开关量检测时，光线强则光敏晶体管________，光线弱则光敏晶体管________。

2）滞回比较器有________个阈值（门限）电压，具有较强的抗干扰能力，经计算该电路中两个阈值电压分别为 U_{TH1} = ________，U_{TH2} = ________。

4. 思考题

（1）图3-78中二极管VD的作用是什么？

（2）图3-78中LM358的第一个运放单元构成哪种电路？该电路的作用是什么？

（3）图3-78中LM358的两个运放模块分别工作于线性还是非线性状态？

习题3

1. 填空题

3-1 过零比较器电路中，若希望输入电压大于零时输出负极性电压，则应将输入电压接在集成运放的________输入端（同相或反相）。

3-2 如图3-86所示电路，已知运放输出饱和电压比电源电压低2V，若 $U_1 = +2V$，$U_2 = +1V$，则 U_O = ________V；若 $U_1 = +1V$，$U_2 = +2V$，则 U_O = ________V。

3-3 如图3-87所示集成运放电路，若输入信号 $u_I = 200\sin 2\pi \times 10^3 t\text{mV}$，则放大器输出信号幅度为________，该电路电压增益为________。

3-4 如图3-88a所示集成运放电路，若输入信号 $u_I = 1000\sin 2\pi \times 10^3 t\text{mV}$，则集成运放处于________状态，输出波形将如________所示（图3-88b或图3-88c）。

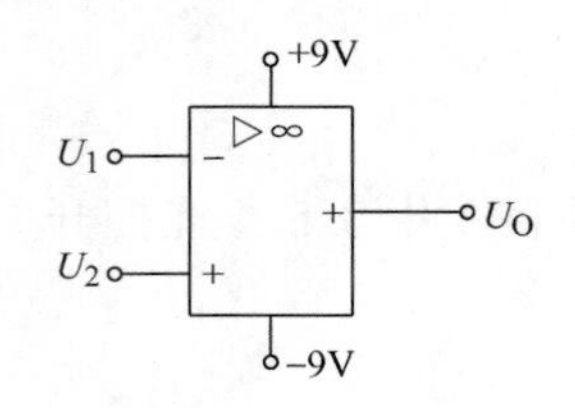

图 3-86　习题 3-2 图

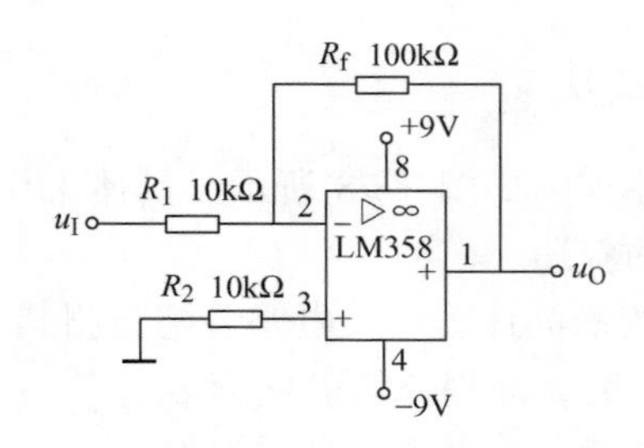

a)

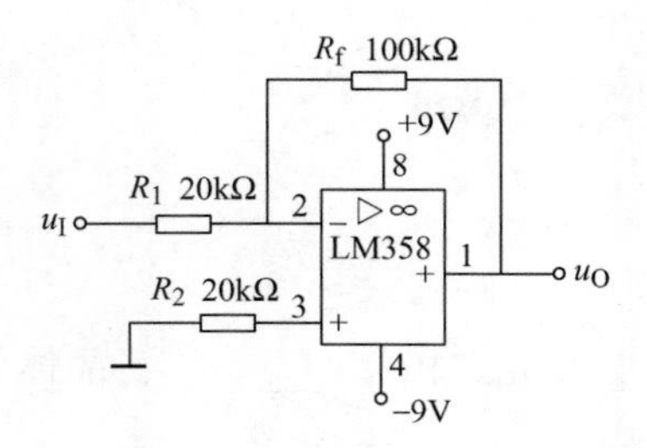

图 3-87　习题 3-3 图

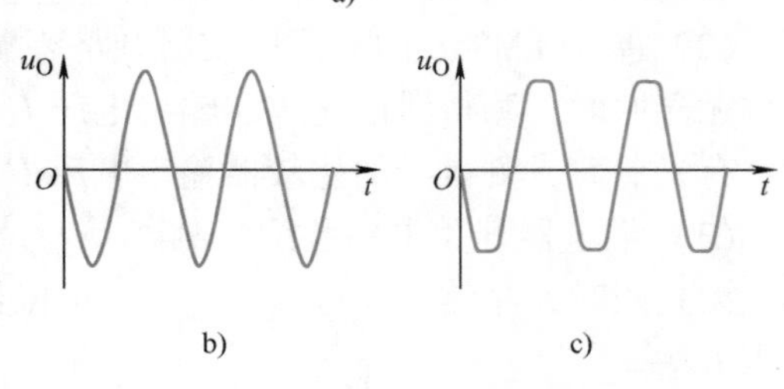

b)　　c)

图 3-88　习题 3-4 图

3-5　集成运放 LM741 符号如图 3-89 所示，该集成运放同相输入端为________脚，反相输入端为________脚，输出端为________脚，正电源为________脚，第 8 脚功能为________。

3-6　图 3-90a 为________滤波器，图 3-90b 为________滤波器（低通或高通）。

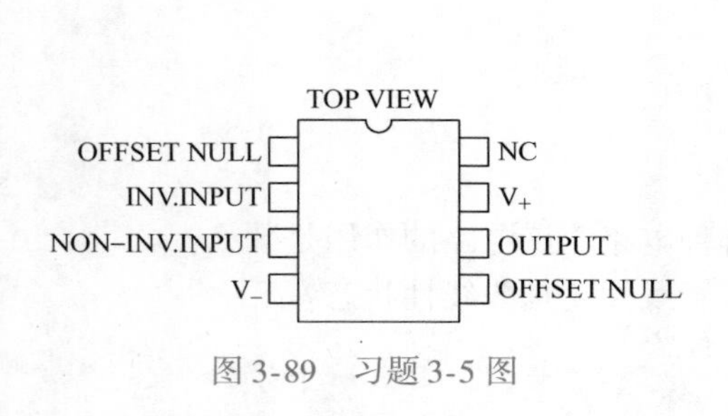

图 3-89　习题 3-5 图

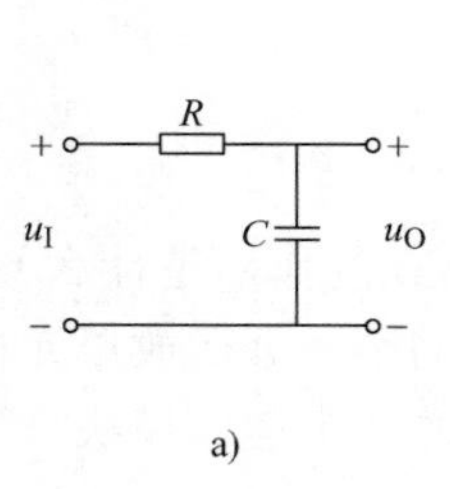

a)　　b)

图 3-90　习题 3-6 图

3-7　图 3-91 所示光敏二极管光强度检测电路，光照越强则流过光敏二极管的电流越________，输出电压 U_O 越________（大或小）。

3-8　图 3-92 所示为光敏电阻光强度检测电路，光照越强光敏电阻阻值越________，输出电压 U_O 越________（大或小）。

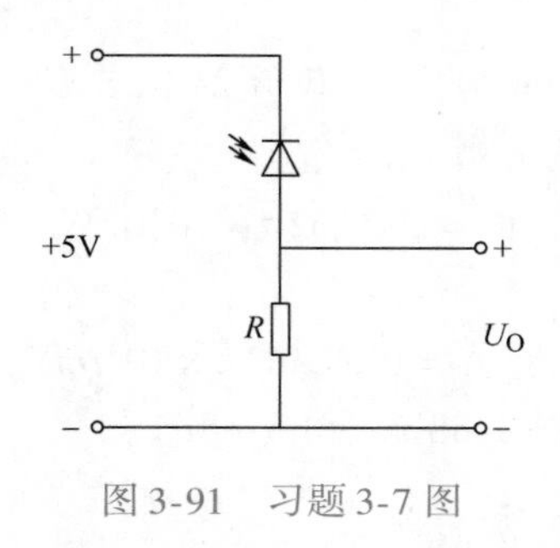

图 3-91　习题 3-7 图

图 3-92　习题 3-8 图

3-9　电磁继电器一般由铁心、________、________、触头簧片等部分组成。

3-10　在如图3-93所示电路中，若 $u_I = 5V$，晶体管处于________状态（导通或截止），发光二极管________（点亮或熄灭），5V继电器线圈________（吸合或释放）。

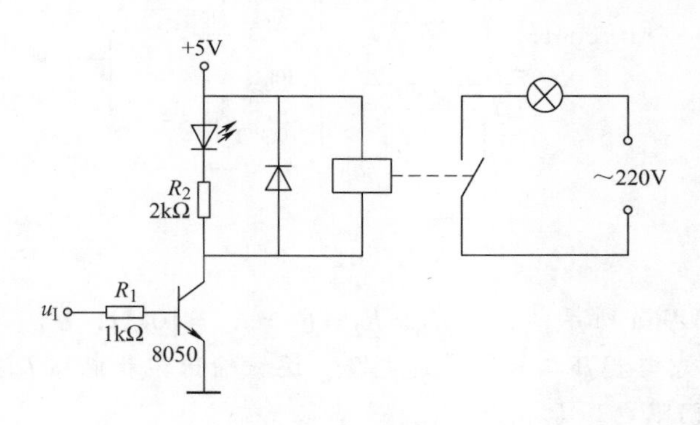

图3-93　习题3-10图

2. 判断题

3-11　理想集成运放开环电压增益和输出电阻均为无穷大。　(　　)

3-12　与光敏二极管相比，光敏晶体管的灵敏度较高。　(　　)

3-13　与滞回比较器相比，单限电压比较器灵敏度高，抗干扰能力强。　(　　)

3-14　光敏二极管在检测光强度时必须加正向电压使其处于导通状态。　(　　)

3-15　使用集成运放构成电压比较器时，运放处于非线性状态。　(　　)

3-16　理想集成运放差模输入电阻为无穷大，输出电阻为零。　(　　)

3-17　运放工作在线性状态时，同时满足"虚短"和"虚断"。　(　　)

3-18　低通滤波器电路组成必须符合以下原则：滤波电容与负载并联，滤波电感与负载串联。　(　　)

3. 解答题

3-19　设差分放大电路 $A_{ud} = 1000$，$A_{uc} = 0.01$，$u_{i1} = 8mV$，$u_{i2} = 6mV$，计算共模抑制比 K_{CMR}(dB)、差分放大电路输出电压 u_o。

3-20　图3-94为基于LM358的滞回电压比较器电路，设LM358在+9V单电源供电模式下正饱和电压 $+U_{OH} = 7.5V$，负饱和电压 $-U_{OL} = 0V$。

(1) 在图3-94中标出用到的LM358的各引脚号。

(2) 画出该电路的电压传输特性曲线。

(3) 求该电压比较器的回差电压 ΔU_{TH}。

(4) 当电位器滑动端移到最上端时发光二极管能否被点亮？

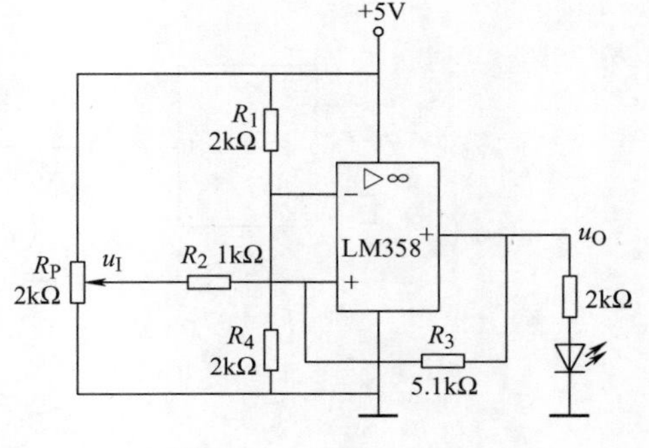

图3-94　习题3-20图

3-21　电路如图3-95所示，设运放工作于线性状态，已知 $u_{I1} = 0.1V$，$u_{I2} = 0.1V$，$u_{I3} = 0.3V$，求 u_{O1}、u_{O2} 和 u_O。

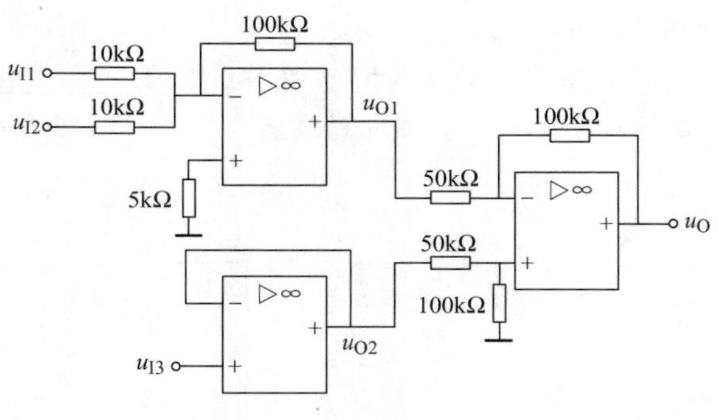

图 3-95　习题 3-21 图

3-22　电路如图 3-96a 所示，已知 $R_1=R_2=R_3=R_4=10\text{k}\Omega$，$U_{REF}=+4\text{V}$，稳压二极管稳定电压 $U_Z=5.6\text{V}$，忽略稳压二极管导通电压，运放输出饱和电压 $U_{OH}=U_{OL}=9\text{V}$，求：

（1）电压比较器门限电压 U_{TH1} 和 U_{TH2}。

（2）画出电压传输特性。

（3）在图 3-96b 中，根据输入电压波形画出输出电压波形。

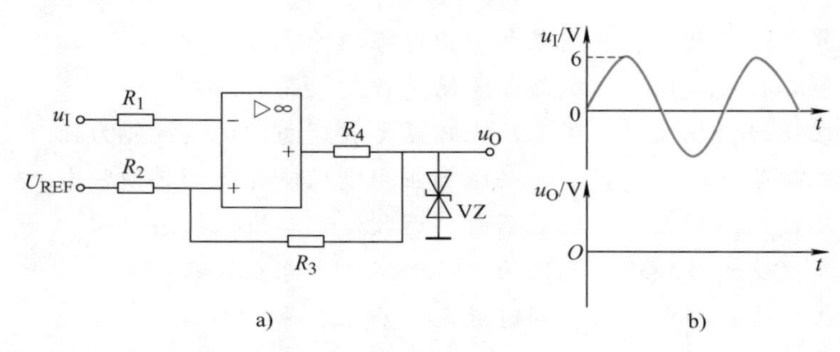

图 3-96　习题 3-22 图

3-23　电路如图 3-97a 所示，设 $u_I=2\sin\omega t\text{V}$，运放输出饱和电压 $U_{OH}=U_{OL}=10\text{V}$，稳压二极管稳定电压均为 $U_Z=5.1\text{V}$，稳压二极管导通电压 $U_{on}=0.6\text{V}$，在图 3-97b 中根据输入波形画出该电路的输出电压波形。

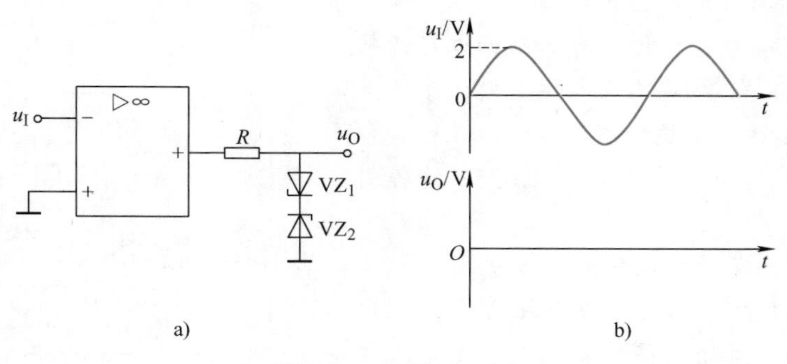

图 3-97　习题 3-23 图

3-24　电路如图 3-98 所示，设 $u_{I1}=0.2\text{V}$，$u_{I2}=0.3\text{V}$，求 u_{O1} 和 u_O。

3-25　由理想运放构成的电路如图 3-99 所示，已知 $R_1=1\text{k}\Omega$，$R_2=10\text{k}\Omega$，$R_3=1\text{k}\Omega$，$R_4=2\text{k}\Omega$，$u_I=0.1\text{V}$，求 u_{O1}、u_O。

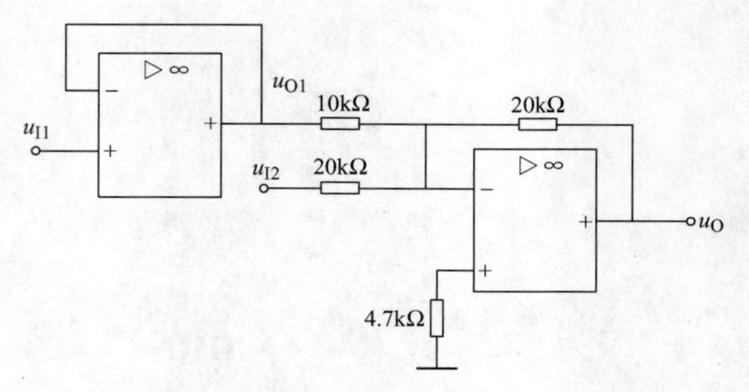

图3-98　习题3-24图

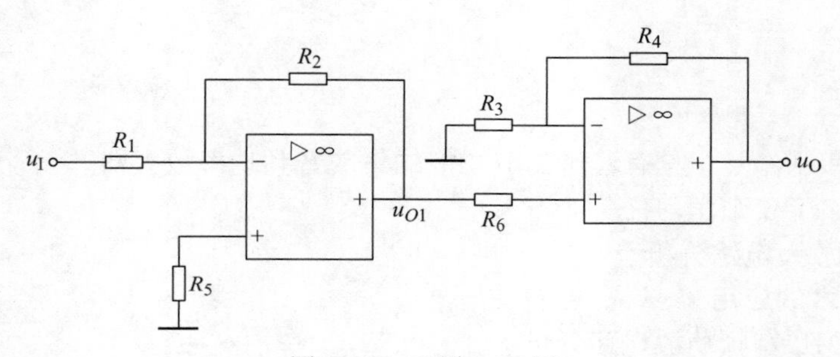

图3-99　习题3-25图

3-26　集成运放电路如图3-100所示，已知$u_I = 0.1V$，$R_1 = R_3 = R_4 = R_6 = 10k\Omega$，$R_2 = R_5 = 30k\Omega$，求$u_{O1}$、$u_{O2}$和$u_O$。

3-27　已知运放电路如图3-101所示，$R_1 = R_2 = R_3 = 10k\Omega$，$R_{f1} = R_{f2} = 30k\Omega$，若$u_I = 0.1V$，分别求$u_{O1}$、$u_{O2}$和$u_O$。

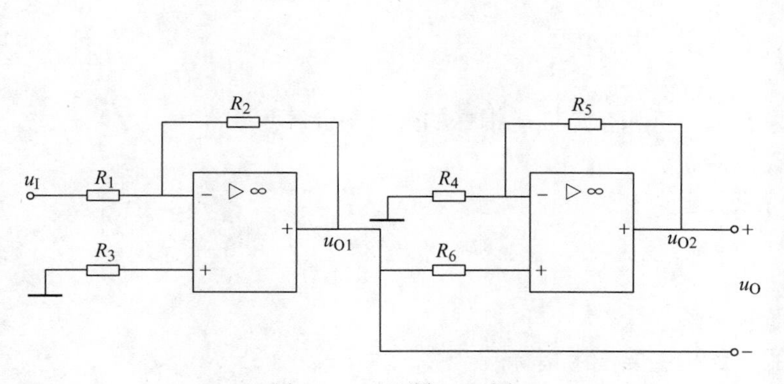

图3-100　习题3-26图

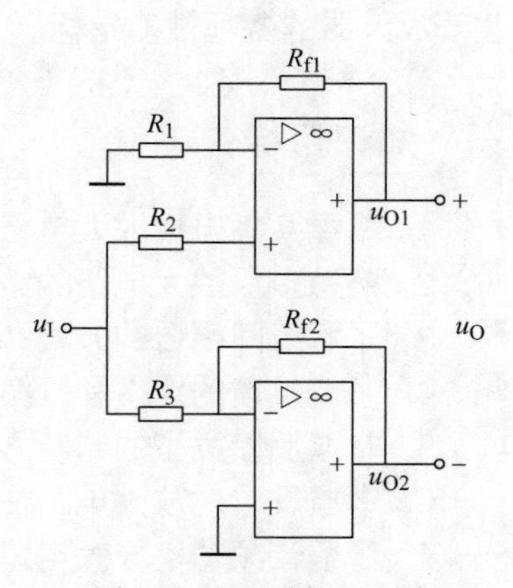

图3-101　习题3-27图

项目4

音频功率放大器的设计与制作

项目描述

分析、设计和制作一个具有音量调节功能的集成音频功率放大器。

本项目包括如下5个学习任务：

1. 共集电极放大电路分析。
2. 负反馈技术的应用。
3. OCL和OTL音频功放电路分析。
4. 集成功放电路分析。
5. 音频功放项目测试。

按照输出功率的高低可以将放大器分成小信号放大器和功率放大器两种。功率放大器工作的特点为：功率放大器是一个多级放大器；功率放大器需要通过共集电极放大电路提供较强的负载驱动能力；乙类互补对称的电路结构能够提高功放的效率，负反馈技术的应用能够改善放大器的各项性能指标。

知识目标：

1. 掌握共集电极放大电路静态工作点和交流性能指标的分析与计算。
2. 熟悉多级放大电路的组成和特点。
3. 了解级间耦合的分类和特点。
4. 了解反馈的定义和分类。
5. 掌握反馈类型的判断方法。
6. 掌握反馈对放大电路性能的影响。
7. 了解音频功率放大电路的特点和主要技术指标。
8. 掌握互补对称功放的分析和计算。
9. 掌握常见集成音频功放芯片的特点和使用方法。

能力目标

1. 能熟练使用直流稳压电源、万用表、函数信号发生器、示波器等仪器仪表来完成放大电路参数的测试。

2. 能在面包板上装配共集电极放大电路并调节静态工作点。
3. 能借助仪器仪表测量共集电极放大电路的交流参数。
4. 能够使用焊接工具完成电路的焊接和装配。

任务4.1　共集电极放大电路的分析

主要教学内容

1. 共集电极放大电路的组成。
2. 共集电极放大电路的主要性能指标分析。
3. 共集电极放大电路的特点和用途。
4. 三种组态放大电路的对比。
5. 多级放大电路的分析。

4.1.1　共集电极放大电路的组成和分析

放大器根据输出功率不同可以分为小信号放大器和功率放大器两类。本书前面介绍的晶体管共发射极放大电路和集成运放线性应用电路尽管都能获得较高的电压增益，但是放大器输出电流有限，所以通常都属于小信号放大器。

小信号放大器有分立元器件放大器和集成放大器之分，功率放大器同样也分为分立元器件功放和集成功放两类。

实用放大电路的输出端肯定会连接负载。例如，音频功率放大器的负载一般是扬声器，无线电发射机的负载一般是天线。通常只有当放大器负载上输出信号的电压和电流幅度都足够大时，才能产生较高的输出功率，这种能产生较高输出功率的放大器即为功率放大器(简称功放)。

由于放大器电源电压的限制，功放输出电压幅度不可能无限制加大，因此功放往往通过加大负载上的输出电流来提高输出功率。

在晶体管构成的三种基本放大电路中，共集电极放大器突出的优点是具有较强的电流放大能力，所以无论是分立元器件功放还是集成功放，共集电极放大器往往都被用在功放末端直接驱动负载产生较高的输出功率。但是共集电极放大器只能放大电流，不能放大电压，因此实用功放电路一般是一个多级放大器，既包括共集电极放大器（用于放大电流），也包括共发射极放大器（用于放大电压）。

以下介绍共集电极放大电路的组成和分析。

1. 共集电极放大电路的组成

共集电极放大电路又称为射极输出器、射极跟随器或者电压跟随器，其输入电阻非常大，输出电阻非常小，电压增益几乎为1，而且是一个同相放大电路。这些性能都与集成运放构成的电压跟随器（电压增益为1的同相比例电路）非常相似。

共集电极放大电路中的晶体管可以是 NPN 型也可以是 PNP 型，以下介绍 NPN 型晶体管构成的共集电极放大器。

共集电极放大电路如图 4-1 所示。与共射放大电路不同，在共集电极放大电路的交流通路中，基极输入，发射极输出，集电极为输入输出公共端。因此该电路被称为共集电极放大器。

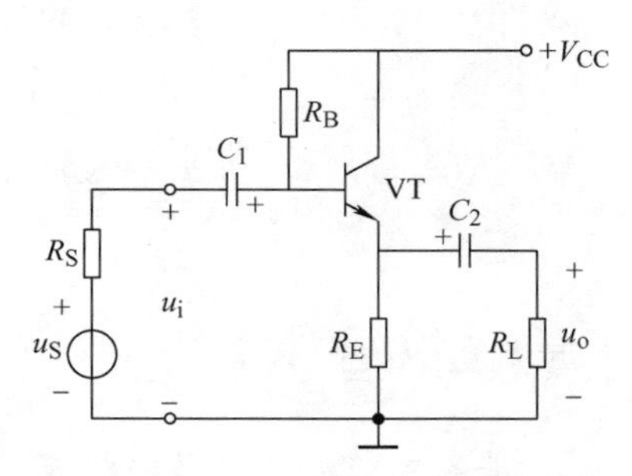

图 4-1　共集电极放大电路

共集电极放大器中各主要元器件作用如下：

V_{CC}：直流电源，既给晶体管集电极供电，同时也充当基极电源，使发射结加正向电压，集电结加反向电压，以保证 $V_C > V_B > V_E$，让 NPN 型晶体管工作于放大区。

R_B：基极电阻，连接 V_{CC}，给晶体管提供合适的基极静态电压和电流。

R_E：发射极电阻，提供合适的发射极和集电极静态电流，同时为共集电极放大器提供电压负反馈，以降低放大器输出电阻，相关分析在本书后面内容中有详细叙述。

C_1：输入耦合电容，隔直流，通交流，将输入交流信号耦合到晶体管基极进行放大，同时防止直流电源 V_{CC} 影响交流信号源。

C_2：输出耦合电容，隔直流，通交流，将晶体管输出交流信号耦合到负载，同时防止直流电源 V_{CC} 影响负载。

2. 静态工作点分析

共集电极放大电路静态工作点分析方法与共射放大电路相同。

（1）画直流通路

方法：将电容器开路，电感器短路，电路的剩余部分保留不变。

共集电极放大电路的直流通路如图 4-2 所示。

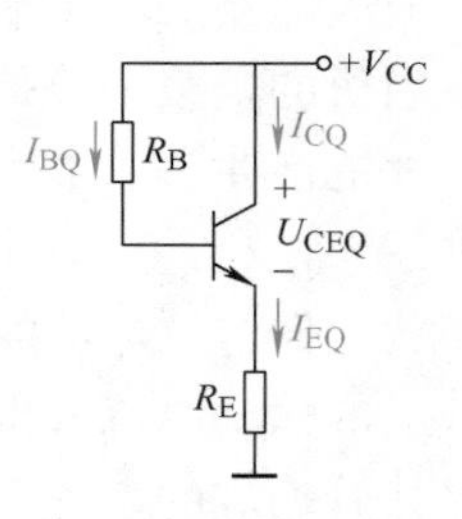

图 4-2　共集电极放大电路直流通路

（2）根据直流通路求静态工作点 Q

静态工作点参数包括 I_{BQ}、I_{CQ}、U_{CEQ}，具体求解方法如下。

由于 $I_{BQ}R_B + U_{BEQ} + (1+\beta)I_{BQ}R_E = V_{CC}$，因此静态工作点 Q 参数如下：

$$I_{BQ} = \frac{V_{CC} - U_{BEQ}}{R_B + (1+\beta)R_E} \tag{4-1}$$

$$I_{CQ} = \beta I_{BQ} \tag{4-2}$$

$$U_{CEQ} = V_{CC} - I_{EQ}R_E \approx V_{CC} - I_{CQ}R_E \tag{4-3}$$

一般硅晶体管可认为 $U_{BEQ} = 0.7\text{V}$。

3. 动态分析

与共射放大电路相同，共集电极放大电路交流动态参数是指电压增益 A_u、输入电阻 R_i 和输出电阻 R_o。

交流动态参数的求解可以采用微变等效电路法进行，具体步骤与共射放大电路相同，也是先将电容短路，电感开路，直流电源接地，画出共集电极放大电路的交流通路，在此基础上再画出共集电极放大器的微变等效电路，然后根据微变等效电路求解各项交流参数。

图4-3为共集电极放大电路的交流通路，图4-4为微变等效电路。以下略去分析过程直接给出共集电极放大器的A_u、R_i和R_o等交流参数。

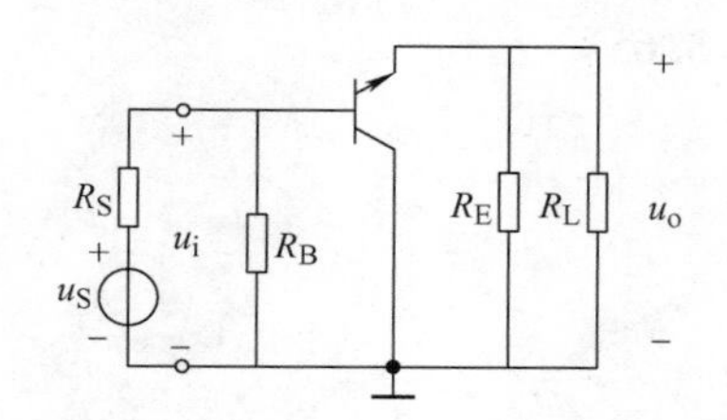

图4-3　共集电极放大电路交流通路

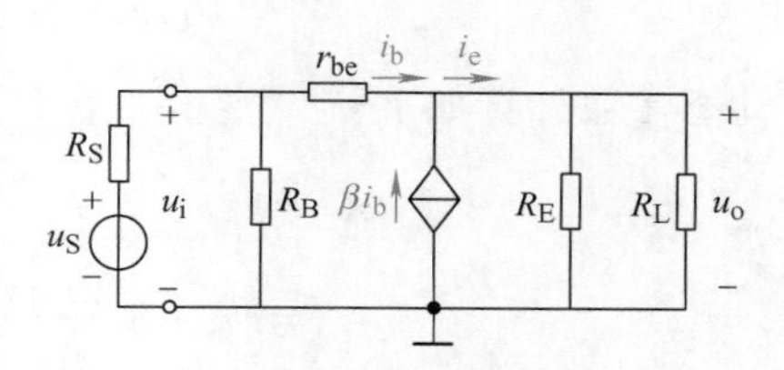

图4-4　共集电极放大电路微变等效电路

（1）电压增益

$$A_u \approx 1 \tag{4-4}$$

共集电极放大电路的电压增益为正，小于1但非常接近1，所以在实际电路计算时通常直接令$A_u \approx 1$即可，不必对其进行详细分析计算。共集电极放大电路为同相放大器，而共发射极放大电路是反相放大器。

（2）输入电阻

经分析，共集电极放大器的输入电阻为

$$R_i = R_B // [r_{be} + (1+\beta)(R_E // R_L)] \tag{4-5}$$

共集电极放大电路的输入电阻比共射放大电路大许多。由于输入电阻非常大，所以共集电极放大器从信号源获得的输入电压高，接近信号源电动势，从信号源吸收的电流小，对信号源影响非常小。

（3）输出电阻

经分析，共集电极放大器的输出电阻为

$$R_o \approx R_E // \frac{r_{be} + (R_S // R_B)}{1+\beta} \tag{4-6}$$

当信号源内阻很低时可以认为共集电极放大器的输出电阻为

$$R_o \approx \frac{r_{be}}{1+\beta} \tag{4-7}$$

式中，$r_{be} = r'_{bb} + \beta \dfrac{26\text{mV}}{I_{CQ}}$，$r'_{bb}$为晶体管基区体电阻，典型阻值为200～300Ω。

共集电极放大电路的输出电阻比共射放大电路小许多，一般只有十几欧姆到几十欧姆。由于输出电阻很小，共集电极放大器驱动负载能力很强，可以为负载提供较大电流和较高的输出功率。

【例4-1】　如图4-1所示共集电极放大电路，已知$R_B = 240\text{k}\Omega$，$R_E = 12\text{k}\Omega$，$R_L = 6.8\text{k}\Omega$，$V_{CC} = +12\text{V}$，$U_{BEQ} = 0.7\text{V}$，$\beta = 60$，$r'_{bb} = 200\Omega$，$R_S = 1\text{k}\Omega$。

1）计算放大器静态工作点。

2）计算A_u、R_i、R_o。

3）若想要降低发射极直流电位，应该如何调整 R_B？

解：1）静态工作点参数计算如下：

$$I_{BQ}=\frac{V_{CC}-U_{BEQ}}{R_B+(1+\beta)R_E}=11.6\mu A$$

$$I_{CQ}=\beta I_{BQ}=0.696mA$$

$$U_{CEQ}=V_{CC}-I_{CQ}R_E=3.65V$$

2）动态参数计算如下：

$$A_u\approx 1$$

$$r_{be}=r'_{bb}+\beta\frac{26mV}{I_{CQ}}=2.44k\Omega$$

$$R_i=R_B/\!/[r_{be}+(1+\beta)(R_E/\!/R_L)]=126k\Omega$$

$$R_o\approx R_E/\!/\frac{r_{be}+(R_S/\!/R_B)}{1+\beta}=56.0\Omega$$

3）若想要降低发射极直流电位，应该减小 I_{EQ}，所以必须减小 I_{BQ}。

从静态工作点计算公式 $I_{BQ}=\frac{V_{CC}-U_{BEQ}}{R_B+(1+\beta)R_E}$可知，若想要减小 I_{BQ}，可以通过加大基极电阻 R_B阻值来实现。

4.1.2 共集电极放大电路的特点与用途

1. 共集电极放大电路的特点

从动态分析可以得出共集电极放大器具有以下特点：

1）电压增益小于 1 但接近 1，没有电压放大能力。

2）输入输出交流电压相位相同，是同相放大器。

3）与共射放大电路相比，输入电阻更大，输出电阻更小。

4）具有较强的电流放大和功率放大能力。

2. 共集电极放大器的主要用途

（1）用作多级放大器的输入级

由于共集电极放大电路输入电阻高，所以在多级放大器中可以用作输入级，这样可以减小放大器从信号源吸收的电流。

（2）用作多级放大器的输出级

由于共集电极放大电路输出电阻小，带负载能力强，因此共集电极放大电路可以用作多级放大电路的输出级。

（3）用于多级电路前后级之间的隔离

共集电极放大电路输入电阻大，从前级电路输出端吸收电流小，对前级电路影响小；输出电阻小，对后级电路输入电压影响小。因此用作多级电路中间级时，可以起到前后级隔离缓冲的作用，以减小多级电路前后级之间的相互影响。多级电路可以是多级放大器，也可以是其他类型的信号处理电路。

基于以上原因，共集电极放大电路在各类电子设备中用途广泛。

3. 三种组态放大电路的对比

晶体管基本放大电路有三种组态，分别是共发射极放大电路、共基极放大电路和共集电极放大电路。三种组态放大电路的构成如图 2-23 所示。

共发射极放大电路既能放大电压，又能放大电流，是反相放大器，输入电阻中等，输出电阻大，可用作单级放大器和多级放大电路的中间级。

共集电极放大电路只能放大电流，不能放大电压，是同相放大器，输入电阻大，输出电阻小，可用作多级放大电路输入级、输出级、缓冲级。

共基极放大电路只能放大电压，不能放大电流，是同相放大器，由于输入电阻小，输出电阻大，所以在低频放大电路中使用较少，一般用于恒流源电路、高频放大器等电路中。

尽管共发射极放大器既能放大电压，也能放大电流，但是其输出电阻偏大，当功率放大器需要给负载提供较大电流时在放大器输出电阻上会产生较高的电压降，导致负载上的输出电压明显下降，因此其电流放大和功率放大能力非常有限。而共基极放大器只能放大电压，根本不能放大电流。由此可见，尽管共集电极放大电路本身不具有电压放大能力，但是由于其输出电阻非常小，具有较强的电流放大能力，因此在功率放大器中一般专门用来完成电流放大作用，功率放大器所需的电压放大往往是由前级共发射极放大器完成。

4.1.3　多级放大电路分析

单级放大电路的电压放大倍数不宜设置得过高，一般只能为十几到几十倍，因为过高的电压增益将会导致放大器稳定性下降。但在电子设备中经常要将非常微弱的信号幅度放大到足够大，这样才能为终端负载可靠接收，这要求放大器必须具有非常高的电压增益。此时可以由多级放大器来完成信号放大。因为多级放大电路中每级放大器的增益可以设置得相对较低，以确保电路的稳定性，同时通过增加放大器级数来提高系统整体的电压增益。

1. 多级放大电路组成

多级放大电路是指由两个或者两个以上的单级放大电路级联所组成的电路。多级放大电路组成框图如图 4-5 所示。通常称多级放大电路的第一级为输入级，最后一级为输出级或末级，其余被称为中间级。在多级放大电路中，前一级放大器的输出信号作为后一级放大器的输入信号。

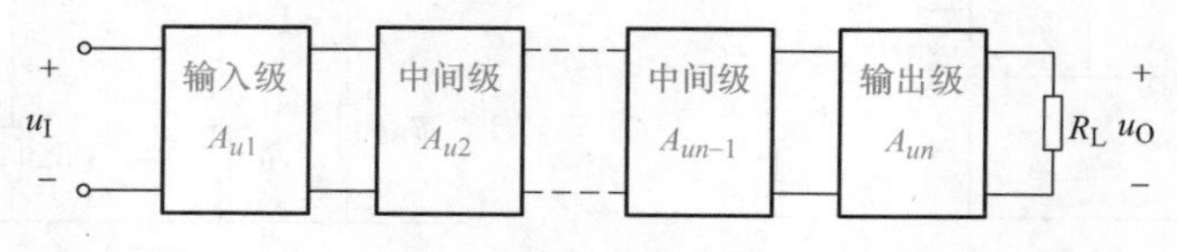

图 4-5　多级放大电路组成框图

（1）输入级

多级放大电路的输入级往往要求输入电阻较高，以减少从信号源吸收的电流，从而降低放大器对信号源的影响。输入级一般是共集电极放大电路。

（2）中间级

多级放大电路的电压增益主要由中间级决定。因此中间级要求有足够高的电压增益，一般由共射放大电路组成，根据需要中间级可以有多级。

（3）输出级

多级放大电路的输出级直接驱动负载，通常要求输出电阻小，从而带负载能力强，以便于给负载提供较高的输出电流和输出功率。多级放大电路输出级一般也由共集电极放大器担任。

2. 多级放大电路的级间耦合方式

级间耦合方式是指多级放大电路前后级之间的连接方式。

级间耦合的基本要求是信号在耦合传输过程中的损耗要小，前级输出信号能不失真传递到下级。级间耦合的方式主要有阻容耦合、变压器耦合、直接耦合等。

（1）阻容耦合

阻容耦合如图 4-6 所示，前后两级放大器通过级间耦合电容 C 传递交流信号，前级放大器的输出信号成为后级放大器的输入信号。

阻容耦合具有如下特点：

1）由于电容具有隔直流、通交流的作用，所以前后级放大器的静态工作点 Q 相互独立，互不影响，有利于减小整个多级放大电路的零点漂移。

2）要求耦合电容 C 的容量足够大，以便减小交流信号在前后级之间耦合时的损耗。

3）低频特性差，不能耦合直流信号，频率很低的交流信号在通过耦合电容 C 时也会产生较严重的衰减。

4）在集成电路内部无法采用阻容耦合方式，因为耦合电容容量必须很高，而集成电路中无法集成大容量的电容器。

（2）变压器耦合

变压器耦合如图 4-7 所示。前后两级放大器通过变压器耦合来传递交流信号。其中变压器 T_1 将前级放大器集电极输出信号耦合到后级放大器的基极，变压器 T_2 将后级放大器集电极输出信号耦合至再下一级电路。

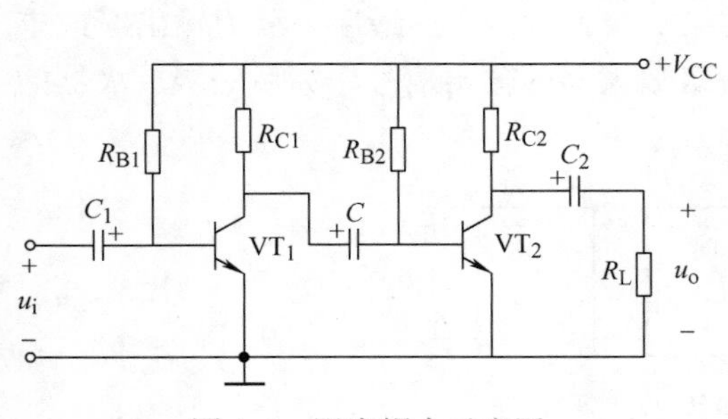

图 4-6　阻容耦合示意图

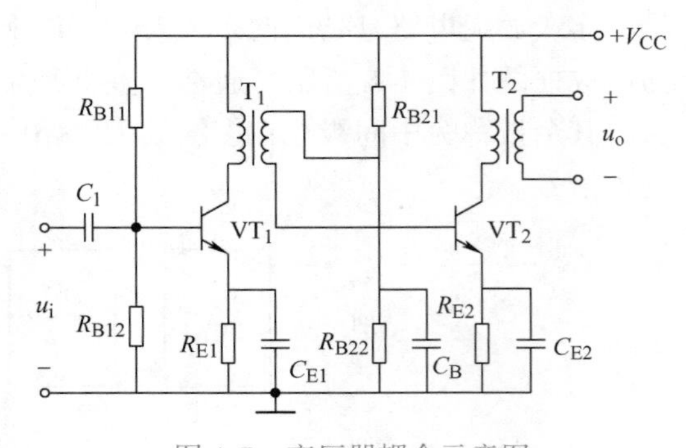

图 4-7　变压器耦合示意图

变压器耦合具有如下特点：

1）由于变压器具有隔直流、通交流的作用，所以前后级放大电路静态工作点Q相互独立，可以减小多级放大器的零点漂移，这一特点与阻容耦合相同。

2）变压器具有阻抗变换功能，可以通过等效变换实现阻抗匹配。

3）变压器只能耦合交流信号，不能耦合直流信号。

4）变压器体积较大，高频和低频特性均不理想，且不能集成化。

（3）直接耦合

直接耦合如图4-8所示。前后级放大器通过导线直接相连。集成运放内部是一个多级放大电路，相邻两级放大器之间采用的就是直接耦合方式。

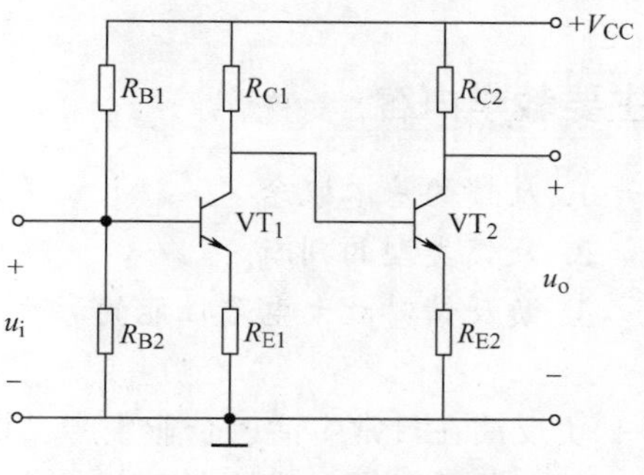

图4-8　直接耦合示意图

直接耦合具有如下特点：

1）频率特性好，既能放大直流信号和频率很低的信号，也能放大频率较高的交流信号。

2）便于集成化。

3）前后级放大器的静态工作点Q不独立，前后级的直流参数相互影响，电路设计、调试比较复杂。

4）零点漂移问题较为严重。

除了以上几种级间耦合方式之外，还可以利用光耦合器（简称光耦）实现级间耦合。光耦合器具有非常好的电气隔离效果，其内部其实是利用光信号而非电信号进行信号传递的，所以可以有效防止后级电路对前级电路的不良影响，光耦合器既能耦合交流信号，也能耦合直流信号。

3. 多级放大电路分析计算

多级放大电路的耦合方式如果是阻容耦合、变压器耦合，其各级放大器静态工作点相互独立，可分别单独计算，但是交流参数计算比较复杂。而直接耦合多级放大电路前后级之间会产生相互影响，其直流参数和交流参数的计算工作量都非常大。

以下对多级放大电路动态参数进行简要说明。

（1）电压放大倍数

多级放大电路总的电压放大倍数为

$$A_u = A_{u1}A_{u2}\cdots A_{un} \tag{4-8}$$

由此可见，多级放大电路总的电压增益等于每一级放大器各自电压放大倍数的乘积。用分贝表示时有如下结论：

$$A_u(\mathrm{dB}) = A_{u1}(\mathrm{dB}) + A_{u2}(\mathrm{dB}) + \cdots + A_{un}(\mathrm{dB}) \tag{4-9}$$

用分贝表示时多级放大电路总的电压增益等于每级放大器增益之和。由于多级放大电路总的电压增益非常高，所以通常情况都用分贝表示。

（2）输入电阻

多级放大电路总的输入电阻等于从输入级看到的等效输入电阻，即

$$R_i = R_{i1} \tag{4-10}$$

(3) 输出电阻

多级放大电路总的输出电阻等于从输出级看到的等效输出电阻，即

$$R_o = R_{on} \tag{4-11}$$

任务 4.2 负反馈技术的应用

主要教学内容

1. 反馈的基本概念。
2. 反馈类型的判断。
3. 负反馈对放大电路性能的影响。

负反馈在日常生活、企业生产、管理中普遍存在。例如听音乐，如果我们感觉声音太大了，就会调低音量；感觉声音太小了，我们会提高音量。企业会听取用户对自己产品的意见反馈，例如，如果用户普遍感觉产品尺寸太大则企业会缩小产品尺寸，如果用户认为产品尺寸太小则企业往往也会做相应调整以适应客户需求。由此可见，负反馈通常是一种有益的反向调节。

在电子线路中，负反馈技术同样得到了广泛的应用，大多数放大器都会加入负反馈环节，因为引入负反馈后可以有效改善放大电路多项性能指标。

4.2.1 反馈的类型和判断

1. 反馈的基本概念

(1) 反馈的定义

将放大器输出量（电压或电流）中的一部分或全部通过某一路径，引回到放大器的输入端，与电路外加的输入信号相叠加，共同控制放大电路最终输出的过程称为反馈。

(2) 反馈放大电路框图

从输出端反馈回到输入端的信号可以用来增强也可以用来削弱输入信号，因此反馈有正负之分。

1) 负反馈放大电路框图。

若从电路输出端引回到输入端的反馈信号削弱了输入信号，从而使放大电路的最终输出信号和放大倍数降低，这种反馈称为负反馈。

负反馈放大电路框图如图 4-9 所示。

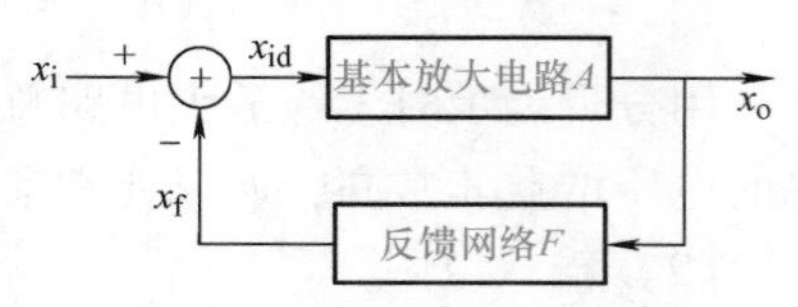

图 4-9 负反馈放大电路框图

其中，x_i为放大器外加输入信号；x_o为放大器输出信号；x_f为反馈信号，反馈来自放大器输出信号 x_o；x_{id}为放大器净输入信号。由于反馈信号 x_f与外加输入信号 x_i

相位相反，所以放大器净输入信号 $x_{id}=x_i-x_f$，因此 x_{id} 幅度比放大器外加输入信号 x_i 幅度小。反馈网络的功能是提供输出信号 x_o 引回到放大器输入端的路径，A 为没有加反馈之前放大器本身的开环增益。

与不加反馈相比，负反馈削弱了放大器的输入，导致放大电路最终的输出信号幅度下降，放大倍数降低。

负反馈通常会改善放大器性能。

2）正反馈放大电路框图。

若从电路输出端引回到输入端的反馈信号增强了输入信号，从而使放大电路的最终输出信号和放大倍数提高，这种反馈称为正反馈。

正反馈放大电路框图如图4-10所示。

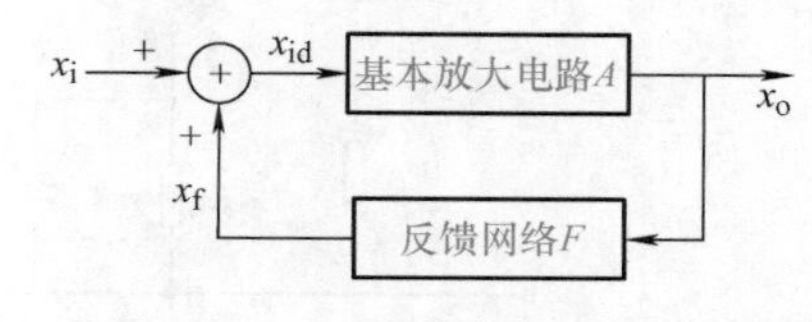

图4-10　正反馈放大电路框图

由于反馈信号 x_f 与外加输入信号 x_i 相位相同，所以放大器净输入信号 $x_{id}=x_i+x_f$，比放大器外加输入信号 x_i 幅度大。

与不加反馈相比，正反馈增强了放大器的输入，导致放大电路最终的输出信号幅度提高，放大倍数提高。

正反馈通常会使放大器性能变差。

（3）反馈的分类

根据反馈结构的不同，反馈有多种分类方法。

1）负反馈和正反馈。

若输出信号引回到输入端的反馈信号削弱了输入信号，这种反馈称为负反馈。

若输出信号引回到输入端的反馈信号增强了输入信号，这种反馈称为正反馈。

2）直流反馈和交流反馈。

若反馈信号为直流量（直流电压或直流电流），称为直流反馈。

若反馈信号为交流量（交流电压或交流电流），称为交流反馈。

3）电压反馈和电流反馈。

若反馈网络是对放大器输出电压的取样，即反馈信号取自输出电压，则称为电压反馈。

若反馈网络是对放大器输出电流的取样，即反馈信号取自输出电流，则称为电流反馈。

电压反馈和电流反馈是针对交流反馈的进一步分析和分类。

4）串联反馈和并联反馈。

若反馈信号与输入信号的叠加方式为串联相加，称为串联反馈。

若反馈信号与输入信号的叠加方式为并联相加，称为并联反馈。

串联反馈和并联反馈也是针对交流反馈的进一步分析和分类。

由于放大器中的反馈一般都是负反馈，所以交流型负反馈有如下四种：电压串联型负反馈、电压并联型负反馈、电流串联型负反馈、电流并联型负反馈。

2. 反馈类型的判断

不同类型的反馈会对放大器性能产生不同的影响，因此必须首先判断放大器反馈的具体类型，然后才能分析反馈给放大器带来的实际影响。

(1) 直流反馈和交流反馈的判断

判断依据：

若反馈存在于直流通路中，则属于直流反馈。

若反馈存在于交流通路中，则属于交流反馈。

【例 4-2】 判断图 4-11 所示放大器反馈的类型属于直流反馈还是交流反馈。

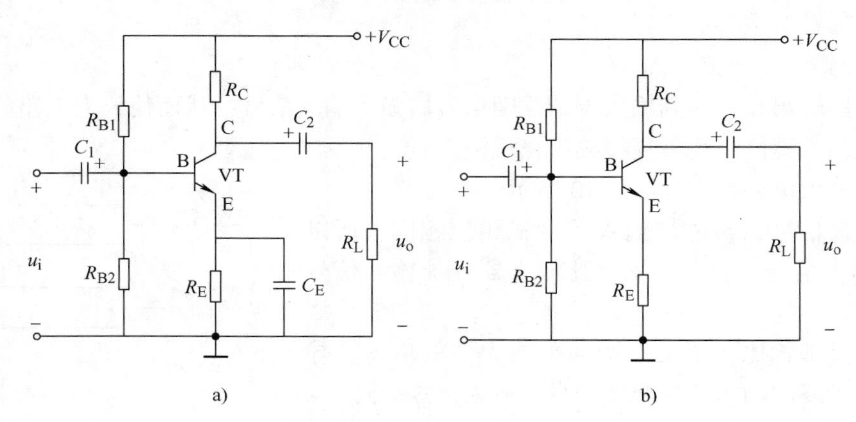

图 4-11 例 4-2 电路

解：1) 对于图 4-11a，首先判断反馈支路的位置。

在该分压式偏置共射放大电路的直流通路中，从输出端看晶体管集电极直流电位 V_{CQ} 由 U_{CEQ} 和发射极电阻 R_E 两端电压构成，即 $V_{CQ} = U_{CEQ} + V_{EQ}$，所以电阻 R_E 两端直流电压 V_E 属于直流通路中输出电压的一部分。

从输入端来看，基极直流电位 $V_{BQ} = U_{BEQ} + V_{EQ}$，所以电阻 R_E 两端电压同时也构成了直流通路中输入电压的一部分。

由此可见，电阻 R_E 将输出端电压的一部分接回输入端，与 U_{BEQ} 共同构成了输入直流电压，所以 R_E 在直流通路中构成了反馈支路，形成了直流反馈。

但是由于电容 C_E 为旁路电容，具有隔直流、通交流的作用，该电容在交流通路中呈短路状态，将电阻 R_E 短路（旁路），所以在交流通路中晶体管发射极直接接地，因此交流通路中不存在反馈。

综上所述，图 4-11a 所示放大器的反馈属于直流反馈。

2) 对于图 4-11b，首先判断反馈支路的位置。

该电路与图 4-11a 所示电路的区别在于去掉了旁路电容 C_E，因此直流通路与图 4-11a 完全相同，但是交流通路中 R_E 构成的反馈支路仍然存在，所以该放大器也施加了交流反馈。

综上所述，图 4-11b 所示放大器既有直流反馈同时又存在交流反馈。

【例 4-3】 判断图 4-12 所示放大器反馈的类型属于直流反馈还是交流反馈。

解：图 4-12a 所示共射放大电路的交流通路中，集电极为放大器输出端，基极为输入端，电容 C_f 将交流输出电压接回到了放大器的输入端，形成了反馈支路，该反馈属于交流反馈。在直流通路中由于电容 C_f 处于开路状态，所以该放大器中不存在直流反馈。

综上所述，图 4-12a 所示放大器的反馈属于交流反馈。

图 4-12b 所示反相比例电路中，电阻 R_f 将放大器输出电压接回到了运放的反相输入端，

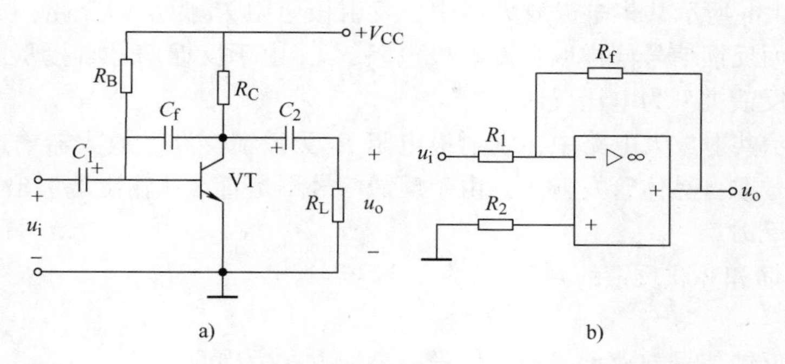

图 4-12　例 4-3 和例 4-4 电路

形成了反馈支路，由于该运放电路中没有电容或电感，所以在直流通路和交流通路中，反馈电阻 R_f形成的反馈都存在。

综上所述，图 4-12b 所示运放电路既有直流反馈同时又存在交流反馈。

（2）电压反馈和电流反馈的判断

判断依据：

反馈信号取自放大器输出电压，属于电压反馈。

反馈信号取自放大器输出电流，属于电流反馈。

但是如果根据以上依据来判断放大器的反馈类型属于电压还是电流其实并不直观，很难进行判断。实际分析时可以采用如下方法进行反馈类型的判断：

如果反馈信号直接从放大器输出端引出，属于电压反馈。

如果反馈信号不是直接从放大器输出端引出，属于电流反馈。

【例 4-4】　判断图 4-12 所示放大器反馈类型属于电压反馈还是电流反馈。

解：图 4-12a 所示共射放大电路中电容 C_f为反馈支路，放大器输出端是晶体管集电极，反馈也是利用电容 C_f直接从集电极引回到放大器输入端，由于反馈信号直接从放大器输出端引出，所以该放大器的反馈为电压反馈。

图 4-12b 所示反相比例电路中电阻 R_f为反馈支路，由于反馈信号通过 R_f直接从运放输出端接回到运放的反相输入端，所以该放大器的反馈为电压反馈。

【例 4-5】　判断图 4-13 反馈类型属于电压反馈还是电流反馈。

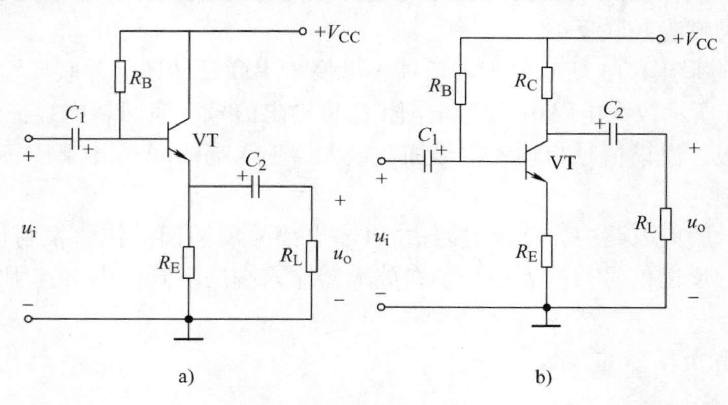

图 4-13　例 4-5 电路

解：在图 4-13a 所示共集电极放大器中，发射极电阻 R_E 为反馈支路，放大器输出端为晶体管发射极，而反馈信号同样取自发射极电阻 R_E，由于反馈信号直接从放大器输出端引出，因此该电路反馈类型为电压反馈。

图 4-13b 所示共射放大电路中，发射极电阻 R_E 为反馈支路，放大器输出端为晶体管集电极，而反馈信号取自晶体管发射极，由于反馈信号不是直接从输出端引出的，因此该电路反馈类型为电流反馈。

（3）串联反馈和并联反馈的判断

判断依据：

串联反馈：反馈信号与放大器输入信号的叠加方式为串联相加。

并联反馈：反馈信号与放大器输入信号的叠加方式为并联相加。

但根据以上结论依据判断反馈类型属于串联反馈还是并联反馈并不直观，很难进行判断。实际分析时可以采用如下方法进行反馈类型的判断：

串联反馈：反馈信号与输入信号加在放大器输入端的不同引脚上。

并联反馈：反馈信号与输入信号加在放大器输入端的同一引脚上。

【例 4-6】 判断图 4-14 所示放大器反馈类型属于串联反馈还是并联反馈。

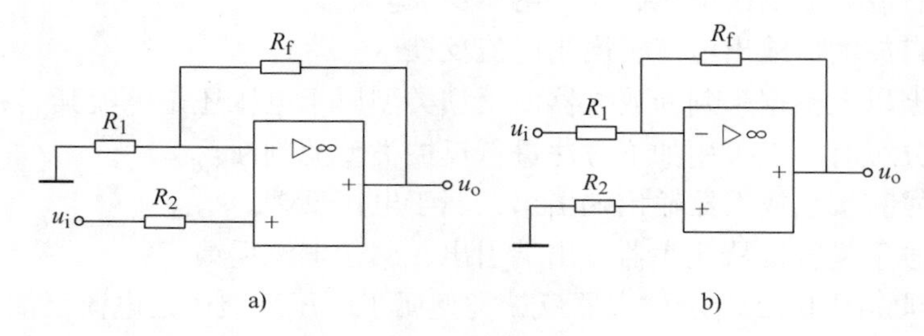

图 4-14 例 4-6 电路

解：在图 4-14a 所示同相比例电路中，电阻 R_f 将放大器输出信号反馈回运放的反相输入端，输入信号 u_i 加在运放同相输入端，反馈信号与输入信号加在放大器输入端的不同引脚上，所以该放大器反馈类型为串联反馈。

图 4-14b 所示反相比例电路，电阻 R_f 将放大器输出信号反馈回运放的反相输入端，输入信号 u_i 也加在运放反相输入端，反馈信号与输入信号加在放大器输入端的相同引脚上，所以该放大器反馈类型为并联反馈。

【例 4-7】 判断图 4-15 所示放大器反馈类型属于串联反馈还是并联反馈。

解：图 4-15a 所示放大电路中，反馈电阻 R_f 将输出信号反馈回晶体管基极，输入信号 u_i 也加在晶体管基极，反馈信号与输入信号加在放大器输入端的同一引脚上，所以该放大器反馈类型为并联反馈。

图 4-15b 所示放大电路中，反馈电阻 R_E 将输出信号反馈回晶体管发射极，输入信号 u_i 加在晶体管基极，反馈信号与输入信号加在放大器输入端的不同引脚上，所以该放大器反馈类型为串联反馈。

（4）正反馈和负反馈的判断

依据定义：

负反馈：反馈信号削弱输入信号。

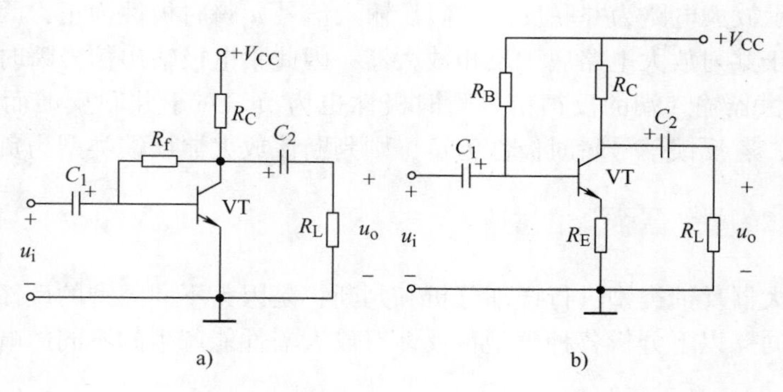

图 4-15　例 4-7 电路

正反馈：反馈信号增强输入信号。

实际判断时，根据定义很难进行正反馈和负反馈类型的判断，所以一般通过瞬间极性法对比反馈信号与输入信号的极性来判断正负反馈类型。

瞬间极性法具体的判断方法如下：

1）并联反馈。

设输入信号 x_i瞬时极性为正，若反馈信号 x_f瞬时极性为正，则为正反馈。

设输入信号 x_i瞬时极性为正，若反馈信号 x_f瞬时极性为负，则为负反馈。

2）串联反馈。

设输入信号 x_i瞬时极性为正，若反馈信号 x_f瞬时极性为正，则为负反馈。

设输入信号 x_i瞬时极性为正，若反馈信号 x_f瞬时极性为负，则为正反馈。

由此可见，在反馈信号瞬时极性相同的前提下，并联反馈和串联反馈在判断反馈类型是正还是负时得到的结论完全相反。所以首先必须判断反馈是串联还是并联，在此基础上才能判断反馈是正还是负。

【例 4-8】　判断图 4-16 所示放大器反馈类型的正负。

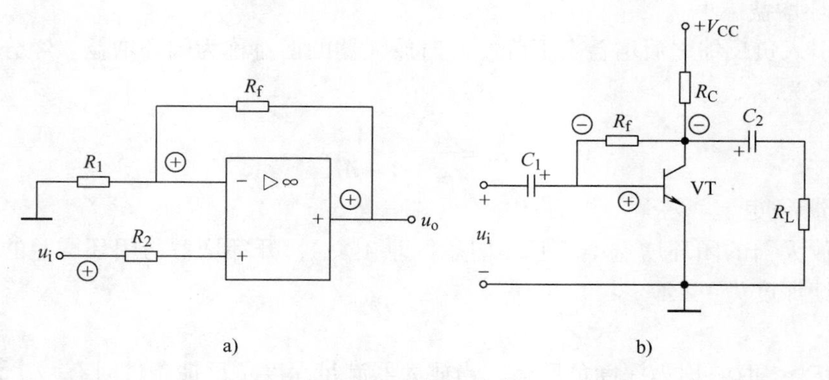

图 4-16　例 4-8 电路

解：图 4-16a 所示放大电路为串联反馈。假设输入信号 u_i瞬时极性为正，因为输入信号加在运放同相输入端，所以输出信号瞬时极性也为正，则反馈电阻 R_f送回反相输入端的反馈信号瞬时极性为正。对于串联反馈而言，当输入信号瞬时极性为正时，若反馈信号瞬时极性也为正，则判断该放大器反馈类型为负反馈。

图 4-16b 所示放大电路为并联反馈。假设输入信号 u_i 瞬时极性为正，因为输入信号加在晶体管基极，由于共射放大电路属于反相放大器，因此集电极输出信号瞬时极性为负，则反馈电阻 R_f 送回放大器输入端的反馈信号瞬时极性也为负。对于并联反馈而言，当输入信号瞬时极性为正时，若反馈信号瞬时极性为负，则判断该放大器反馈类型为负反馈。

4.2.2 负反馈对放大器性能的影响

之所以对放大器反馈类型进行详细分析和判断，是因为不同类型的反馈对放大器性能产生的影响各不相同。以下分析各种类型负反馈对放大器性能产生的不同影响。

1. 负反馈的性能指标

（1）开环增益

开环增益是指去除反馈之后放大器本身的增益，用 A 表示。在图 4-9 所示负反馈放大电路框图中有

$$A = \frac{x_o}{x_{id}} \tag{4-12}$$

（2）反馈系数

反馈是指将放大器输出信号的一部分或者全部通过某个支路送回到放大器的输入端，定义反馈系数 F 为反馈信号与输出信号之比。

$$F = \frac{x_f}{x_o} \tag{4-13}$$

（3）净输入信号

负反馈会削弱输入信号，使放大器实际输入信号幅度降低。负反馈放大器净输入信号是指外加输入信号减去反馈信号之后剩余的部分。

$$x_{id} = x_i - x_f \tag{4-14}$$

（4）闭环增益

放大器引入负反馈之后增益会下降，此时放大器的增益称为闭环增益。经分析负反馈放大器闭环增益为

$$A_f = \frac{x_o}{x_i} = \frac{A}{1 + AF} \tag{4-15}$$

（5）反馈深度

负反馈放大器的闭环增益小于开环增益，即 $A_f < A$，开环增益与闭环增益的比值称为反馈深度。反馈深度为 $1 + AF$。

说明：

当 $1 + AF \gg 1$ 时，称为深度负反馈。当放大器满足深度负反馈条件时有

$$A_f \approx \frac{1}{F} \tag{4-16}$$

从上面的公式可以得出一个重要结论：在满足深度负反馈条件时，负反馈放大器的闭环增益与开环增益无关，只由反馈系数决定。

无论是晶体管分立元器件放大电路还是集成运放放大电路，放大器的核心都是半导体元

器件，而半导体元器件由于制作工艺原因，其参数分散性一般都非常大，这就导致放大器的开环增益也会有非常大的分散性。而且半导体元器件一般都具有很强的热敏特性，所以工作现场环境温度的改变也会导致放大器开环增益发生波动。施加了深度负反馈后以上缺陷将会得到明显改善，因为深度负反馈放大器的闭环增益只由反馈网络的反馈系数 F 决定，与放大器本身的开环增益无关，而构成反馈网络的元器件一般都是性能稳定、精度较高的电阻、电容等元器件，所以反馈系数 F 很稳定，精度很高，负反馈放大器闭环增益的温度稳定性、精度也非常高。

本书前面介绍的集成运放线性应用电路全部满足深度负反馈条件，这些电路的闭环增益都与集成运放的开环增益无关，只由集成运放外部所接元器件构成的反馈网络决定。例如图4-14中，反相比例电路的电压增益为 $A_u=-\dfrac{R_f}{R_1}$，同相比例电路的电压增益为 $A_u=1+\dfrac{R_f}{R_1}$。

【例4-9】　负反馈放大电路输入电压 $u_i=0.1\text{V}$，测得输出电压为1V，若去掉反馈后，测得输出电压变为10V，求反馈系数 F 和反馈深度 $1+AF$。

解：闭环增益为

$$A_f=\frac{1\text{V}}{0.1\text{V}}=10$$

开环增益为

$$A=\frac{10\text{V}}{0.1\text{V}}=100$$

由于 $A_f=\dfrac{A}{1+AF}$，所以反馈深度为

$$1+AF=10$$

反馈系数 $F=0.09$

2. 负反馈对放大电路性能的影响

负反馈技术的应用虽然使放大电路增益有所下降，但是同时也从多个方面改善了放大电路的性能。

(1) 提高放大电路增益稳定性

因为闭环增益为

$$A_f=\frac{A}{1+AF}$$

对上面式子求微分可得

$$\frac{\mathrm{d}A_f}{A_f}=\frac{1}{1+AF}\frac{\mathrm{d}A}{A} \tag{4-17}$$

式中，$\dfrac{\mathrm{d}A_f}{A_f}$为放大器闭环增益的相对变化量；$\dfrac{\mathrm{d}A}{A}$为放大器开环增益的相对变化量。

因此得出如下结论：施加负反馈后放大器增益的相对变化量下降到开环状态时的 $1/(1+AF)$。所以负反馈放大器增益的稳定性比未施加负反馈前提高了 $1+AF$ 倍。

【例4-10】　已知某负反馈放大电路开环增益 $A=10^4$，反馈系数 $F=0.06$，求反馈深度、闭环增益。若开环增益 A 变化10%，闭环增益变化多少？

解：反馈深度：$1+AF=601$

闭环增益：$A_f=\dfrac{A}{1+AF}=16.64$

因为$\dfrac{dA}{A}=10\%$

所以$\dfrac{dA_f}{A_f}=\dfrac{1}{1+AF}\dfrac{dA}{A}=\dfrac{1}{601}\times10\%=0.017\%$

（2）减小非线性失真

无论是分立元器件放大电路还是集成放大电路，其放大作用通常都是由半导体元器件完成的。严格讲半导体元器件都是非线性的，因此放大电路总存在不同程度的非线性失真。引入负反馈后可以减小放大电路的非线性失真程度。

通过分析可以得出如下结论：施加负反馈之后放大电路的非线性失真程度只有未施加反馈之前的$1/(1+AF)$。

需要指出负反馈可以降低放大器非线性失真程度，但是并不能完全消除放大器的非线性失真。

（3）扩展通频带

任何一个放大器能够正常放大的信号频率范围总是有限的。由于放大电路中电容、电感以及元器件自身分布电容、分布电感等电抗元件的存在，在输入信号频率较低或较高时，放大器的放大倍数会有所下降并产生相移。因此通常情况下放大电路只适用于放大某一个特定频率范围内的信号。这个频率范围被称为放大器的通频带，一般用BW表示。若某个放大器针对不同频率输入信号的最大增益为A_m，则通频带是指增益大于$0.707A_m$的频率范围。

可以证明，引入负反馈技术后放大器的通频带将会得到扩展。两者的具体关系为

$$BW_f=(1+AF)BW \tag{4-18}$$

式中，BW_f表示施加了负反馈之后放大器的通频带；BW表示未施加负反馈时（即开环状态）放大器的通频带。

所以反馈深度越深，负反馈扩展放大器通频带作用越明显。负反馈扩展放大器通频带的效果如图4-17所示。A_m为开环状态时的最大增益，A_{mf}为施加了负反馈之后的最大增益。

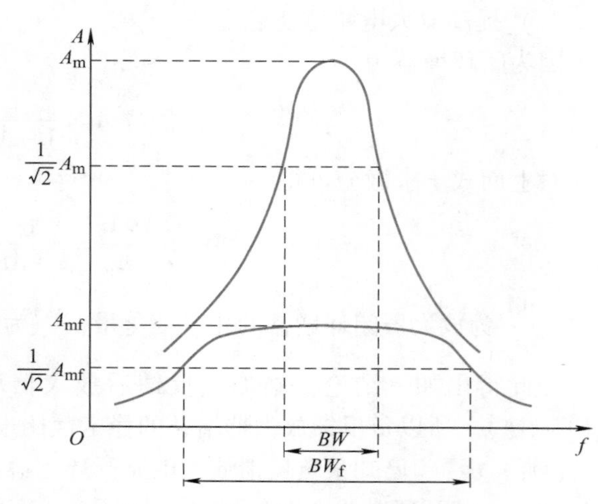

图4-17 负反馈扩展放大器通频带

（4）改变输入输出电阻

负反馈能够使放大器的输入电阻和输出电阻发生变化。不同类型的反馈对放大器输入电阻和输出电阻产生的影响各不相同。

1）串联负反馈使输入电阻增大。

具体关系为

$$R_{if}=(1+AF)R_i \tag{4-19}$$

式中，R_i是未施加负反馈之前的输入电阻；R_{if}是施加了负反馈之后的输入电阻。串联负反馈使输入电阻增大 $1+AF$ 倍。

2）并联负反馈使输入电阻减小。

具体关系为

$$R_{if}=\frac{R_i}{1+AF} \tag{4-20}$$

式中，R_i是未施加负反馈之前的输入电阻；R_{if}是施加了负反馈之后的输入电阻，并联负反馈使输入电阻减小为原先的 $1/(1+AF)$。

3）电压负反馈使输出电阻减小。

具体关系为

$$R_{of}=\frac{R_o}{1+AF} \tag{4-21}$$

式中，R_o是未施加负反馈之前的输出电阻；R_{of}是施加了负反馈之后的输出电阻，电压负反馈使输出电阻减小为原先的 $1/(1+AF)$。

4）电流负反馈使输出电阻增大。

具体关系为

$$R_{of}=(1+AF)R_o \tag{4-22}$$

式中，R_o是未施加负反馈之前的输出电阻；R_{of}是施加了负反馈之后的输出电阻，电流负反馈使输出电阻增大 $1+AF$ 倍。

【例 4-11】 已知基本放大电路开环增益为1000，输入电阻为10kΩ，反馈系数为0.02，分别求该基本放大电路引入串联负反馈和并联负反馈后输入电阻的阻值。

解：该电路开环增益 $A=1000$，反馈系数 $F=0.02$，所以有

反馈深度：$1+AF=21$

串联负反馈输入电阻：$R_{if}=(1+AF)R_i=210\text{k}\Omega$

并联负反馈输入电阻：$R_{if}=\dfrac{R_i}{1+AF}=476\Omega$

3. 引入负反馈的一般原则

从上面的分析可以看出，不同类型的负反馈对放大电路性能影响各不相同。所以应该根据对电路性能指标的不同要求引入相应类型的负反馈，具体如下。

1）要稳定放大器静态工作点，应引入直流负反馈。

2）要改善放大电路的交流性能（如增益稳定性、通频带、非线性失真、输入和输出电阻等），应引入交流负反馈。

3）要稳定放大器的输出电压，应引入电压负反馈；要稳定放大器输出电流，应引入电流负反馈。

4）要增大放大器输入电阻，应引入串联负反馈；要减小放大器输入电阻，应引入并联负反馈。

5）要增大放大器输出电阻，应引入电流负反馈；要减小放大器输出电阻，应引入电压负反馈。

6）要反馈效果好，信号源具有电压源特性时，应引入串联负反馈；信号源具有电流源特性时，应引入并联负反馈。

7）要提高性能改善的效果，应增大反馈深度 $1+AF$。但是反馈深度过大，有可能会产生相反效果，导致放大器形成自激振荡，从而无法正常工作。

任务 4.3 OCL 和 OTL 音频功放电路的分析

主要教学内容

1. 功放电路的主要技术指标。
2. 功放电路的分类和要求。
3. 功放电路工作状态的选择。
4. 分立元器件互补对称功放电路的分析。

4.3.1 功率放大电路的概述

1. 功放电路的主要技术指标

放大电路按输出功率高低可以分成小信号放大电路和功率放大电路（简称功放）两种。功放电路的主要技术指标与本书前面介绍的小信号放大电路（共射放大电路、集成运放电路）有明显的不同，小信号放大电路的主要技术指标是电压增益 A_u、输入电阻 R_i 和输出电阻 R_o。而功率放大器的主要技术指标是输出功率 P_o、效率 η 等。

（1）输出功率

$$P_o = U_o I_o = \frac{1}{2} U_{om} I_{om} \tag{4-23}$$

其中 U_o 和 I_o 分别为功放输出电压和电流的有效值。U_{om} 和 I_{om} 分别为功放输出电压和电流的最大值（幅度）。由于功率放大器一般都用于放大交流信号，所以可以用输出交流电压和电流的有效值或峰值计算输出功率。

（2）效率

负载获得的输出功率其实是由直流电源提供的。从能量转换的角度来看，放大器的作用是在输入信号的控制下，将直流电源提供的直流能量转化为放大器输出端负载上的交流能量。在这个能量转换过程中放大器工作时本身也要消耗一定的能量，这部分能量将会转化为热量，导致放大器温度上升。

所以直流电源提供的功率将会分为两个部分，一部分转化为负载上的输出功率，这部分功率是有用功率；另一部分被放大器自身消耗转化为热量，这部分功率是无用甚至是有害功率。

由此可见，直流电源提供的功率中通常要求转化为负载输出功率的部分越多越好，而转化为功放热量的部分越少越好。

定义效率 η 为输出功率与直流电源功率之比。

$$\eta = \frac{P_o}{P_E} \tag{4-24}$$

式中，P_o为输出功率；P_E为直流电源提供的功率。功放自身消耗的功率主体部分是功放管的管耗，功放管的管耗也称为集电极耗散功率，用P_C表示。功放电路中直流电源的功率分为P_o和P_C两部分，有

$$P_E = P_o + P_C \tag{4-25}$$

$$P_C = \frac{1}{2\pi}\int_0^{\theta} i_C u_{CE} \mathrm{d}\omega t \tag{4-26}$$

其中θ为功放的导通角。放大器工作时被放大的交流信号一个周期（360°）内晶体管导通的角度称为导通角。本书前面介绍的共射放大电路中晶体管工作于放大区，始终处于导通状态，所以其导通角为360°，而功放电路中晶体管导通角往往不足360°，在交流电一个周期内有一部分时间晶体管会处于截止状态，这是功放电路区别于小信号放大电路的一个很特殊的地方。

2. 功放电路的基本要求

与小信号放大电路相比，功率放大电路需要满足如下基本要求：

（1）输出功率要高

为了能给负载提供足够高的输出功率，在电源电压有限的前提下要求功放电路必须有较大的输出电流，所以实际功放电路一般是一个多级放大电路，输出级通常由共集电极放大器充当。

（2）非线性失真要尽量减小

严格讲放大电路中的晶体管是非线性器件，而且由于功放电路输出信号幅度较高，所以非线性失真将会不可避免，因此功放电路要求采取措施尽量将输出信号的非线性失真限制在允许的范围之内。

（3）效率要高

如前所述，一般情况下功放的效率η越高越好。

首先效率高则能量浪费少，尤其是对于使用电池供电的便携式移动设备，可以延长电池的供电时间。

效率高同时也意味着功放自身消耗的热量少，从而功放管温度上升减少，可以避免功放因为过热而产生安全问题。而且温度越低功放自身产生的噪声也越小，因为电子产品内部噪声的主要来源之一是元器件的热噪声，温度越高热噪声就越大。因此提高效率有助于减少热噪声，这有利于改善功放输出信号的质量。

（4）功放管要注意散热

尽管功放电路与小信号放大电路相比效率较高，但是由于功放输出信号幅度很大，所以功放管实际产生的热量比小信号放大电路高得多，为了保证设备安全功放管通常需要加上散热装置。最常见的散热装置是散热片，可以将散热片直接安装在需要散热的功放管上，必要时可以在加装散热片的基础上辅助以风冷或者水冷等措施。

如有需要还可以在功放电路中加上辅助的过电压、过电流或者过热等保护电路，以确保设备安全。

3. 功放电路的分类

放大电路按晶体管工作状态的不同可分为甲类、甲乙类、乙类、丙类和丁类等类别。以下主要介绍模拟电路中常见的甲类和乙类放大器。

（1）甲类放大器

甲类放大器的放大管在输入交流信号整个周期内始终处于导通状态，导通角 $\theta=360°$，放大管始终只工作于放大区，不进入饱和区和截止区。为了满足甲类的工作状态，要求晶体管的静态工作点 Q 位置要适中，在晶体管输出特性曲线中 Q 点尽量处于放大区的中央，如图 4-18a 所示。

其实本书前面介绍的晶体管共发射极放大电路就属于甲类放大器。

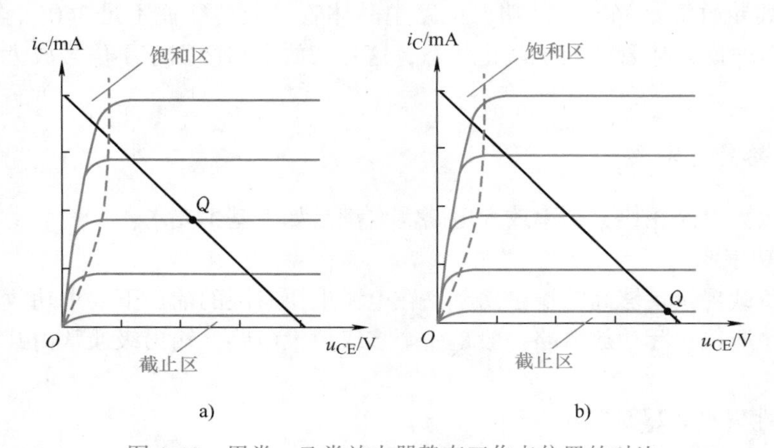

图 4-18　甲类、乙类放大器静态工作点位置的对比

由于甲类放大器的放大管只工作在放大区，所以其最大优点是非线性失真非常小。

但是甲类放大器并不适合输出功率较大的功放电路。这是因为甲类放大器的静态工作点 Q 处晶体管输出直流电压 U_{CEQ} 和直流电流 I_{CQ} 都非常大，这导致晶体管自身消耗的静态功耗 $P_{CQ}=I_{CQ}U_{CEQ}$ 非常大，在此基础叠加交流输出信号后，甲类放大器理想效率最高只有 50%，而且实际工作时为了避免非线性失真，甲类放大器的输出幅度不宜过高，导致其真实效率往往远低于 50%，这就意味着直流电源的功率绝大部分都被功放管自身消耗，而非用于负载产生输出功率。

因此甲类放大器多用于小信号放大，很少用作功放。实用的甲类功放较少，且由于工艺原因，其成本很高。

（2）乙类放大器

乙类放大器的功放管在整个信号周期内只有半个周期导通，另外半个周期处于截止状态，所以其导通角 $\theta=180°$。

值得注意的是乙类放大器导通的半个周期中，晶体管一直处于放大区，不能进入饱和区，否则放大器最终输出波形会产生饱和失真。乙类放大器静态工作点在晶体管输出特性曲线中落在截止区的边缘，如图 4-18b 所示。

由于乙类放大器工作时其功放管轮流工作在放大区和截止区，所以输出波形只有一半，非线性失真严重。但是若乙类放大器同时使用两个类型相反的功放管并联去驱动同一个负载，让这两个类型相反的功放管在交流信号正负半周轮流导通，轮流截止，然后将这两个功放管各自输出的相反的半波波形拼接，就可以在负载上获得完整的交流信号波形，从而消除了非线性失真。这就是以下将要介绍的分立元器件互补对称功放的设计思路。

甲类放大器效率低的根本原因是放大管静态工作点电流 I_{CQ} 过大，因此要提高功放电路的效率，必须减小功放管静态电流。

由于乙类放大器静态工作点 Q 刚好落在截止区边缘，集电极静态电流 $I_{CQ}=0$，所以乙类放大器理论上静态功耗 $P_{CQ}=I_{CQ}U_{CEQ}=0$，经理论分析可知，其理想效率可以达到 78.5%，当然实际工作时为了避免晶体管进入饱和区效率会低一些，但是与甲类放大器相比，乙类放大器的效率明显提高。

所以乙类放大器适合用作功放电路。

（3）甲类和乙类放大器集电极电流波形对比

甲类和乙类放大器集电极电流波形对比如图 4-19 所示。

从图中可以看出，甲类放大器静态工作点位置较高，集电极电流 i_C 波形完整，晶体管在整个周期内都处于导通状态。

乙类放大器静态工作点位置较低，晶体管在交流信号一个周期内只有一半时间处于导通状态，集电极电流 i_C 波形只有一半。

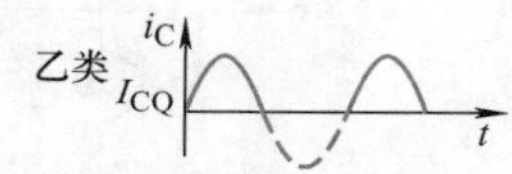

图 4-19　甲类和乙类放大器集电极电流波形对比

（4）丙类放大器和丁类放大器简介

放大器还有丙类和丁类。如果画出丙类放大器集电极电流波形将会看到，其静态工作点 Q 位置比乙类放大器更低，落在截止区内部，这就导致丙类放大器集电极电流波形只剩下一小半。因此丙类放大器在整个信号周期内，晶体管只有小半个周期导通（处于放大区），大半个周期都处于截止状态，所以导通角 $\theta<180°$，非线性失真（截止失真）比乙类放大器还要严重。但是丙类放大器的优点是效率比乙类放大器更高，因此丙类放大器适合用作功放。

丁类放大器的电路结构类似乙类，晶体管在整个信号周期内一半时间导通、一半时间截止，导通角 $\theta=180°$。区别在于丁类放大器导通时处于饱和区，而乙类放大器导通时处于放大区，因此丁类放大器中的晶体管实际上处于开关状态，工作时会产生非常严重的饱和失真和截止失真。但是丁类放大器的效率在甲、乙、丙、丁这几种类别中往往是最高的。

由于丙类和丁类放大器需要使用谐振回路消除非线性失真，这超出了本书的讨论范围，因此本书不展开进行叙述。

4.3.2　分立元器件互补对称功放电路分析

1. 互补对称功放电路构成及工作原理

相比于甲类放大器，乙类放大器由于效率较高，所以在模拟电路中获得了广泛的应用。但是乙类放大器中的晶体管输出电流波形只有一半，存在严重的截止失真，因此必须通过特殊的电路结构让负载上的实际输出波形变得完整。这种特殊的电路结构就是互补对称功放电路。

互补对称功放电路由两个类型相反的功放管组成，一个是 NPN 型，另一个是 PNP 型的，要求这二个功放管的类型相反但主要参数必须相同（称为对管），这种乙类放大器被称为互补对称功放电路。

互补对称功放电路如图 4-20 所示。该电路由一个 NPN 型晶体管 VT_1 和一个 PNP 型晶体管 VT_2 构成，要求这两个晶体管参数一致，正负电源电压幅度相同。由于这两个晶体管都是基极输入、发射极输出，构成共集电极放大器，因此互补对称功放电路具有共集电极放大器的特点：输出电阻小，能输出较大电流，带负载能力较强。

互补对称功放电路电流波形的形成如图 4-21 所示。

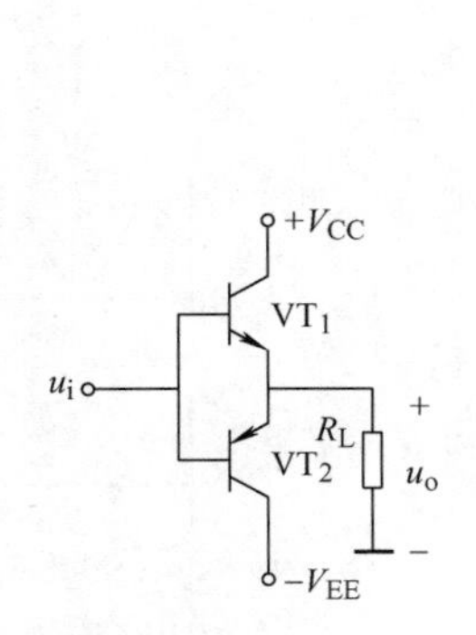

图 4-20　互补对称功放电路

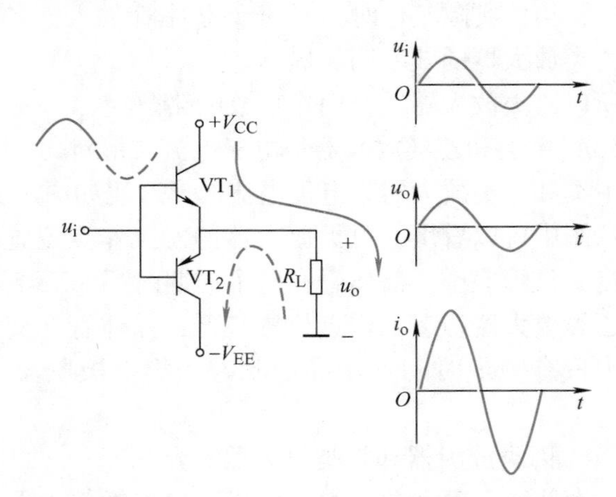

图 4-21　互补对称功放电路电流波形

具体工作过程分析如下：

当输入信号 $u_i(t)$ 为正弦波正半周时，晶体管 VT_1 导通，VT_2 截止，$+V_{CC}$ 通过 VT_1 对负载 R_L 供电，形成流过 VT_1 的半波余弦电流，同时形成方向从上往下的负载电流。

当输入信号 $u_i(t)$ 为正弦波负半周时，晶体管 VT_1 截止，VT_2 导通，$-V_{EE}$ 通过 VT_2 对负载 R_L 供电，形成流过 VT_2 的半波余弦电流，同时形成方向从下往上的负载电流。

因此两个晶体管在输入信号一个完整周期内正、负半周轮流导通、轮流截止，各自提供半个周期电流给负载，使负载得到一个完整的电流波形。所以尽管每个晶体管本身都存在截止失真，但是对于负载而言却没有失真。

2. 互补对称功放主要性能指标

(1) 输出功率

根据定义，互补对称功放输出功率为

$$P_o = \frac{1}{2} \cdot \frac{U_{om}^2}{R_L} \tag{4-27}$$

式中，U_{om} 为功放输出电压幅度。

(2) 最大不失真输出电压

由于功放电路输出功率往往很高，所以必须考虑负载在不产生严重非线性失真的前提下，功放输出电压、电流和输出功率的极限值。根据晶体管输出特性曲线可知，在不产生饱和失真的前提下，最大不失真输出电压幅度为

$$U_{omax}=V_{CC}-U_{CES} \tag{4-28}$$

式中，U_{CES}为晶体管饱和管压降。若忽略饱和管降压U_{CES}，则有如下结论

$$U_{omax}=V_{CC} \tag{4-29}$$

（3）最大不失真输出电流

若忽略饱和管降压U_{CES}，则最大不失真输出电流为

$$I_{omax}=\frac{U_{omax}}{R_L}=\frac{V_{CC}}{R_L} \tag{4-30}$$

（4）最大不失真输出功率

互补对称功放最大不失真输出功率为

$$P_{om}=\frac{1}{2}\cdot\frac{(V_{CC}-U_{CES})^2}{R_L} \tag{4-31}$$

若忽略功放管的饱和管降压U_{CES}，则最大不失真输出功率为

$$P_{om}=\frac{1}{2}\cdot\frac{V_{CC}^2}{R_L} \tag{4-32}$$

（5）电源功率

经过理论分析可知，互补对称功放中直流电源功率为

$$P_E=\frac{2}{\pi}\cdot\frac{V_{CC}U_{om}}{R_L} \tag{4-33}$$

由于互补对称功放有两路直流电源供电，所以P_E是V_{CC}和V_{EE}功率之和。

（6）效率

经过理论分析可知，互补对称功放效率为

$$\eta=\frac{P_o}{P_E}=\frac{\pi}{4}\cdot\frac{U_{om}}{V_{CC}} \tag{4-34}$$

所以当功放输出电压达到最大值即$U_{om}=V_{CC}$时，效率也达到最高。

因此互补对称功放最大效率为

$$\eta_m=\frac{\pi}{4}\approx 78.5\% \tag{4-35}$$

（7）功放管管耗

互补对称功放电路有两个功放管，这两个功放管参数一致，所以两者消耗的功率完全相同，分别为

$$P_{VT1}=P_{VT2}=\frac{1}{2}(P_E-P_o) \tag{4-36}$$

考虑到功放管的安全问题，经过理论分析可知，当功放输出电压$U_{om}=\frac{2}{\pi}V_{CC}$时，互补对称功放的功放管消耗功率将达到最大值：

$$P_{VT1m}=P_{VT2m}=\frac{1}{\pi^2}\cdot\frac{V_{CC}^2}{R_L}\approx 0.2P_{om} \tag{4-37}$$

式中，P_{om}为功放最大不失真输出功率。

3. 功放管的选择

为了保证实际工作时功放电路中功放管的安全，互补对称功放电路在选择功放管型号时

要从集电极最大允许耗散功率 P_{CM}、击穿电压 $U_{(BR)CEO}$ 和集电极最大允许电流 I_{CM} 等三个方面综合进行考虑。由前面的分析可以得出如下结论。

（1）集电极最大允许耗散功率 P_{CM} 的要求

由于功放管的最大管耗为 $P_{VT1m}=P_{VT2m}=0.2P_{om}$，所以对 P_{CM} 的要求是

$$P_{CM}>0.2P_{om} \tag{4-38}$$

（2）集电极－发射极击穿电压 $U_{(BR)CEO}$ 的要求

由于互补对称功放中两个功放管一个是 NPN 型另一个是 PNP 型，两者轮流导通，当其中一个导通且输出电压接近最大值时，对于另一个处于截止状态的功放管而言，其集电极和发射极将会分别承受 V_{CC} 和 V_{EE} 两个电源电压，一般有 $V_{CC}=V_{EE}$，因此要求每个功放管的 $U_{(BR)CEO}$ 满足

$$U_{(BR)CEO}>2V_{CC} \tag{4-39}$$

（3）集电极最大允许电流 I_{CM} 的要求

当互补对称功放输出电压处于最大值 $U_{om}=V_{CC}$ 时，功放管输出电流也同时达到最大值，因此要求集电极最大允许电流 I_{CM} 满足

$$I_{CM}>\frac{V_{CC}}{R_L} \tag{4-40}$$

【例 4-12】　已知互补对称功放电路如图 4-20 所示，$V_{CC}=+12V$，$R_L=4\Omega$，求：

1）该功放电路最大输出功率 P_{om}，此时对应直流电源提供的总功率 P_E 以及每个功放管的管耗 P_{VT1}。

2）该功放对功放管的极限参数 P_{CM}、$U_{(BR)CEO}$ 和 I_{CM} 的要求。

解：1）以下分析忽略功放管的饱和管降压 U_{CES}。

最大输出功率 $P_{om}=\frac{1}{2}\cdot\frac{V_{CC}^2}{R_L}=18W$

直流电源提供的总功率 $P_E=\frac{2}{\pi}\cdot\frac{V_{CC}U_o}{R_L}=\frac{2}{\pi}\cdot\frac{V_{CC}^2}{R_L}=22.9W$

功放管的管耗 $P_{VT1}=\frac{1}{2}\cdot(P_E-P_{om})=2.45W$

2）对功放管的三个极限参数要求分别为

$$P_{CM}>0.2P_{om}=3.6W$$

$$U_{(BR)CEO}>2V_{CC}=24V$$

$$I_{CM}>\frac{V_{CC}}{R_L}=3A$$

4. 交越失真的产生与消除

图 4-20 所示乙类互补对称功放电路在实际工作时存在一种特殊的非线性失真，这种失真产生的具体原因如下：每个晶体管都存在死区电压，以硅晶体管为例，设晶体管的死区电压为 0.7V，当输入交流信号瞬时电压小于死区电压时，功放管会处于截止状态，无法将这部分输入信号放大并传递到功放输出端。因此当输入信号瞬时电压介于 －0.7V 至 ＋0.7V 时，也就是两个功放管交替工作的瞬间，由于两个功放管同时截止，从而造成了此时输出信

号波形的局部缺失，这种失真被称为交越失真。交越失真波形如图 4-22 所示。

消除交越失真的方法是给每个功放管的发射结施加一个小的直流偏置电压，这个偏置电压刚好能够抵消晶体管死区电压，让功放管在静态（直流）时处于恰好导通、形成微弱电流 I_{CQ} 的状态。值得注意的是，此时的静态电流 I_{CQ} 要比甲类放大器的静态电流值小得多，因此静态工作点 Q 的位置应该设置在放大区但非常接近截止区的边缘。功放管的这种状态称为甲乙类。显然，甲乙类功放可以有效地消除交越失真。

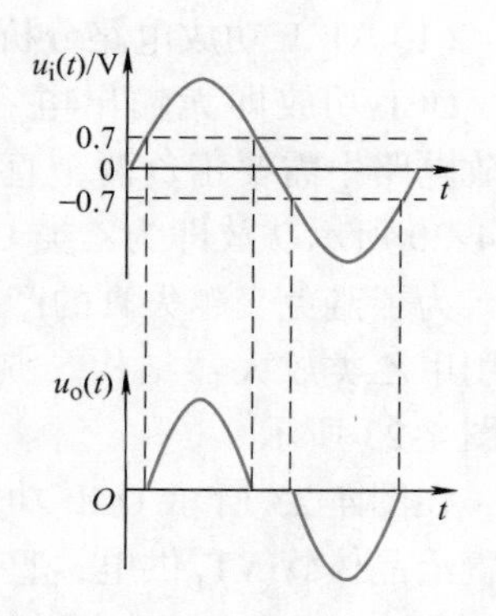

图 4-22　交越失真产生波形

甲类、甲乙类、乙类放大器各自静态工作点和主要特点的对比见表 4-1。

表 4-1　三种放大器的对比

	静态工作点位置	导通角	主要特点
甲类	i_C, Q, O, u_{CE}	$\theta = 360°$	失真小 效率低，理想效率 $\eta = 50\%$
甲乙类	i_C, Q, O, u_{CE}	$180° < \theta < 360°$	没有交越失真 效率略低于乙类，高于甲类
乙类	i_C, Q, O, u_{CE}	$\theta = 180°$	存在交越失真 效率高，理想效率 $\eta = 78.5\%$

由于甲类放大器效率太低，乙类放大器存在交越失真，因此实用音频功放一般都是甲乙类功放。由于甲乙类功放静态工作点位置非常接近乙类功放，其各项性能指标与乙类功放几乎相同，因此甲乙类功放实际分析时仍然可以使用本书前面介绍的乙类功放分析方法进行性能指标的计算。

5. 互补对称功放电路分析

互补对称功放电路主要有两种，分别被称为 OCL 功放和 OTL 功放。

(1) OCL功放电路分析

OCL功放即无输出电容互补对称功放电路。OCL功放电路中需要正负两个直流电源同时给功放管供电，图4-20所示功放即为乙类OCL功放。

为了避免交越失真的产生，实用音频功放一般都会采用甲乙类放大器结构。典型的甲乙类OCL功放电路如图4-23所示。

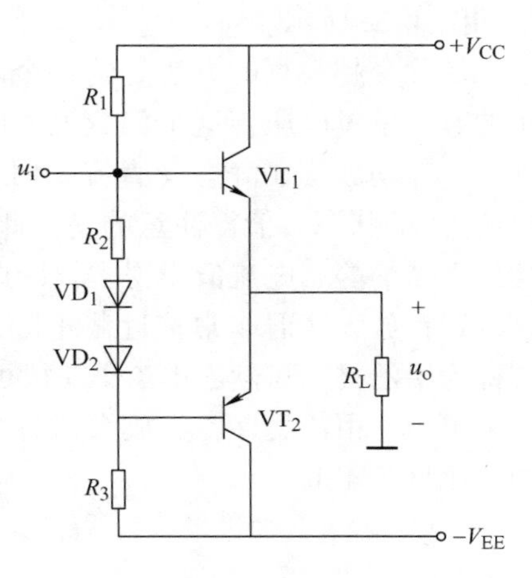

图4-23　甲乙类OCL功放电路

在图4-23所示OCL功放电路中，直流电源 + V_{CC}负责给晶体管VT_1供电，直流电源 - V_{EE}负责给晶体管VT_2供电，两路直流电源大小相等，但极性相反。与乙类互补对称功放相同，甲乙类功放的功放管VT_1和VT_2也要求选用对管，即类型相反但各项性能指标一致，这样可以确保输出波形正负半周对称。

为了避免交越失真的产生，在功放管VT_1和VT_2的基极之间接入了电阻R_2、二极管VD_1和VD_2。在直流电源 + V_{CC}和 - V_{EE}的作用下，电流自上而下流过电阻R_1、R_2，二极管VD_1、VD_2和电阻R_3支路，所以二极管VD_1、VD_2处于正向导通状态，通常电阻R_2阻值很小，功放管VT_1、VT_2和二极管VD_1、VD_2均使用硅管，假设它们的导通电压均为0.7V，所以此时在功放管VT_1、VT_2基极之间会产生一个略高于1.4V的直流偏置电压，刚好能够使得功放管VT_1、VT_2处于微导通状态，形成一个很小的基极静态电流，让功放电路处于甲乙类状态，避免了交越失真的产生。

由于R_2阻值很小，VD_1和VD_2导通后在交流通路中等效阻值也很小，所以R_2、VD_1和VD_2支路在交流通路中近似短路，给交流输入信号提供了通向功放管VT_2的耦合路径。

该电路主要性能指标与乙类功放几乎完全相同，所以可以直接采用乙类功放的相关计算方法和公式进行分析。

需要指出，图4-23所示OCL功放中功放管VT_1、VT_2均为共集电极放大器，由于共集电极放大器只能放大电流和功率，不能放大电压，所以实际OCL功放电路必须在互补对称功放的前面预先进行电压放大。

(2) OTL功放电路分析

OTL功放即无输出变压器互补对称功放电路，与OCL功放不同，OTL功放只需一路直流电源供电即可。

典型的OTL功放电路如图4-24所示，该电路采用了两级放大器的电路结构，第一级称为前置放大级，用于放大电压；第二级称为功放级，用于放大电流和功率。

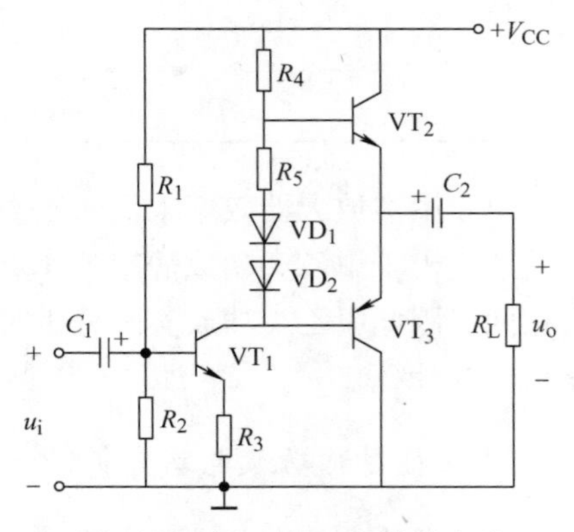

图4-24　甲乙类OTL功放电路

具体电路分析如下：

1) 晶体管VT_1为推动管，构成前置放大级，采用共发射极放大电路结构，用于完成电压放大，以确保下一级功放级有足够的输入电压幅度来推动两个功放管轮流进入导通和截止状态。

2）晶体管 VT_2、VT_3构成互补对称功放级，采用了共集电极放大电路结构，用于完成电流放大，以确保负载有足够的输出功率。

3）R_5、VD_1、VD_2给功放管 VT_2、VT_3提供合适的静态偏置电压，使得功放管 VT_2、VT_3处于刚好导通状态，让功放级处于甲乙类放大状态，同时也给功放级的输入信号提供交流信号耦合路径。

4）输出电容 C_2的容量必须足够大，该电容的作用包括两个方面：

① 当 VT_2导通、VT_3截止时，让交流信号从功放管 VT_2的发射极顺利耦合到负载上，由 V_{CC}供电形成的电流同时给电容 C_2充电，若 C_2容量足够大，则可以认为该电容两端电压等于 $V_{CC}/2$，且基本不变。

② 当 VT_2截止、VT_3导通时，电容 C_2在前半个信号周期通过充电存储的电荷起到等效电源 $V_{CC}/2$ 的作用，给功放管 VT_3和负载供电，形成另外半个波形电流。

注意：OTL 功放电路性能指标仍然可以按照乙类互补对称功放电路进行计算，但必须用 $V_{CC}/2$ 代替各计算公式中的 V_{CC}。具体如下：

最大输出电压幅度

$$U_{omax}=\frac{1}{2}V_{CC}-U_{CES}\approx\frac{1}{2}V_{CC} \tag{4-41}$$

最大输出功率

$$P_{om}=\frac{1}{2}\cdot\frac{\left(\frac{1}{2}V_{CC}-U_{CES}\right)^2}{R_L}\approx\frac{1}{8}\cdot\frac{V_{CC}^2}{R_L} \tag{4-42}$$

直流电源功率

$$P_E=\frac{2}{\pi}\cdot\frac{\frac{1}{2}V_{CC}U_{om}}{R_L}=\frac{V_{CC}U_{om}}{\pi R_L} \tag{4-43}$$

最大效率

$$\eta_m\approx\frac{\pi}{4} \tag{4-44}$$

功放管最大管耗

$$P_{VT1m}=P_{VT2m}=0.2P_{om} \tag{4-45}$$

任务 4.4 集成功率放大器的分析与应用

主要教学内容

1. LM386 及其应用电路分析。
2. TDA2030A 及其应用电路分析。
3. TDA1521 及其应用电路分析。

功率放大器有分立元器件功放和集成功放之分。与分立元器件的 OCL 和 OTL 功放电路相比，集成功率放大器的使用往往更加方便、可靠。

从组成来看，集成功放的内部也是一个多级放大电路，包括输入级、中间级、功率输出级和偏置电路。集成功放的功率输出级其实就是前面介绍的甲乙类互补对称放大电路。为了提高可靠性和安全性，集成功放内部往往还会集成过热、过电流、过电压等辅助保护电路。

集成功放的种类很多，依据芯片内部的结构可以分为单通道功放和双通道功放；依据输出功率可以分为小功率功放和大功率功放。以下介绍常见的三种集成音频功放 LM386、TDA2030A、TDA1521 的使用。

1. LM386 及其应用电路

（1）LM386 的特点

LM386 是一种小功率、单通道的集成音频功率放大器，在各类通信设备和低频信号发生器中应用广泛。该芯片具有如下特点：

1）单电源供电，电源电压范围宽，可以正常工作于 4 ~ 12V。

2）芯片自身功耗低，不必外加散热片，可以使用电池供电，在 6V 直流电源供电时，其静态功耗仅为 24mW。

3）频带较宽，带宽约为 300kHz。

4）电压增益可调，调节范围为 20 ~ 200 倍。

5）失真度低。

6）输入阻抗约为 50kΩ。

7）输出功率小，最大输出功率仅为 660mW。

（2）LM386 内部结构

LM386 内部是一个三级的放大电路，第一级（输入级）为差分放大电路，第二级（中间级、前置放大级）为共射放大电路，第三级（输出级、功放级）为共集电极的甲乙类互补对称放大电路。该芯片内部结构如图 4-25 所示。

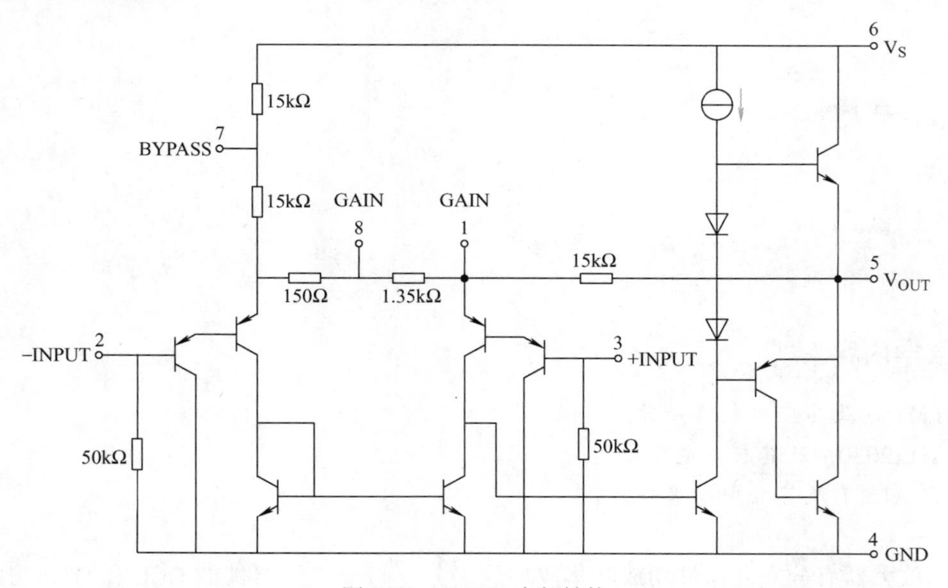

图 4-25　LM386 内部结构

LM386外部有8个引脚，其引脚分布如图4-26所示。其中2脚为反相输入端，3脚为同相输入端。1脚和8脚外接串联的阻容网络构成输入差分放大级的交流负反馈，通过调节阻容网络参数来改变LM386的电压增益，开路时负反馈最强，电压增益等于最小值20，用电容短路时负反馈最弱，电压增益达到最大值200。从图4-25可以看出，LM386的6脚接正电源、4脚接地、5脚为LM386输出端，所以其输出功放级为OTL电路，因此在使用时5脚输出端与负载之间必须外接一个大容量的耦合电容。另外，LM386的7脚和地之间应该外接大容量的电解电容组成直流电源去耦滤波电路。

（3）LM386的典型应用电路

LM386的典型应用电路如图4-27所示。

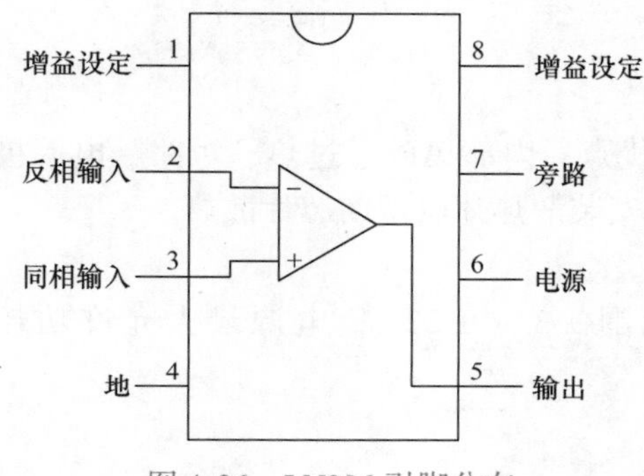

图4-26　LM386引脚分布

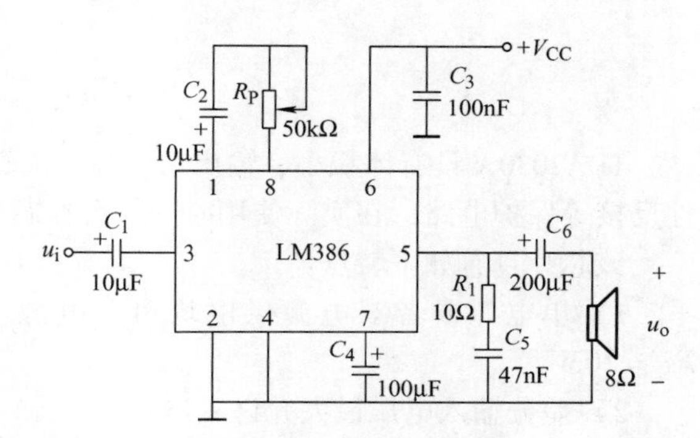

图4-27　LM386典型应用电路1

从图4-27可知，输入信号加到LM386的同相输入端，调节电位器R_P可以改变LM386功放电路的电压增益。由于扬声器为感性负载，所以在扬声器两端并联电阻R_1和电容C_5构成频率补偿电路，用以改善功放电路的频率响应。

图4-28是LM386的另一种常见应用电路。该电路中LM386构成的音频功放电压增益固定为200，通过调节电位器R_P阻值可以改变实际加到LM386输入端的信号幅度，从而调节功放输出信号幅度。

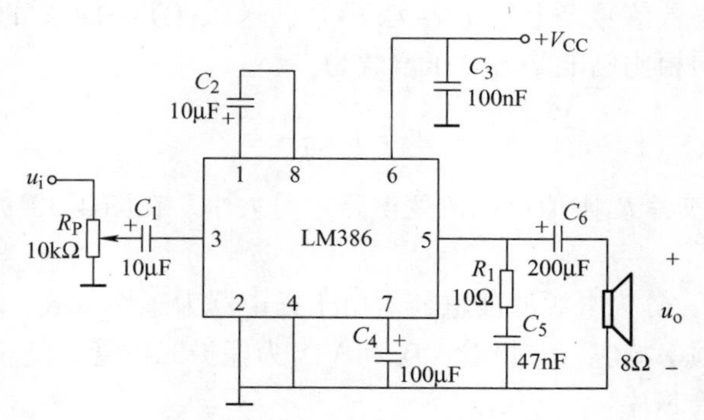

图4-28　LM386典型应用电路2

2. TDA2030A及其应用电路

（1）TDA2030A的特点

TDA2030A是另一种单通道集成音频功率放大器，其最大输出功率可达18W，与LM386

相比更加适合用在输出功率较高的场合。最常见的封装结构是5脚塑料ZIP封装，该芯片外形如图4-29所示。其中1脚为同相输入端，2脚为反相输入端，3脚接负电源（单电源供电时接地），4脚为输出端，5脚接正电源。

图4-29　TDA2030A外形

TDA2030A具有体积小、输出功率高、失真小的优点，内部集成了过热、短路、电源极性反接等保护电路，在实际使用时一般会在芯片背部安装散热片以帮助芯片散热。

该芯片具有如下特点：

1）单电源或者双电源供电均可，电源电压范围±3～±22V，电源最大允许功耗$P_E=20W$。

2）差分输入电压最大允许±15V。

3）峰值输出电流最大允许值3.5A。

4）当使用4Ω扬声器时最大输出功率为18W，当使用8Ω扬声器时最大输出功率为15W。

5）带宽100kHz。

6）典型输入电阻5MΩ。

（2）TDA2030A典型应用电路

TDA2030A单电源和双电源均可正常工作。图4-30为TDA2030A双电源工作的典型应用电路。在该电路中输入信号经电解电容C_1耦合，送入TDA2030A的同相输入端（1脚），此时TDA2030A构成同相比例电路。电压增益为

$$A_u=1+\frac{R_3}{R_2} \tag{4-46}$$

通过调节电阻R_2或者R_3阻值可以改变电路增益大小。在图4-30所示电路中，电压增益为$A_u=30.4$。

电容C_3、C_4、C_5、C_6为电源滤波电容。由于扬声器为感性负载，R_4和C_7构成频率补偿电路，用于改善功放频率响应。二极管VD_1和VD_2为保护二极管，防止感性负载可能产生的过高输出电压损坏功放芯片。

图4-31所示电路为TDA2030A的另一个常见应用电路。该电路使用单电源供电模式。由于芯片只有正电源供电而没有负电源供电，因此该电路必须保证输入和输出瞬时值始终为正，否则就会产生非线性失真。电路中输入信号加在集成功放的同相输入端，此时TDA2030A构成同相比例电路。R_1、R_2、R_3、C_1组成直流偏置电路，给芯片1脚提供$V_{CC}/2$的直流电压作为静态工作点，在此基础上再将交流输入信号通过电容C_2耦合到功放输入端，

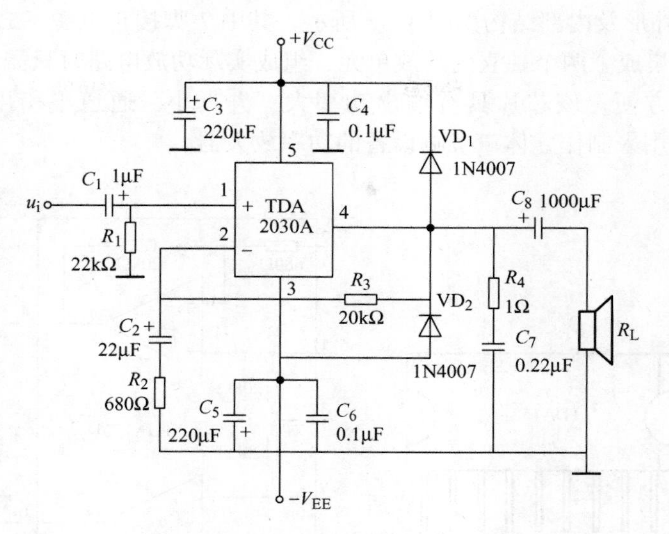

图4-30　TDA2030A双电源应用电路

只要输入交流信号瞬时电压不超过 $V_{CC}/2$ 即可保证功放实际输入电压瞬时值始终为正，从而避免了非线性失真的产生。电容 C_7 为输出耦合电容，将交流输出信号耦合到负载的同时滤除直流电压。

该功放电路的电压增益为

$$A_u = 1 + \frac{R_5}{R_4} \tag{4-47}$$

通过调节电阻 R_5 或者 R_4 阻值可以改变电路增益大小。

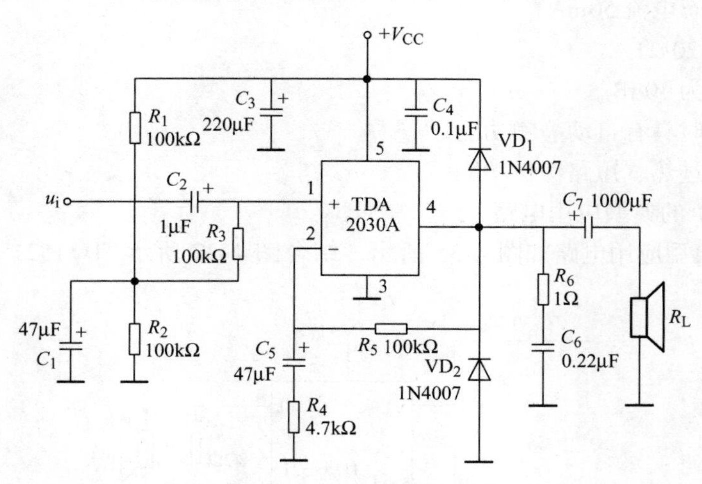

图4-31　TDA2030A单电源应用电路

3. TDA1521及其应用电路

(1) TDA1521的特点

TDA1521是一种双通道集成音频功率放大器。常见的封装是9脚塑料单列直插式封装

(SIP 封装)，芯片外形及内部结构如图 4-32 所示。其中 7 脚接正电源，5 脚接负电源，3 脚接地。该芯片内部集成了两个独立的功放单元，组成实际功放电路时只需外加少量外围元器件即可，使用十分方便。该芯片具有输出功率大、失真小、通道平衡度好的优点，因此 TDA1521 非常适合用来制作立体声音响设备的功率放大器。

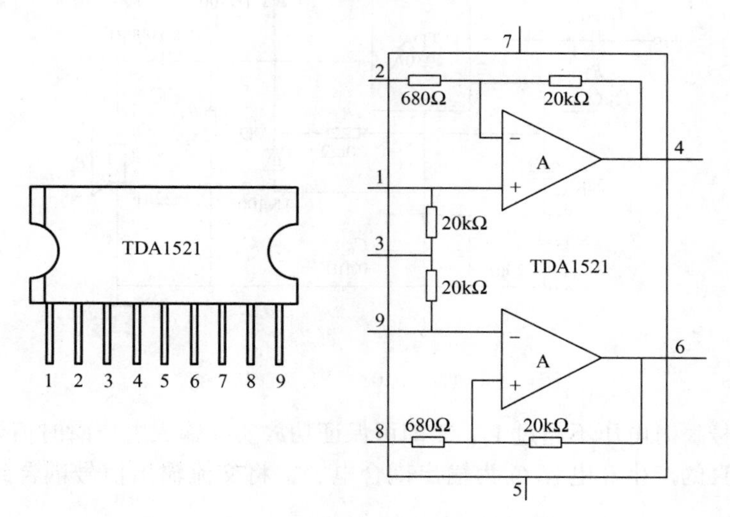

图 4-32　TDA1521 外形及内部结构

TDA1521 具有如下特点：

1) 双电源供电，电源电压范围 ±7.5 ~ ±21V。
2) 双通道，每个通道最大输出功率 12W。
3) 空载时静态电流 50mA。
4) 输入电阻 20kΩ。
5) 电压增益为 30dB。
6) 电源通断时具有自动静噪功能。
7) 内部具有过热、短路保护功能。

(2) TDA1521 的典型应用电路

TDA1521 的典型应用电路如图 4-33 所示。结合图 4-32 所示 TDA1521 内部结构可以看

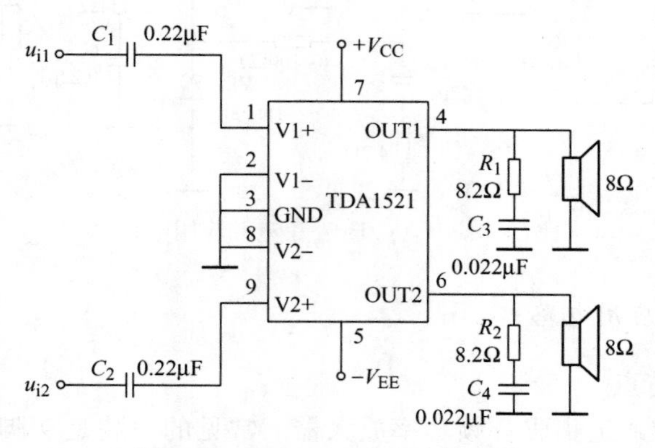

图 4-33　TDA1521 典型应用电路

出，TDA1521 每个通道均构成同相比例电路，电压增益为 $A_u = 1 + \frac{20\text{k}\Omega}{680\Omega} = 30.4$。电压增益用分贝表示约为 30dB。如果要改变功放电路电压增益可以通过外接电位器或者增加增益可调前置放大器的方法来实现。

任务 4.5　音频功率放大电路项目测试

4.5.1　共集电极放大电路装配与测试

1. 测试任务

共集电极放大电路装配与测试。

2. 仪器仪表及元器件准备

万用表、函数信号发生器、双踪示波器、直流稳压电源、面包板、面包板连接线、NPN 型晶体管 S9013、电位器 500kΩ、电阻（100kΩ、1kΩ、2kΩ）、电解电容 10μF。

3. 测试步骤

共集电极放大电路测试电路如图 4-34 所示。

（1）共集电极放大电路静态工作点测试与调节

1）按照图 4-35 所示电路完成直流通路的装配。

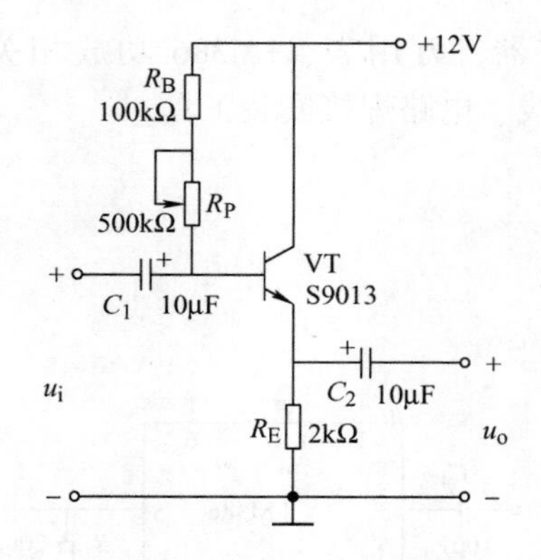

图 4-34　共集电极放大电路测试电路

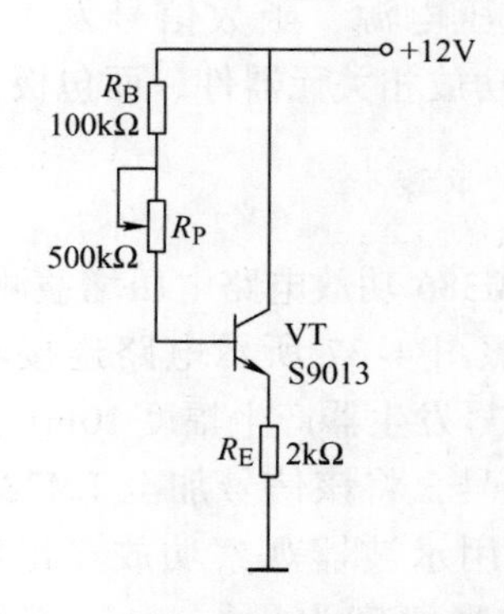

图 4-35　共集电极放大电路直流通路

2）调节 500kΩ 电位器，使 $U_{CEQ} = 6V$。

（2）共集电极放大电路装配与测试

1）完成如图 4-34 所示测试电路的装配。

2）利用信号发生器产生 $u_i(t) = 100\sin 2\pi \times 10^3 t\text{mV}$ 加到放大器输入端，用示波器观察放大器输出波形，记录 U_{om} = ________，计算出 A_u = ________。

(3) 共集电极放大电路负载特性测试

1) 完成如图4-36所示测试电路的装配，在放大器输出端连接负载 $R_L = 2k\Omega$。

2) 用示波器观察放大器输出波形，记录 U_{om} = ________，计算出 A_u = ________。

3) 在放大器输出端连接负载 $R_L = 1k\Omega$，用示波器观察放大器输出波形，记录 U_{om} = ________，计算出 A_u = ________。

结论：共集电极放大电路随负载减小增益几乎________，带负载能力比共射放大电路明显________。

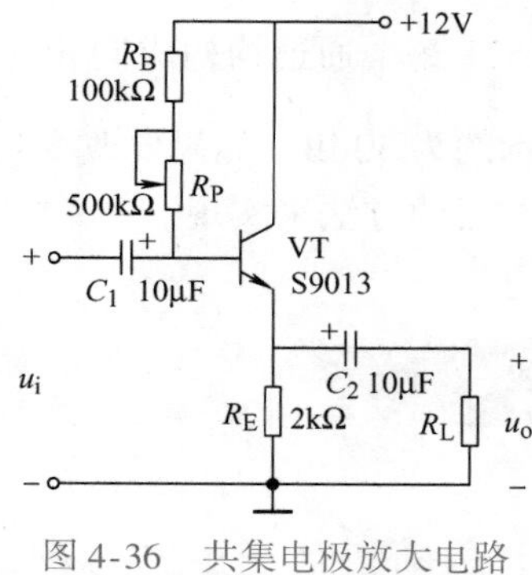

图4-36　共集电极放大电路负载特性测试电路

4. 思考题

(1) 图4-36中电位器 R_P 阻值偏大时放大器容易出现哪种非线性失真？

(2) 共集电极放大器与共发射极放大器性能有哪些区别？

4.5.2　集成功放电压增益测试

1. 测试任务

(1) LM386功放电路电压增益测试。

(2) TDA2030A功放电路电压增益测试。

2. 仪器仪表及元器件准备

直流稳压电源、函数信号发生器、双踪示波器、万用表、LM386功放相关元器件、TDA2030A功放相关元器件、面包板、面包板连接线、电路焊接安装工具。

3. 测试步骤

(1) LM386功放电路电压增益测试

1) 按照图4-37所示电路连接功率放大电路，利用信号发生器产生幅度10mV、频率1kHz的正弦波信号，将该信号加至LM386功放电路输入端，利用示波器观察功放输出波形，功放电路输出波形幅度为________，经计算，此时功放的增益为________。

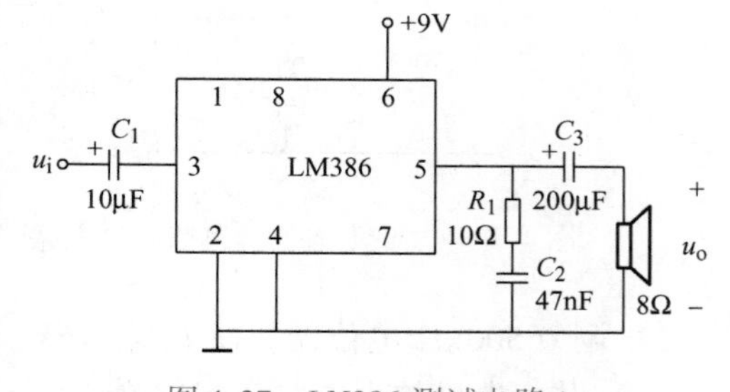

图4-37　LM386测试电路1

2) 按照图4-38连接功率放大电路，利用信号发生器产生幅度10mV、频率1kHz的正弦波信号，将该信号加至LM386功放电路输入端，利用示波器观察功放输出波形，功放电路输出波形幅度为________，经计算，此时功放的增益为________。

3）按照图4-39连接功率放大电路，利用信号发生器产生幅度10mV、频率1kHz的正弦波信号，将该信号加至LM386功放电路输入端，利用示波器观察功放输出波形，功放电路输出波形幅度为________，经计算，此时功放的增益为________。

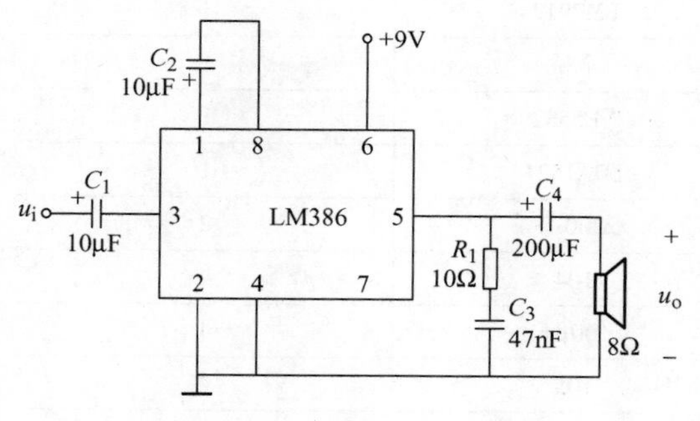

图4-38　LM386测试电路2

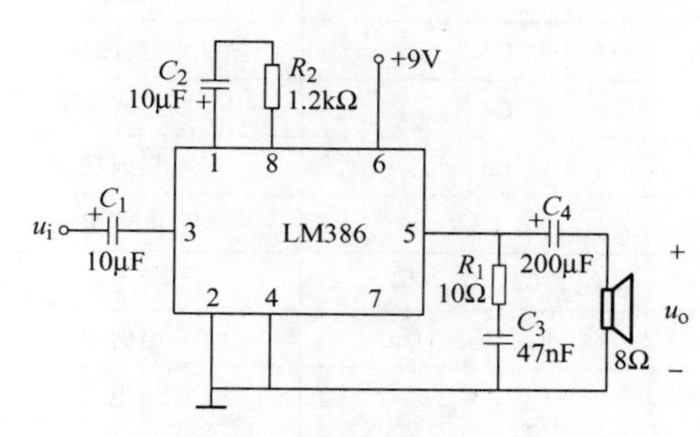

图4-39　LM386测试电路3

结论：LM386功率放大电路采用________电源供电（单、双），输入端不需要另外施加直流偏置电路，其电压增益在________范围连续可调；改变芯片________脚和________脚之间电阻即可调节功放增益。

（2）TDA2030A功放电路电压增益测试

1）按照图4-31焊接完成TDA2030A功率放大电路。

2）利用信号发生器产生幅度50mV、频率1kHz的正弦波信号，将该信号加至TDA2030A功放电路输入端，利用示波器观察功放输出波形，功放电路输出波形幅度为________，经计算，此时功放的增益为________。

4. 思考题

（1）图4-31中，电阻R_6和电容C_6的作用是什么？

（2）图4-31中，二极管VD_1和VD_2的作用是什么？

（3）图4-31中，TDA2030A输出端的直流偏置电压是多少？

4.5.3　基于NE5532和TDA1521的音频功放电路装配与测试

1. 测试任务

（1）直流电源部分装配与测量。

（2）NE5532前置放大器的装配与测量。

（3）TDA1521功放级电路的装配与测量。

2. 仪器仪表及元器件准备

函数信号发生器、双踪示波器、直流稳压电源、万用表、双12V变压器、电路焊接装配工具、集成音频功放元器件一套。

元器件清单见表4-2。

表 4-2　集成音频功放元器件清单

编　号	名　称	规　格	数　量
U1	三端稳压器	LM7812	1
U2	三端稳压器	LM7912	1
U3	整流桥	全桥	1
U4	集成运放	NE5532	1
U5	集成功放	TDA1521	1
C_1、C_2	电解电容	2200μF	2
C_3、C_4、C_7、C_8	电容	104	4
C_5、C_6、C_9、C_{10}	电解电容	100μF	4
C_{11}、C_{14}	电容	105	2
C_{12}、C_{15}	电解电容	47μF	2
C_{13}、C_{16}	电容	0.22μF	2
C_{17}、C_{18}	电容	0.022μF	2
R_1、R_4	电阻	47kΩ	2
R_2、R_5	电阻	10kΩ	2
R_3、R_6	电阻	22kΩ	2
R_7、R_8	电阻	8.2Ω	2
R_P	电位器	50kΩ 双联	1

3. 测试步骤

(1) 直流电源部分的装配与测量

直流电源部分电路如图 4-40 所示。其中变压器降压、整流、电容滤波后产生的直流电压直接给功放芯片 TDA1521 供电，该直流电压经 LM7812 和 LM7912 稳压后产生的 ±12V 直流电源给 NE5532 供电。

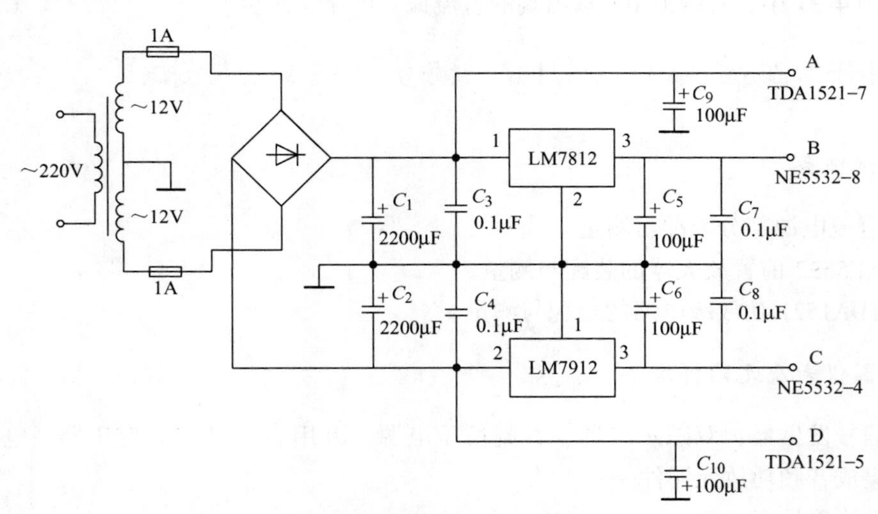

图 4-40　直流电源部分电路

完成直流电源部分的装配，利用双12V变压器给电路供电，使用万用表测量电路输出的直流电压值。

经测量，V_A = ________V，V_B = ________V；

V_C = ________V，V_D = ________V。

（2）NE5532集成音频功放前置放大器的装配与测量

1）完成NE5532集成音频功放前置放大器的装配，电路如图4-41中50kΩ双联电位器R_P之前部分所示。NE5532是一种双运算放大器，该芯片具有噪声低、频带宽、驱动能力强的优点，被广泛应用于音频设备和仪器仪表中。该芯片引脚分布如图4-42所示。

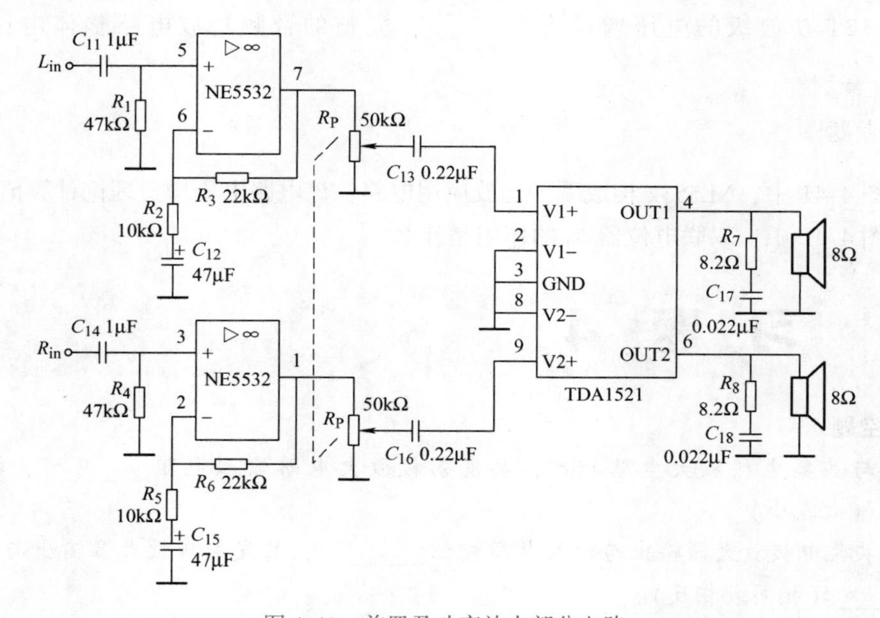

图4-41 前置及功率放大部分电路

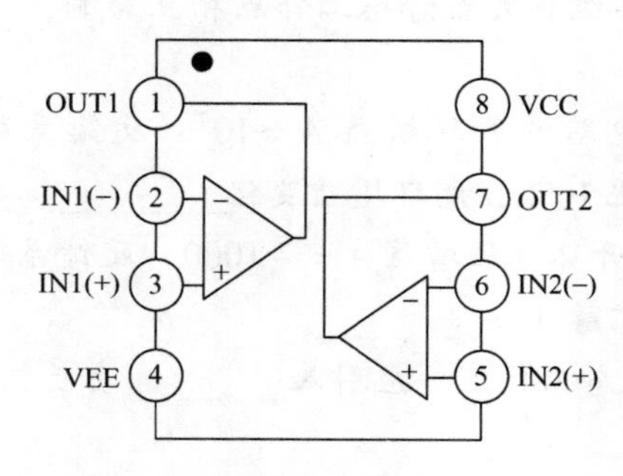

图4-42 NE5532引脚分布图

2）NE5532为双通道音频放大电路，分别测试左右两个通道的放大特性。利用函数信号发生器产生10mV、1kHz的正弦波信号作为电路输入信号加到L_{in}输入端。使用示波器观察并记录集成运放NE5532的7脚输出波形，此时输出信号幅度U_{om} = ________V。

3）利用函数信号发生器产生10mV、1kHz的正弦波信号作为电路输入信号加到R_{in}输入端。使用示波器观察并记录集成运放 NE5532 的 1 脚输出波形，此时输出信号幅度 U_{om} = ________ V。

该功放电路前置放大级的电压增益实际测量值为________。

（3）TDA1521 功放级电路的装配和测试

1）完成 TDA1521 功放级电路的装配，如图 4-41 中 50kΩ 双联电位器 R_P 之后部分所示。

2）利用函数信号发生器产生 10mV、1kHz 的正弦波信号作为电路输入信号加到 L_{in} 端。

3）使用示波器观察集成运放 TDA1521 的 4 脚输出波形，将电位器调至最大值，利用示波器观察并记录输出信号波形，此时输出信号幅度为________ mV。

TDA1521 功放级的电压增益为________，完整的音频功放电路整体电压增益为 A_u = ________。

4. 思考题

（1）图 4-41 中，NE5532 构成哪种运放应用电路？该电路电压增益理论计算值为多少？

（2）图 4-41 中，双联电位器 R_P 的作用是什么？

习题 4

1. 填空题

4-1 与共集电极放大电路相比，共发射极放大电路输入电阻________，输出电阻________。（大或小）

4-2 共集电极放大器输出与输入电压相位________，共发射极放大器输出与输入电压相位________（相同或相反）。

4-3 多级放大电路可以采用阻容耦合、直接耦合或者变压器耦合实现各级放大器之间的连接。其中________耦合各级放大器静态工作点相互影响，________耦合可以实现电压、电流和阻抗的等效变换。

4-4 已知负反馈放大电路的开环增益 $A = 10^4$，反馈系数 $F = 0.02$，闭环增益 A_f = ________，若开环增益 A 变化 10%，闭环增益变化________。

4-5 设负反馈放大电路开环电压增益 $A = -1000$，反馈系数 $F = -0.049$，该放大器反馈深度等于________，闭环增益 A_f = ________。

4-6 要稳定放大器的静态工作点，应引入________负反馈；要减小输出电阻，应引入________型负反馈。

4-7 负反馈放大电路输入电压 $u_i = 0.1$V，测得输出电压为 1V。去掉反馈后，测得输出电压变为 8V，反馈系数 F = ________，反馈深度 $1 + AF$ = ________。

4-8 电压负反馈可以使输出电阻________，并联负反馈可以使输入电阻________。（增大或减小）

4-9 已知基本放大电路开环增益为 1000，输入电阻 100kΩ，该放大器引入并联负反馈后，若反馈系数为 0.01，则反馈深度 $1 + AF$ = ________，输入电阻变为________ Ω。

4-10　如图4-43所示互补对称功放电路，已知$V_{CC}=V_{EE}=18V$，$R_L=8\Omega$，功放管U_{CES}忽略不计，该功放最大不失真输出功率$P_{om}=$________，最大不失真输出功率时对应的电源功率$P_E=$________。

4-11　OCL功率放大电路如图4-43所示，已知$V_{CC}=V_{EE}=15V$，$R_L=8\Omega$，功放管$U_{CES}=0.3V$，则该功放大电路最大不失真输出功率$P_{om}=$________W，最大不失真输出电流为________A。

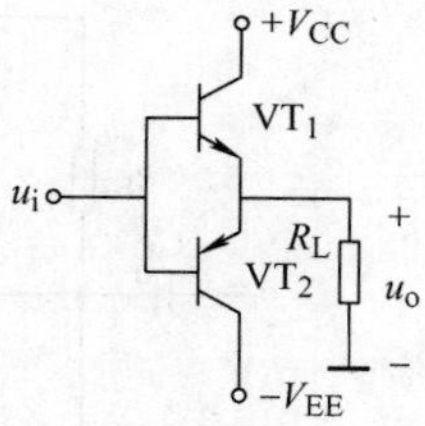

图4-43　习题4-10、4-11、4-29图

4-12 甲类放大电路导通角等于________，乙类放大电路导通角等于________。

2. 判断题

4-13　引入交流负反馈后，放大电路增益下降，但增益稳定性提高。　(　　)

4-14　共射放大电路既能放大电压，又能放大电流，而共基放大电路只能放大电压，不能放大电流。　(　　)

4-15　多级放大电路总的输入电阻为各级输入电阻的总和。　(　　)

4-16　共集电极放大电路用作多级放大器的输出级，可提高放大器带负载能力。　(　　)

4-17　多级放大器采用阻容耦合方式时，前后级静态工作点相互独立。　(　　)

4-18　与共射电路相比，共集电极电路输入阻抗高、输出阻抗低。　(　　)

4-19　共基极放大电路可以用作多级放大电路的输出级，以提高电路驱动负载的能力。　(　　)

4-20　共射放大电路为反相放大器，共基极放大电路和共集电极放大电路均为同相放大器。　(　　)

4-21　与共射放大电路相比，共集电极放大电路带负载能力更强。　(　　)

4-22　要增大输入电阻，应引入并联负反馈。　(　　)

4-23　晶体管三种基本放大电路中，既有电压放大能力又有电流放大能力的是共集电极放大器。　(　　)

4-24　与乙类功放相比，甲类功放非线性失真小，效率高。　(　　)

4-25　在乙类互补对称功放中，两个功放管均始终处于导通状态。　(　　)

3. 解答题

4-26　如图4-1所示共集电极放大电路，已知$R_B=240k\Omega$，$R_E=10k\Omega$，$R_L=4.7k\Omega$，$V_{CC}=+12V$，$U_{BEQ}=0.7V$，$\beta=50$，$r'_{bb}=200\Omega$，$R_S=1k\Omega$。

(1) 计算放大器静态工作点。

(2) 计算A_u、R_i、R_o。

(3) 若想要加大I_{BQ}，应该如何调整R_B参数？

4-27　判断如图4-44所示放大器中电阻R_f引起的反馈类型（回答电压或电流、并联或串联、正或负反馈等三个方面）。

4-28　判断如图4-45所示放大器中电阻R_f引起的反馈类型（回答电压或电流、并联或串联、正或负反馈等三个方面）。

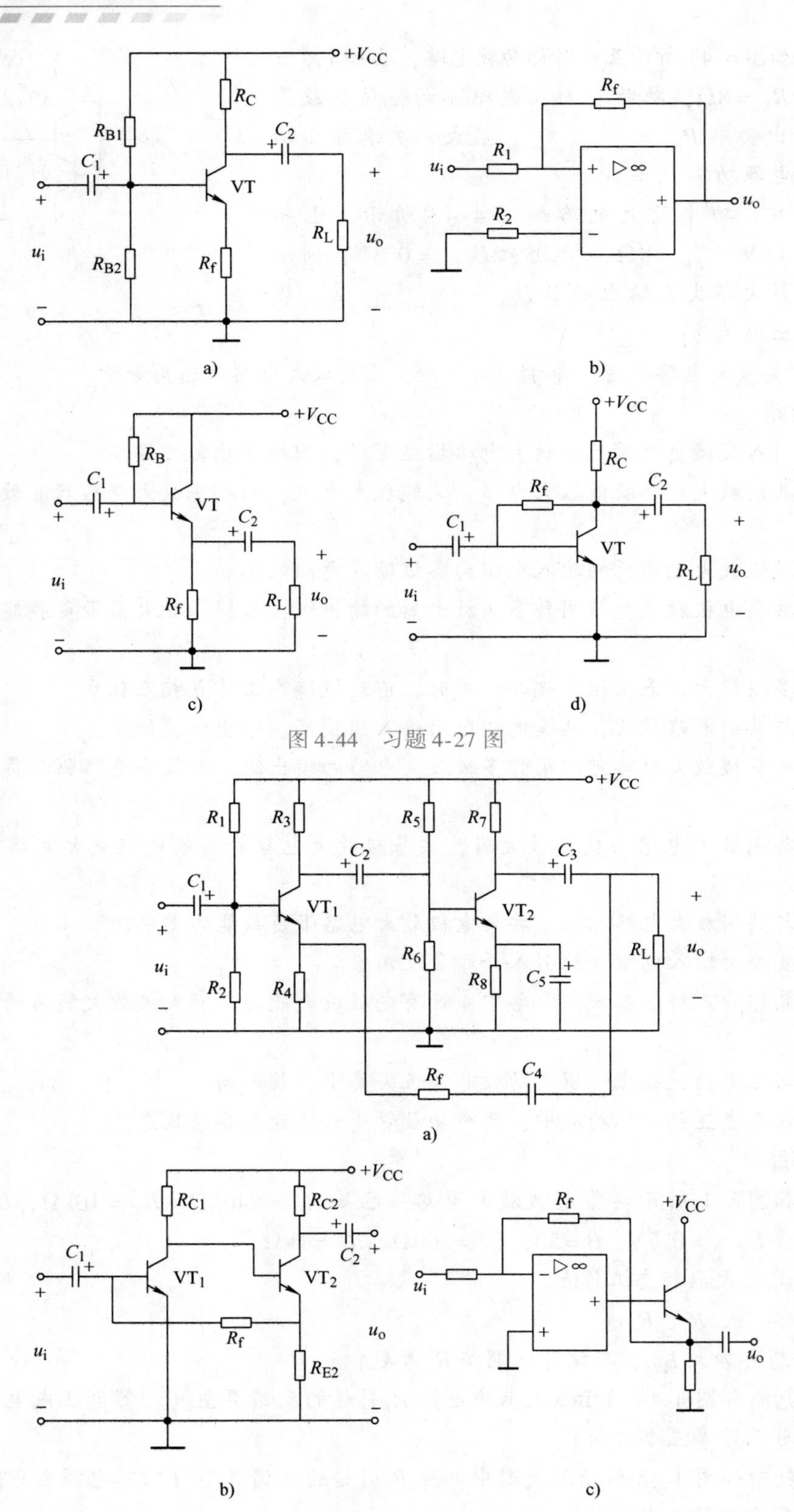
+V_{CC}
R_C
R_{B1}
C_1
C_2
VT
u_i
R_{B2}
R_f
R_L
u_o
a)
R_f
R_1
u_i
R_2
u_o
b)
R_B
c)
d)
图 4-44 习题 4-27 图
R_1 R_3 R_5 R_7
C_3
VT_1 VT_2
R_6 R_8 C_5
R_2 R_4
C_4
R_{C1} R_{C2}
R_{E2}

图 4-45 习题 4-28 图

4-29　如图4-43所示功放电路，已知 $V_{CC}=V_{EE}=15V$，$R_L=8\Omega$，功放管 U_{CES} 忽略不计。

（1）计算功放最大输出功率 P_{om}。

（2）计算最大输出功率时的电源功率 P_E。

（3）计算最大输出功率时每个功放管的管耗 P_{VT1}。

（4）说明该功放对功放管的极限参数的要求。

4-30　如图4-46所示为集成音频功放TDA2030A构成的OTL功放电路和TDA2030A引脚图，分析计算：

（1）根据引脚图在图中标出TDA2030A的1～5引脚编号。

（2）判断 R_5 支路引入的反馈类型（回答电压/电流、串联/并联、正/负三个方面）。

（3）计算TDA2030A同相输入端、反相输入端的直流偏置电压。

（4）计算该电路的交流电压增益。

（5）在图中标出电解电容 C_5 和 C_7 的正极。

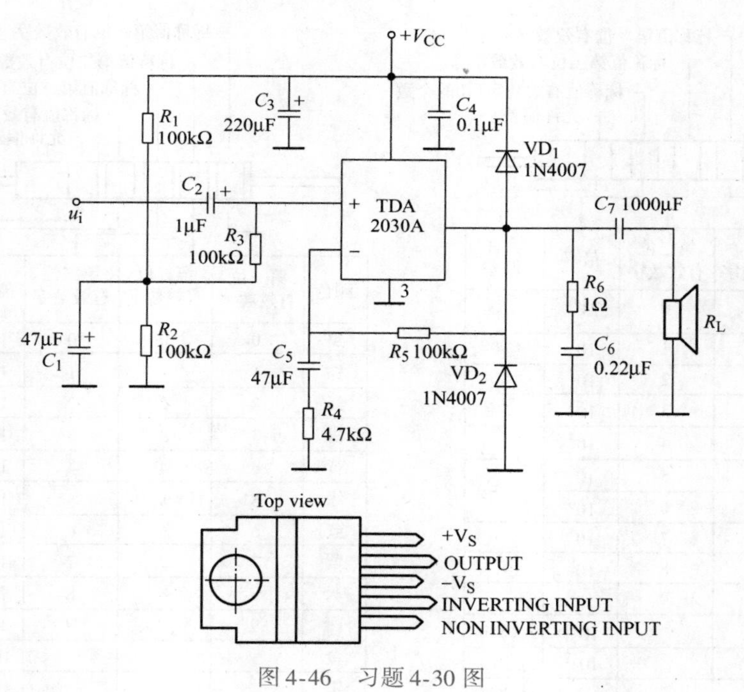

图4-46　习题4-30图

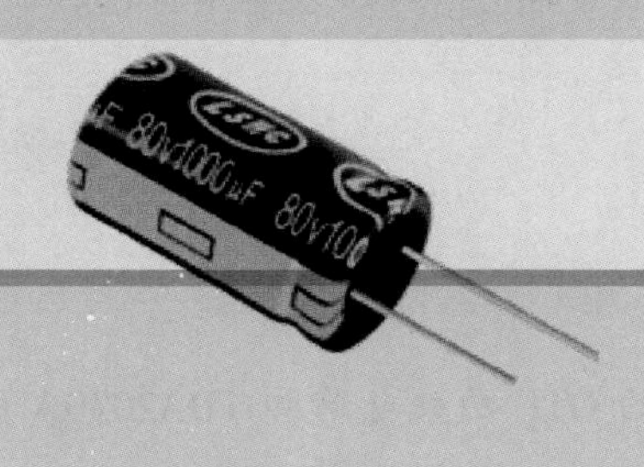

附　录

附录 A　电阻色环表

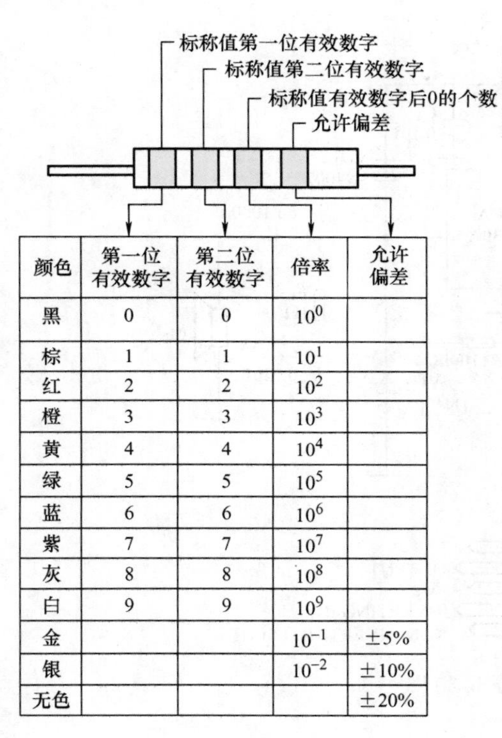

颜色	第一位有效数字	第二位有效数字	倍率	允许偏差
黑	0	0	10^0	
棕	1	1	10^1	
红	2	2	10^2	
橙	3	3	10^3	
黄	4	4	10^4	
绿	5	5	10^5	
蓝	6	6	10^6	
紫	7	7	10^7	
灰	8	8	10^8	
白	9	9	10^9	
金			10^{-1}	±5%
银			10^{-2}	±10%
无色				±20%

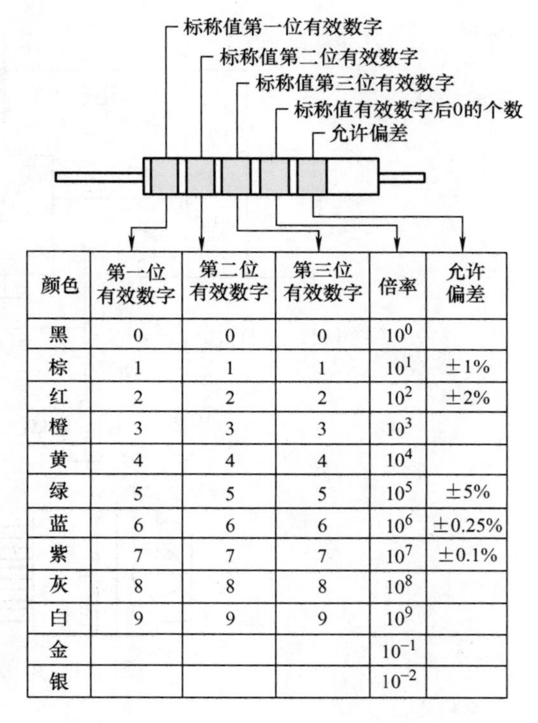

颜色	第一位有效数字	第二位有效数字	第三位有效数字	倍率	允许偏差
黑	0	0	0	10^0	
棕	1	1	1	10^1	±1%
红	2	2	2	10^2	±2%
橙	3	3	3	10^3	
黄	4	4	4	10^4	
绿	5	5	5	10^5	±5%
蓝	6	6	6	10^6	±0.25%
紫	7	7	7	10^7	±0.1%
灰	8	8	8	10^8	
白	9	9	9	10^9	
金				10^{-1}	
银				10^{-2}	

图 A-1　电阻色环表

【例 A-1】　四色环电阻：红黄棕金。

该电阻标称阻值为 240Ω，允许偏差为 ±5%。

【例 A-2】　四色环电阻：蓝灰金金。

该电阻标称阻值为 6.8Ω，允许偏差为 ±5%。

【例 A-3】　五色环电阻：黄紫黑红棕。

该电阻标称阻值为 47kΩ，允许偏差为 ±1%。

附录B　电阻器和电容器优先系数

表 B-1　电阻器和电容器优先系数 1

E24	E12	E6	E3	E24	E12	E6	E3
允许偏差 ±5%	允许偏差 ±10%	允许偏差 ±20%	允许偏差 > ±20%	允许偏差 ±5%	允许偏差 ±10%	允许偏差 ±20%	允许偏差 > ±20%
1.0	1.0	1.0	1.0	3.3	3.3	3.3	
1.1				3.6			
1.2	1.2			3.9	3.9		
1.3				4.3			
1.5	1.5	1.5		4.7	4.7	4.7	4.7
1.6				5.1			
1.8	1.8			5.6	5.6		
2.0				6.2			
2.2	2.2	2.2	2.2	6.8	6.8	6.8	
2.4				7.5			
2.7	2.7			8.2	8.2		
3.0				9.1			

表 B-2　电阻器和电容器优先系数 2

E192	E96	E48	E192	E96	E48	E192	E96	E48	E192	E96	E48	E192	E96	E48
100	100	100	121	121	121	147	147	147	178	178	178	215	215	215
101			123			149			180			218		
102	102		124	124		150	150		182	182		221	221	
104			126			152			184			223		
105	105	105	127	127	127	154	154	154	187	187	187	226	226	226
106			129			156			189			229		
107	107		130	130		158	158		191	191		232	232	
109			132			160			193			234		
110	110	110	133	133	133	162	162	162	196	196	196	237	237	237
111			135			164			198			240		
113	113		137	137		165	165		200	200		243	243	
114			138			167			203			246		
115	115	115	140	140	140	169	169	169	205	205	205	249	249	249
117			142			172			208			252		
118	118		143	143		174	174		210	210		255	255	
120			145			176			213			258		

（续）

E192	E96	E48	E192	E96	E48	E192	E96	E48	E192	E96	E48	E192	E96	E48
261	261	261	340	340		442	442	442	583			759		
264			344			448			590	590	590	768	768	
267	267		348	348	348	453	453		597			777		
271			352			459			604	604		787	787	787
274	274	274	357	357		464	464	464	612			796		
277			361			470			619	619	619	806	806	
280	280		365	365	365	475	475		626			816		
284			370			481			634	634		825	825	825
287	287	287	374	374		487	487	487	642			835		
291			379			493			649	649	649	845	845	
294	294		383	383	383	499	499		657			856		
298			388			505			665	665		866	866	866
301	301	301	392	392		511	511	511	673			876		
305			397			517			681	681	681	887	887	
309	309		402	402	402	523	523		690			898		
312			407			530			698	698		909	909	909
316	316	316	412	412		536	536	536	706			920		
320			417			543			715	715	715	931	931	
324	324		422	422	422	549	549		723			942		
328			427			556			732	732		953	953	953
332	332	332	432	432		562	562	562	741			965		
336			437			569			750	750	750	976	976	
						576	576					988		

附录 C　本书介绍的集成电路引脚图

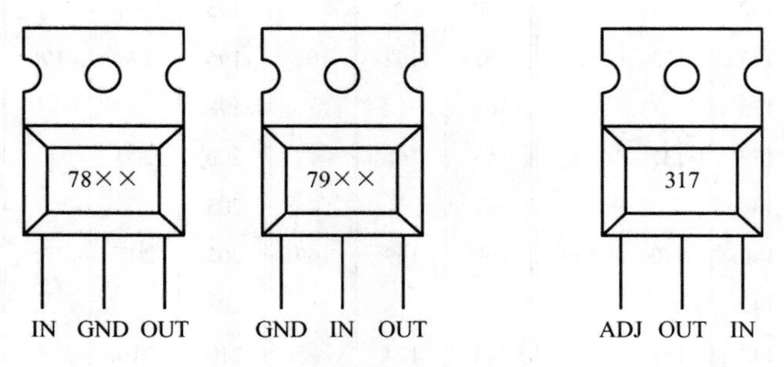

图 C-1　集成三端稳压器引脚图

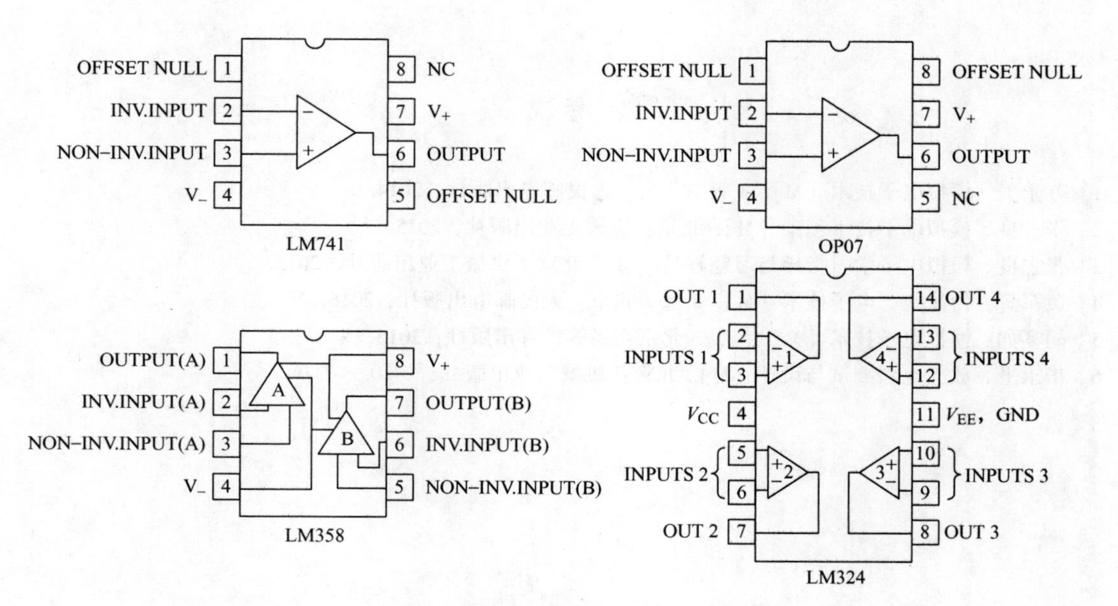

图 C-2　集成运放引脚图

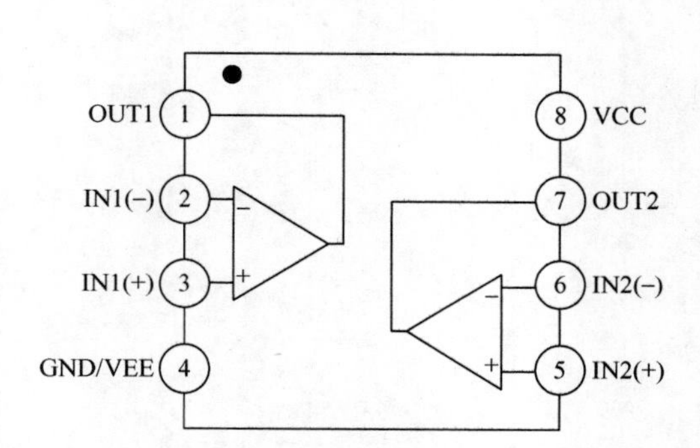

图 C-3　集成电压比较器 LM393 引脚图

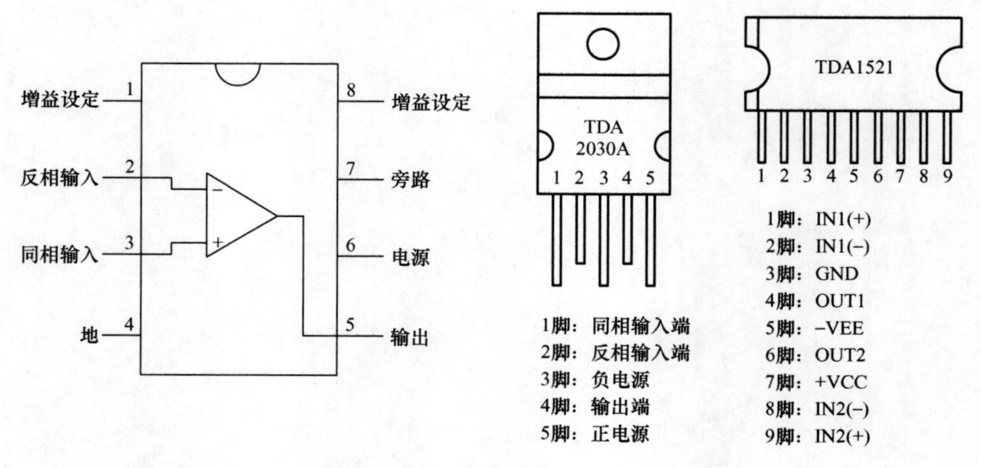

图 C-4　集成功放引脚图

参考文献

[1] 苏士美. 模拟电子技术 [M]. 3版. 北京：人民邮电出版社，2014.
[2] 张志良. 模拟电子技术基础 [M]. 北京：机械工业出版社，2015.
[3] 张志良. 模拟电子学习指导与习题解答 [M]. 北京：机械工业出版社，2013.
[4] 黄军辉，傅沈文. 电子技术 [M]. 3版. 北京：人民邮电出版社，2016.
[5] 胡宴如. 模拟电子技术 [M]. 5版. 北京：高等教育出版社，2015.
[6] 华永平. 放大电路测试与设计 [M]. 北京：机械工业出版社，2010.